普通高等教育“十二五”规划教材

普通高等院校数

大学数学(文科)

（第2版）

魏 宏 毕志伟

华中科技大学出版社

中国·武汉

内 容 提 要

本书为大学文科数学课程的教材，适合于大学本专科的经济、法律、哲学、历史、新闻、外语、中文、建筑学、艺术设计等人文艺术类专业的学生使用。

本着向文科类学生介绍数学的思想与方法的基本宗旨，本书特别注重数学问题的背景介绍，逻辑推导与计算过程详尽，穿插历史人物与故事的交待，适时地总结数学理论中的思想方法。本书可作为一学期 88 学时的大学数学课程教材或辅导读物。

全书共分五章，包括函数与极限、微分学、积分学、微分方程和线性代数。各章配有基本的习题和参考答案。书末配有解题指导和答题要点。

图书在版编目(CIP)数据

大学数学(文科)(第 2 版)/魏　宏　毕志伟.—武汉：华中科技大学出版社，2011.7（2020.9 重印）
ISBN 978-7-5609-7245-9

Ⅰ.大…　Ⅱ.①魏…　②毕…　Ⅲ.高等数学-高等学校-教材　Ⅳ.O13

中国版本图书馆 CIP 数据核字(2011)第 149886 号

大学数学(文科)(第 2 版)　　　　**魏　宏　毕志伟**

策划编辑：周芬娜
责任编辑：周芬娜　包荔颖
封面设计：潘　群
责任校对：祝　菲
责任监印：周治超
出版发行：华中科技大学出版社(中国·武汉)
　　　　　武昌喻家山　　邮编：430074　　电话：(027)81321913
录　　排：武汉佳年华科技有限公司
印　　刷：湖北新华印务有限公司
开　　本：710mm×1000mm　1/16
印　　张：11.5
字　　数：245 千字
版　　次：2020 年 9 月第 2 版第 13 次印刷
定　　价：33.00 元

本书若有印装质量问题，请向出版社营销中心调换
全国免费服务热线：400-6679-118　竭诚为您服务

前　言

本书作为大学文科类学科的数学课程教材，适合于大学本科或专科中的经济、法律、哲学、历史、新闻、外语、中文、建筑学、艺术设计等专业的学生使用。

长期以来，大学数学课程的设置主要是根据后续课程的需要来确定的。例如，给理工科学生开设高等数学和工程数学课程，给农林医药类专业、经济与管理类专业的学生开设微积分、线性代数、概率与统计等数学课程，而人文类专业的学生则基本不开设数学类课程。

近二十年来，随着大学教育理念的发展，国内教育界强调文科和理科相互交流和借鉴的呼声愈来愈高，让理科学生了解基本的人文知识和精神，文科学生懂得基本的理科知识和思维方法便逐步成为共识。于是，对理科学生开设人文类课程或讲座，对文科类学生开设理科类课程和科学讲座便纳入大学的教学计划之中。而数学课程由于其与自然科学的特殊关系，便是一个向文科学生传递自然科学思维方法的最适当的平台。

大学数学课程对于文科类学生的作用和重要性，目前较普遍的共识至少有两点。第一，传授文科类专业所需的必要数学知识。首先，随着计算机的普遍使用，数量化处理已经广泛地渗透到当今的许多人文社会类学科，数学方法已成为文科类各专业的基本研究方法；其次，没有适当的数学知识，就很难准确理解像风险、回报、增长放缓、机率大小等这些日益大众化的数学语言。第二，有利于提升学生的文化素养和科学精神。一方面，数学课程中所介绍的人物和事件，能使我们增加对人类思想和智慧文明的发展过程的了解；另一方面，数学语言的规范性和简洁性，公理化方法和演绎论证，对于人文学科的学习也具有重要价值。

数学知识对我们来说并不陌生。从扳着指头数数开始，到背诵乘法表，解一元二次方程，证明三角形的相似，在坐标系中研究抛物线的方程等等。应该说，小学和中学的数学教育已经为我们建立了扎实的初等数学基础，那么在大学数学课程里，再学习什么样的数学？参照已有的同类教材的做法，本教材选择了微积分学、微分方程、线性代数作为教学内容。计划课时为 88 学时，一学期讲完。如果在教学过程中，结合各专业的特点，安排学生撰写课程论文并作为评定课程成绩的一部分，则可能会取得更好的效果。

数学文化是人类文化中非常重要的一部分。数学既是一门推理严谨、计算准确的分析与计算的科学,也是一门洞察宇宙万物的共性规则的哲学方法,更是一门人类智慧的文化思想艺术。如同汽车、飞机提高了人类的移动和运载能力,互联网扩大了人类的交流能力,软件提高了人类对信息的处理能力,而数学则能帮助我们洞察事物在数量层面上的构成模式。相信数学素质的提高可以帮助我们更好地应对未来。

为了方便学生的学习,本版增加了两个附录。一个是解题方法归纳,一个是部分习题的解答要点。习题解答虽然对于学生的学习有所帮助,但是对于使用教材上的习题来作为平时作业的任课教师来说,可能会带来不便。为此,我们建议教师使用配套设计的平时作业练习册。需要电子版的话,请联系作者(电子邮箱是 bzw1065@mail. hust. edu. cn)。

感谢王汉蓉、刘国钧老师对本书第一版的编写给出的许多指导意见。感谢周军、岑利群、韩淑霞等任课老师为本书的完善所给出的宝贵建议。

作　者

2011 年 5 月

目　录

第1章　函数与极限 …… (1)

1.1　函数概念及其基本性质 …… (1)

1.1.1　常量与变量 …… (1)

1.1.2　函数的定义 …… (2)

1.1.3　几个常用函数 …… (6)

1.1.4　函数的几何性质 …… (8)

习题1.1 …… (10)

1.2　函数的运算 …… (11)

1.2.1　四则运算 …… (11)

1.2.2　复合运算 …… (12)

1.2.3　反函数 …… (12)

1.2.4　初等函数 …… (13)

习题1.2 …… (14)

1.3　变量的极限 …… (15)

1.3.1　数列的极限 …… (16)

1.3.2　函数的极限 …… (19)

1.3.3　极限的计算 …… (21)

1.3.4　无穷小量与无穷大量 …… (23)

习题1.3 …… (25)

1.4　函数的连续性 …… (26)

1.4.1　连续的定义 …… (26)

1.4.2　闭区间上的连续函数 …… (28)

习题1.4 …… (32)

第2章　微分学 …… (33)

2.1　导数的概念 …… (33)

2.1.1　切线问题的历史回顾 …… (33)

2.1.2　切线的定义 …… (35)

2.1.3　瞬时速度 …… (36)

2.1.4　导数的概念 …… (37)

2.1.5　可导与连续 …… (38)

习题 2.1 …… (39)
2.2 导数的计算 …… (39)
2.2.1 基本初等函数的导数 …… (40)
2.2.2 四则运算法则 …… (40)
2.2.3 复合函数的导数 …… (41)
2.2.4 隐函数和参变量函数的导数 …… (43)
2.2.5 高阶导数 …… (45)
习题 2.2 …… (46)
2.3 微分 …… (47)
2.3.1 微分的定义 …… (47)
2.3.2 微分的计算 …… (49)
2.3.3 微分与近似计算 …… (50)
习题 2.3 …… (50)
2.4 导数的应用 …… (51)
2.4.1 微分中值定理 …… (51)
2.4.2 洛必达法则 …… (54)
2.4.3 函数的单调性与凸性 …… (56)
2.4.4 最值问题举例 …… (58)
习题 2.4 …… (61)
第 3 章 积分学 …… (63)
3.1 定积分概念与性质 …… (63)
3.1.1 定积分概念 …… (63)
3.1.2 定积分的性质 …… (67)
习题 3.1 …… (70)
3.2 牛顿-莱布尼兹公式 …… (70)
3.2.1 原函数与变上限积分 …… (71)
3.2.2 微积分学基本定理 …… (72)
习题 3.2 …… (73)
3.3 不定积分 …… (74)
3.3.1 不定积分及其性质 …… (74)
3.3.2 积分法则与积分公式 …… (75)
3.3.3 积分法 …… (77)
习题 3.3 …… (82)
3.4 定积分计算 …… (84)
3.4.1 定积分的换元法 …… (84)

3.4.2　定积分的分部积分法 …… (86)
习题 3.4 …… (87)
3.5　广义积分 …… (87)
3.5.1　无穷限积分 …… (88)
3.5.2　无界函数的积分 …… (89)
习题 3.5 …… (91)
3.6　定积分的应用 …… (92)
3.6.1　定积分的几何应用 …… (92)
3.6.2　定积分的物理应用 …… (96)
习题 3.6 …… (98)
第 4 章　常微分方程初步 …… (99)
4.1　基本概念 …… (99)
4.1.1　引例 …… (99)
4.1.2　微分方程及其类型 …… (100)
习题 4.1 …… (101)
4.2　一阶微分方程 …… (101)
4.2.1　变量可分离的方程 …… (102)
4.2.2　线性微分方程 …… (103)
4.2.3　可降阶的二阶微分方程 …… (105)
习题 4.2 …… (106)
4.3　二阶线性微分方程 …… (107)
4.3.1　二阶线性微分方程解的结构 …… (107)
4.3.2　二阶常系数线性微分方程 …… (109)
4.3.3　微分方程的应用 …… (112)
习题 4.3 …… (115)
第 5 章　线性代数初步 …… (116)
5.1　行列式与线性方程组 …… (117)
5.1.1　行列式的概念 …… (117)
5.1.2　行列式的性质 …… (122)
5.1.3　克莱姆法则 …… (124)
习题 5.1 …… (126)
5.2　矩阵 …… (127)
5.2.1　矩阵的概念 …… (127)
5.2.2　矩阵的运算 …… (130)
5.2.3　逆矩阵法求解线性方程组 …… (134)

习题 5.2 …… (136)
5.3 线性方程组 …… (137)
5.3.1 矩阵的秩 …… (138)
5.3.2 非齐次线性方程组的解 …… (140)
5.3.3 齐次线性方程组的解 …… (143)
习题 5.3 …… (145)
附录 1 解题方法归纳 …… (147)
附录 2 部分习题解答要点 …… (160)
参考文献 …… (175)

第1章　函数与极限

1.1　函数概念及其基本性质

函数概念的形成历经了不同时期数学家的不断发展及完善过程. 函数(function)一词,最初见于德国数学家、微积分创始人之一的莱布尼兹在1692年的著作之中. 而今所用的记号 $f(x)$ 则是瑞士数学家欧拉(Euler)在1724年首次使用的. 但最初的使用中,人们对函数概念的定义并不太在意,表述不够清楚,是德国数学家黎曼(Rieman)给出了其准确定义. 如今,函数概念已经进一步推广到更大的范畴,以满足应用的需要.

1.1.1　常量与变量

在我们的日常生活、生产经营、学习和研究中,要关注的问题虽然多种多样,但是都可以归结到事物的质和量这两个方面. 例如,对一位即将去外地上大学的学生来说,他当前要关心的问题有:带多少生活费、带哪些书本和行李、同行的伙伴有谁、旅途所路过的城市、花费的时间和路程等等. 对一位正在对其员工进行考评的企业的人事经理来说,他要操心的则可能是,员工的工作业绩、工作态度、团队意识、业务能力、职业操守和创新精神等等.

在人们考虑的这样的问题中,有一些直接涉及到数字,表现着事物的量的属性,例如,学费、路程、业绩等;还有一些没有涉及到数字,表现的是事物的质的属性,例如,工作态度、团队意识. 但是,为了应用上的便利,人事经理可以用打分或投票这种数字化的方法来描写员工在这些方面的差异. 事实上,随着计算机技术的日益发展,许多质的属性都可以用数量来表达. 例如,颜色、声音、指纹等都可以按照一定的方法表现为一组数据. 在许多时候,与个性十足的你对应着只不过是一组身份证编码! 人类正走向数字化的时代,数量方法与我们的生活息息相关,影响重大.

事物存在于一定的时间与空间范畴之中. 当我们在一定的时空范畴中考察一个事物的数量特征时,可以根据其数量是否变化而将它们分为两类:常量与变量.

例如,当我们乘火车行进在去某大学所在地的这一段旅途之际,就读大学的地点,知名度应当没有改变,而学校里的迎新工作进度、已到校的新生人数、火车与家乡的距离则正在改变.

我们将某一过程中保持不变的量称做相对于该过程的常量，简称**常量**，而将发生变化的量称做相对于该过程的变量，简称**变量**. 由于变化是绝对的，不变是相对的，故有时也说常量是变量的特殊情形.

要强调的是，在描述变量时，应当指明变量所对应的考察过程，否则便很难理解其含义.

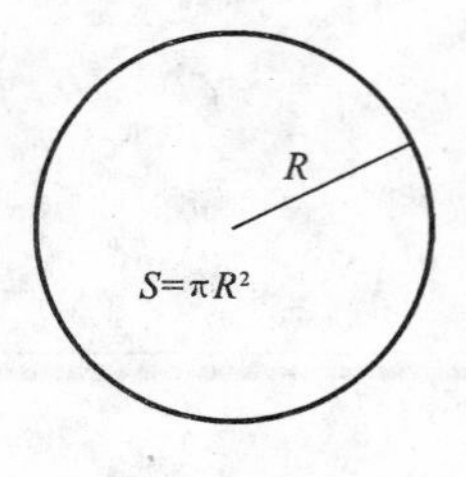

图 1.1.1

例 1 如图 1.1.1 所示，在圆的面积计算公式 $S=\pi R^2$ 中，一共有四个量：S、R、π、2. 当我们将此公式用于计算各种半径的圆的面积的过程中，半径 R 与面积值都是变量，π 与 2 则是常量.

应当说明的是，同一个量可能因为考察过程的不同而具有不同的属性.

例 2 考察学生食堂中的人数 x. 在食堂开始营业前的一个小时当中，只有厨工们在劳作，x 是常量；而在开始营业后的一个小时当中，随着进餐者的来去，x 便是变量.

研究变量的意义在于：人们对于所关心的事物，总是想了解描述此事物的某几个关键量的属性，这些量是常量还是变量？如果是变量，那么它的变化范围是多大？变化方式如何？变化趋势怎样等等.

为了回答这些问题，人们从描写变量之间的关系入手，导致了函数概念的出现. 而对于变量的变化特性的研究，便引导出变量的极限的概念. 函数与极限是本章的两个重要概念.

通常，将变量 x 的可能取值范围称为变量的**变化范围**.

例如，在例 1 中，S 与 R 的变化范围是全体正实数$(0,+\infty)$. 而在例 2 中，x 的变化范围则是有限数集$\{1,2,\cdots,m\}$(m 是该食堂的最大容量). 本教材中所考虑的变量均取实数值.

通常，当变量的变化范围由一个或几个区间构成时，称之为**连续型变量**；当变量的变化范围为有穷数集或可数无穷数集(与自然数的个数一样多)时，称之为**离散型变量**.

1.1.2 函数的定义

假定 x 与 y 是我们在某个考察过程中的变量，它们的变化方式可能是毫无关系(例如你的业余爱好与太阳的西落东升)，也可能存在相互联系(例如你的收入与支出，你的用电量与缴纳的电费). 从哲学的意义上讲，变量之间的联系是永恒的、普遍的. 当今世界经济的国际化，传媒方式的普及化，使我们感觉到似乎每个事物都是相互关联，相互影响的，只是关联的方式不同，影响的程度不一罢了. 亚洲金融危机、巴以冲突、“9·11”恐怖袭击，可以说这些事件都不是孤立的，是事物内在联系的一种集中反映.

在日常的实际活动中，人们在面临错综复杂、瞬息万变的事件或问题时，仅靠经验、感觉是无法作出合理而科学的决策的. 人们需要弄清事件或问题中的关键的变量之间的相互关系及影响程度. 而这便导致函数概念的引入. 可以简单地说，研究事物的内在规律便是研究用来描写变量之间的关系的函数，对函数特性的深入而全面的研究，有助于我们准确地把握事物的本质，理清问题的头绪，正确地面对及处理日常学习与工作中所遇到的各种问题.

在初等数学中，我们见过许多使用数学运算和数学公式定义的初等函数，例如，以下公式

$$y=kx+b,\quad y=x^2,\quad y=\sin x,\quad y=\cos x,$$
$$y=2^x,\quad y=\lg x,\quad y=\arctan x,\quad \cdots \qquad ①$$

刻画了自变量 x 与因变量 y 的依从关系. 通常称以这种方式定义的 x 与 y 的关系为解析形式的函数. 而函数的较一般描述则如下所述.

定义 1　设 x,y 是两个变量，X 是 x 的变化范围. Y 是 y 的一个变化范围，f 是一个对应法则. 若对每个 X 中的 x 值，依据对应法则 f，Y 中有确定的并且唯一的一个 y 值与之对应，则称对应法则 f 是从 x 到 y 的一个**函数**. 记作

$$y=f(x),\quad x\in X \quad 或 \quad f:x\to y,\quad x\in X.$$

并称 x 为**自变量**，y 为**因变量**，X 是 f 的**定义域**，$f(x)$ 是 f 在 x 处的**函数值**，当 x 在 X 中变动时，函数值 $f(x)$ 的全体（是 Y 的一个子集）

$$G=\{y\mid y=f(x),x\in X\}$$

称做函数 f 的**值域**.

关于这个定义，我们必须作几点重要说明：

(1) 与初等数学中称因变量 y 是函数的说法不同，定义中称对应规则 f 是函数，这一方式表明，函数的本质是变量之间的对应关系.

(2) 在定义 1 中，并未规定对应规则 f 必须是用数学公式来表现的，尽管这是最常用的形式. 依据定义，描写一个对应规则的方式不限于这一种形式，还可以采用曲线、表格，甚至文字等各种方式表示.

例如，图 1.1.2 中的心电图表示了一位受检者的心电情况，是电流信号随着时间变量 t 的一个函数. 尽管我们也可以构造出该曲线的一个近似的数学公式，但是从应用角度看，医生并不需要函数的解析形式，直接对曲线的形状进行分析，就能得到所需要的病情信息.

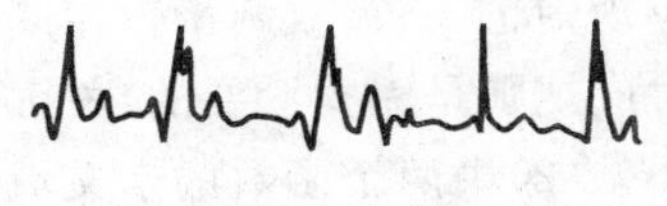

图 1.1.2

又例如下面的一份期末考试卷面成绩 8 折表

x(卷面成绩)	50	51	52	…	90	…	100
$y=0.8x$	40	40.8	41.6	…	72	…	80

表示了由卷面成绩 x 到折算成绩 y 的函数关系. 有意思的是，尽管 x 与 y 之间有简单的解析公式 $y=0.8x$，但从应用的便利性来看，教师们还是愿意直接使用表格得出学生

的折算成绩而不愿每次都作乘法.

(3) 在定义 1 中,对规则 f 的一个基本要求是,它必须能以确定的方式指定唯一的一个 y 值与 x 值对应.这种可操作性与唯一性是十分重要的,是数学的严密性和精确性的一个重要体现.例如,以下几种文字描述的对应规则便不符合函数定义中的这一要求:

(a)有少许白头发的男士可以免费领取一瓶染发水;

(b)任给实数 x,$f(x)$是满足 $y^2=x$ 的实根 y.

在(a)中,少许白头发这一限定无法实际操作,显然,仅有 1 根白发或满头全白的男士不可以领取染发水,但有 100 根,1000 根白发者可以吗?由于这个描述使得对象无法区分,因此,其定义域不明确.

在(b)中,如果给定的 $x=1$,则符合所论规则的 $f(x)$值既可以是 1,也可以是-1,于是,函数值 $f(1)$不唯一;并且若取 $x=-1$,则由于方程 $y^2=-1$ 没有实根,按照此规则,居然找不到函数值与 $x=-1$ 相对应.

因此,一个对应规则及一个使该规则成立的定义域便构成了函数概念的两个基本要素.两个函数相同的充分必要条件便是这两个基本要素完全一样,即:定义域相同并且自变量取相同的值时所对应的因变量之值也完全相同.鉴于此,人们有时也把函数中的因变量省去不写,而将函数 $y=f(x)$简记成

$$f(x),\quad x\in X.$$

例 3 指明以下两对函数中哪一对是相同的.

(1) $f(x)=\ln x^2, x>0,\quad g(y)=2\ln y, y>0$;

(2) $f(x)=\ln x^2, x\neq 0,\quad g(x)=2\ln x, x>0$.

解 (1)中两个函数所用的字母虽然不同,但定义域相同,都是正实数,并且在自变量取相同的值时函数值也一样,如 $x=2, y=2$ 时,有 $f(2)=\ln 2^2=2\ln 2=g(2)$.可见对应规则也一致,故两函数相同.由此可知,使用什么记号表示自变量及用什么形式表示对应规则是无关紧要的,关键是函数的定义域与对应规则最终相同.

(2)中两个函数的定义域不一样,故两函数不相同.

1. 函数的图形

自从笛卡尔等人发明了直角坐标系等解析几何方法之后,人们便将变量 x 与 y 的函数关系用平面直角坐标系 Oxy 中的点来表示.于是,函数 $y=f(x)$($x\in X$)的图形(图 1.1.3)就定义为 Oxy 平面中的点集

$$G_f=\{(x,y)\mid y=f(x), x\in X\}.$$

虽然有时候,G_f 并不是一条通常意义上的曲线(比如它是断开的几个线段或一些点的集合),但仍称之为曲线,简称为曲线 $y=f(x)$.

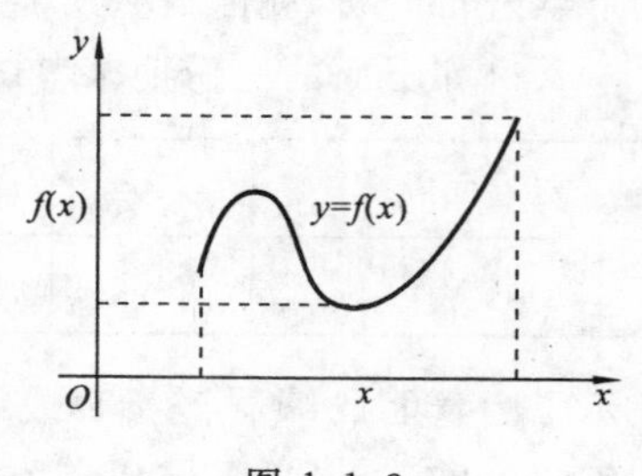

图 1.1.3

就像心电图的例子一样，曲线 $y=f(x)$ 以直观的方式给出了函数的整体分布及 x 与 y 的动态关系，这对于理解函数性质或探索可能结果十分有益. 在本教材中，我们将常常画出函数的图形以便于理解问题的几何意义.

2. 自然定义域

当函数 $y=f(x)$ 表现的是某个实际问题时，它的定义域便完全由此问题中 x 的实际意义来确定. 例如圆的面积公式

$$S=\pi R^2$$

中，自变量 R 的定义域是正实数集 $(0,+\infty)$. 但是人们在数学处理过程中，为了更好地表现函数关系本质，往往去掉了函数问题中变量所依存的背景空间（这就叫抽象！），而仅将函数作为变量之间的一种纯粹的对应法则来研究. 这种情况下，人们对于以数学公式形式写出的函数，将其定义域规定为使得公式有意义的所有 x 的取值范围，并称之为自然定义域. 例如对函数（注意，不考虑几何背景）

$$S=\pi R^2$$

来说，其定义域便是全体实数 $(-\infty,+\infty)$，因为 R 取负数时，还是可以从公式中求出确定的量 πR^2 与 R 对应.

例 4　求函数 $y=\frac{1}{x}+\frac{1}{x-1}$ 的定义域.

解　对分数 $\frac{u}{v}$ 来说，运算规则要求分母不为零，故应当有 $x\neq 0, x-1\neq 0$，于是定义域为三个区间 $(-\infty,0)$，$(0,1)$ 及 $(1,+\infty)$ 的并集.

例 5　求函数 $y=\lg(1-x)+\frac{1}{\sqrt{x}}$ 的定义域.

解　由初等数学知，对数的真数 $1-x$ 必须为正数，开平方根的数 x 必须非负，再结合分母不能为零，便可以写出约束自变量的条件为

$$1-x>0 \quad 及 \quad x\geqslant 0 \quad 和 \quad x\neq 0,$$

联立求解便得到所求定义域为 $0<x<1$.

例 6　求函数 $y=\arcsin(e^x-1)$ 的定义域.

解　由初等数学知，反正弦函数的定义域是 $[-1,1]$，故应当有

$$-1\leqslant e^x-1\leqslant 1 \quad 或 \quad 0\leqslant e^x\leqslant 2,$$

于是，$-\infty<x\leqslant \ln 2$ 为所求定义域.

例 7(分段函数)　某客运公司规定的行李收费规则为：每位乘客可免费携带至多 20 kg 的行李，超过 20 kg 者，对超出部分按 2 元/kg 的价格加收运费，如图 1.1.4 所示. 于是行李的重量 w 与乘客为行李所支付的费用 p 之间的函数关系可写成以下形式

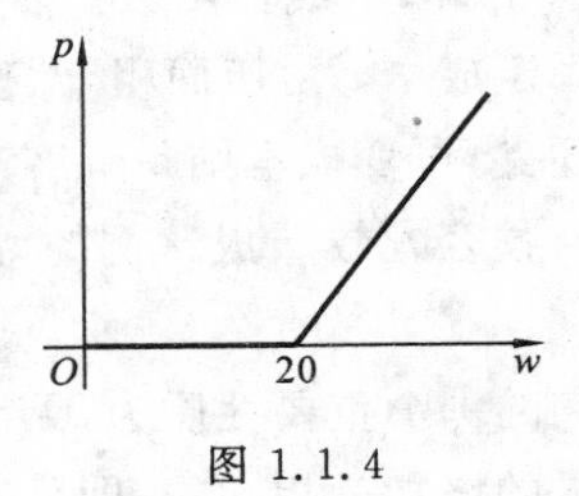

图 1.1.4

$$p=\begin{cases}0, & 0\leqslant w\leqslant 20,\\ 2(w-20), & w>20.\end{cases}$$

通常称这种形式的函数为分段函数,其对应法则由几个分规则构成.每个分规则不重叠,各自适合于自变量的某一段变化范围.在商业活动中存在着许多分段函数,如电话计费采用分时计价;量贩店购物采用按量定价,同样的商品在不同地区之间实行价格歧视策略等等.

1.1.3　几个常用函数

以下我们通过实际问题来引入一些常用的函数,并介绍这些函数的代数特征与几何图形,以期对它们有较全面的理解.

例 8(比例函数)　如果每千克大米的单价是 3.6 元,则购买 x 千克大米所须支付的价钱 y 便与 x 成比例关系,比例系数是单价 $p=3.6$,故 x 与 y 的函数关系(图1.1.5)为

$$y=f(x)=px.$$

其代数特征是:y 与 x 的比(即价格)保持为常数.

例 9(反比例函数)　在一个电流为 I,电阻为 R,电压为 V 的电路上,若电压 V 是常数 V_0,则 I 与 R 的关系是反比例关系(图 1.1.6):

$$I=f(R)=\frac{V_0}{R}.$$

其代数特征是:自变量 R 与因变量的乘积保持为常数;或者说,电流 I 与电阻 R 的倒数成比例.

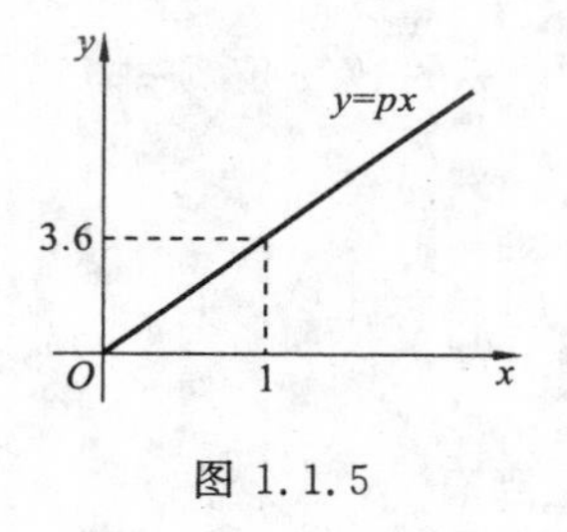

图 1.1.5

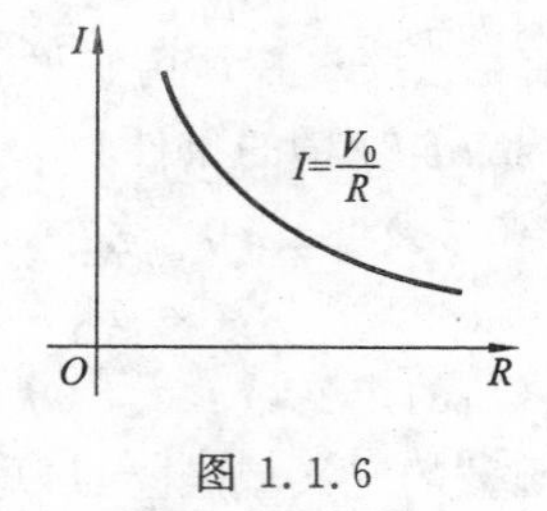

图 1.1.6

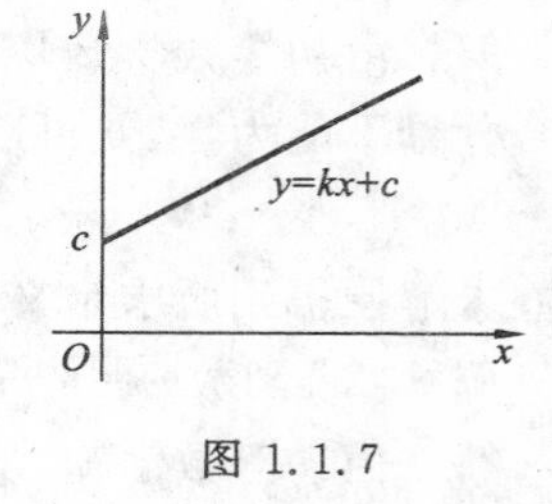

图 1.1.7

例 10(线性函数)　一个理发店的经营成本 y 由固定成本及可变成本两部分构成.固定成本 c 由店面租金、理发员的基本工资构成,无论是否有人来理发,这个费用都得开支;可变成本则是顾客来了之后,由耗材、电费、理发员的提成工资等构成,通常这是与顾客人数 x 成比例的,设为 kx,则经营成本 y 便是 x 的线性函数(图 1.1.7):

$$y=kx+c.$$

它的一个重要性质为,无论目前顾客人数是多少,每增加一位顾客人数所带来的经营成本的增加是相同的,即

$$y(x+1)-y(x)=k.$$

对这一现象的本质化的理解则是：y 的增加量与 x 的增加量之比是常数，即

$$\frac{y(x+\Delta x)-y(x)}{\Delta x}=k.$$

例 11(指数函数)　某一地区的人口统计数据如下表：

t/年	1980	1981	1982	1983	1984	1985
y(人口)/百万	67.38	69.13	70.93	72.77	74.66	76.60
人口改变量/百万		1.75	1.80	1.84	1.89	1.94

从中看出，随着时间 t 的增大，人口总数不断增加，并且每年的改变量也呈逐年上升趋势. 我们想知道，总人口数 y 与时间 t 成立什么函数关系？为此，若以 1980 年总人口数为基准，则可以发现一个规律

$$\frac{1981\text{ 年人口数}}{1980\text{ 年人口数}}=\frac{69.13}{67.38}=1.026,$$

$$\frac{1982\text{ 年人口数}}{1980\text{ 年人口数}}=\frac{70.93}{67.38}=(1.026)^2.$$

于是我们推测 1980 年后的第 t 年时，总人口数 $y(t)$ 为

$$y(t)=1980\text{ 年人口数}\times(1.026)^t.$$

这是一个指数函数. 通常记作

$$y=ka^t.$$

其代数特征为：相同间隔(相邻 1 年或相邻 Δt 年)年份的总人口数之比是常数

$$\frac{y(t+\Delta t)}{y(t)}=\frac{y(s+\Delta t)}{y(s)}.$$

对依从指数函数 $y=ka^t(k>0)$ 变化的函数，当 $0<a<1$ 时，y 关于时间变量 t 递减，当 $a>1$ 时，y 关于 t 递增. 设 $t=0$ 时，y 的值为 y_0，而 $t=T$ 时 y 的值为 $y_0/2$(或 $2y_0$)，则称 T 为变量 y 的**半衰期(或倍增期)**(图 1.1.8、图 1.1.9). 指数函数在增长和衰减问题中有较广泛的应用.

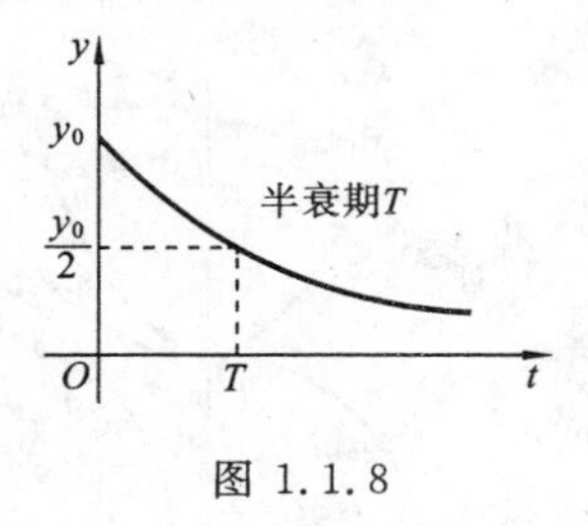

图 1.1.8

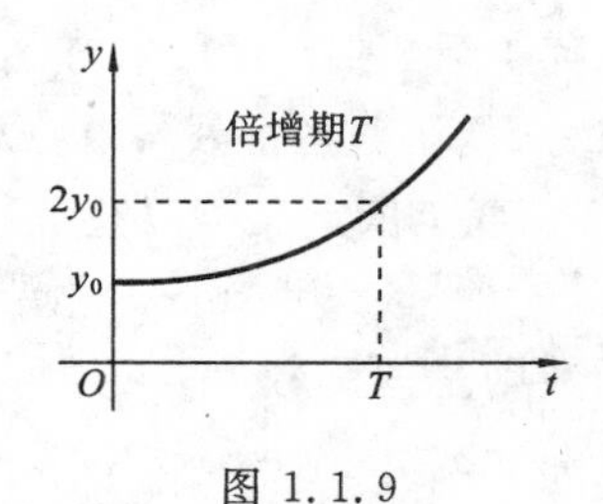

图 1.1.9

例 12　一段用粘土制成的发动机排气管可用来吸收废气中的污染物. 设废气在进入管道之前的污染物含量 y 的初始量是 y_0，且 1 m 长的排气管可使污染物减少 20%，

问使得变量 y 衰减到初始量的一半所需要的排气管长是多少？若要将污染物减少到初始量的 1/16,应使用多长的排气管？

解　设 x 表示排气管长度,则依题意有

$$y(0)=y_0,\quad y(1)=0.8y_0,\quad y(2)=0.8^2y_0,$$

故推测

$$y(x)=y_0(0.8)^x.$$

求解方程

$$y_0/2=y_0(0.8)^x,$$

得

$$x=\left(\ln\frac{1}{2}/\ln 0.8\right)\text{ m}\approx 3.1\text{ m}.$$

可见使用 3.1 m 长的管子可使污染量减少一半,为$\frac{1}{2}y_0$;再使用 3.1 m 长的管子,又可使污染量减少一半,为$\frac{1}{2}\left(\frac{1}{2}y_0\right)=\frac{1}{4}y_0$. 由此推得,4 个 3.1 m(即 12.4 m)的排污管可以使污染量减少到$\frac{1}{16}y_0$.

1.1.4　函数的几何性质

在以变量为研究对象的数学领域中,第一个里程碑是解析几何的发明. 法国数学家笛卡尔(R. Descartes,1596—1650 年)在 1637 年发表了著名的哲学著作《更好地指导推理和寻求科学真理的方法论》,该书有三个附录:《几何学》、《屈光学》和《气象学》. 解析几何就包含在《几何学》这篇附录当中,而解析几何方法则是本课程的一个重要基础.

在研究函数的代数性质的过程中,始终保持对其几何图形的理解是十分重要的. 以下四个关于函数的几何性质的内容便是依据对曲线形态的直观印象入手,使用代数语言来准确描述的.

1. 函数的奇偶性

设函数 $f(x)$的定义域 D 是关于原点对称的区间,且有

$$f(-x)=f(x)\,(\text{或 } f(-x)=-f(x)),\, x\in D,$$

则称 $f(x)$是偶函数(或奇函数).

从几何上看(图 1.1.10),奇函数的曲线 $y=f(x)$关于原点对称,偶函数的曲线 $y=f(x)$关于 y 轴对称.

例 13　直接依定义可以验证以下函数是奇函数

$$y=x,\quad y=x^3,\quad y=\sin x,\quad y=x\cos x,\quad y=\tan x.$$

而以下函数则是偶函数

$$y=1,\quad y=x^2,\quad y=\cos x,\quad y=x\sin x,\quad y=|x|.$$

在绘制奇(偶)函数的图形时,我们可以先画出函数在正半轴$(0,+\infty)$上的图形,然后对称地复制出另一半的图形.

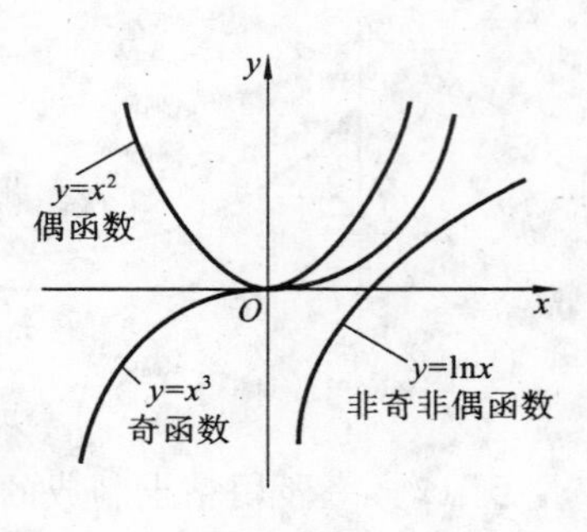

图 1.1.10

应当说明的是，存在既非奇函数，也非偶函数的函数. 例如指数函数 $y=\mathrm{e}^x$ 及对数函数 $y=\ln x$.

2. 函数的单调性

设函数 $f(x)$ 于区间 D 上有定义. 并且对任何 D 中的两个数 x_1,x_2，当 $x_1<x_2$ 时，便成立

$$f(x_1)\leqslant f(x_2)\quad(\text{或 } f(x_1)\geqslant f(x_2)),$$

则称 $f(x)$ 在区间 D 上单调增加(或单调减少)；

$$f(x_1)<f(x_2)\quad(\text{或 } f(x_1)>f(x_2)),$$

则称 $f(x)$ 在区间 D 上严格单调增加(或严格单调减少).

从几何上看，单调增加(或单调减少)的函数 $y=f(x)$ 的曲线是沿着 x 轴的正向逐渐上升(或下降)的(图 1.1.11).

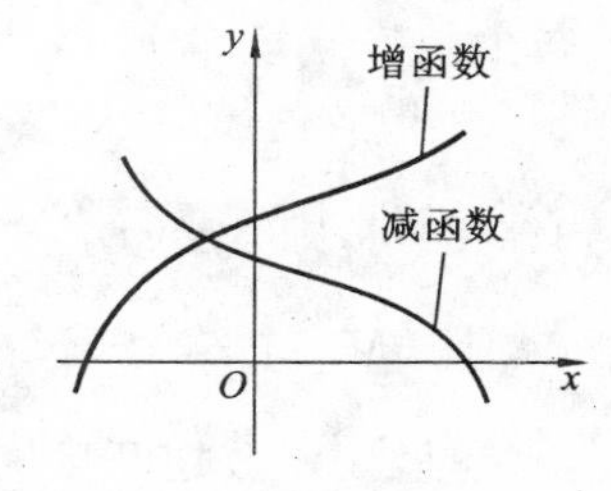

图 1.1.11

依据定义知，严格单调增加(或严格单调减少)的函数也是单调增加(或单调减少)函数. 通常将这四类函数统称为单调函数，而称相应的区间 D 为单调区间.

例 14　函数 $y=x^2$ 在其定义区间 $(-\infty,+\infty)$ 上不是单调函数. 但它在区间 $(-\infty,0)$ 上是严格单调减少函数，在区间 $(0,+\infty)$ 上是严格单调增加函数(图 1.1.10).

3. 函数的周期性

设有正常数 T，使得对每个 $x\in D$ 成立 $x+T\in D$，且

$$f(x+T)=f(x),$$

则称 $f(x)$ 是**周期函数**，T 是 $f(x)$ 的一个周期. 如果函数有最小正周期 T_0，则称 T_0 为 $f(x)$ 的基本周期.

从几何上看，周期函数的曲线是由一个基本周期区间 $[0,T_0]$ 上的图形经**平移复制而来的**(图 1.1.12).

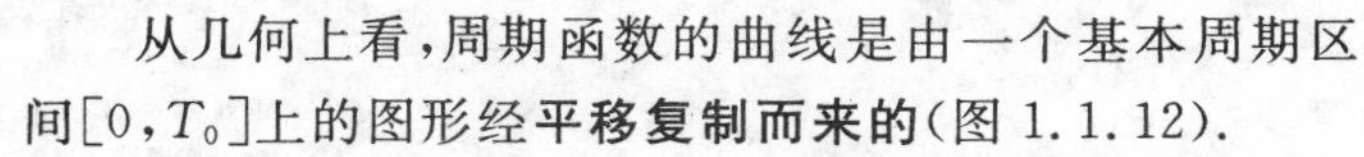

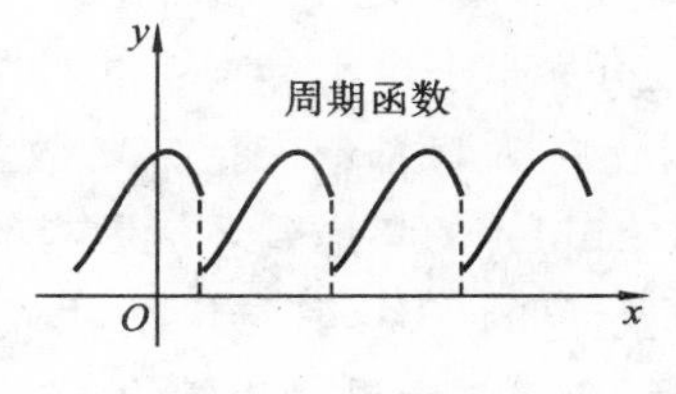

图 1.1.12

例 15　$y=\sin x$ 及 $y=\cos x$ 是以 2π 为基本周期的. 而 $y=|\sin x|$，$y=\cos^2 x$，则是以 π 为基本周期的.

周期函数的应用十分广泛. 它可以用来表示诸如四季的更替，行星的运动，生命的延续等周而复始的客观现象.

4. 函数的有界性

设有常数 $M>0$，使得对每个 $x\in D$，成立

$$-M\leqslant f(x)\leqslant M\quad\text{或}\quad |f(x)|\leqslant M.$$

则说 $f(x)$ 是 D 上的有界函数，或说 $f(x)$ 在 D 上有界. 当 $f(x)$ 不是 D 上的有界函数时，说 $f(x)$ 是 D 上的无界函数或 $f(x)$ 在 D 上无界.

从几何上看，有界函数的曲线 $y=f(x)$ 位于两条水平直线 $y=-M$ 及 $y=M$ 之间(图 1.1.13).

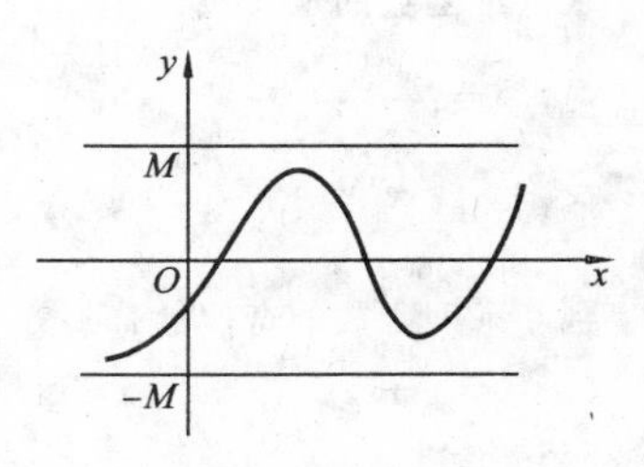

图 1.1.13

例 16 正弦函数 $y=\sin x$ 满足 $|\sin x|\leqslant 1$，故它是有界函数，类似地可以说明余弦函数也是有界函数.

例 17 反比例函数 $f(x)=\frac{1}{x}$ 在开区间 $(0,1)$ 上的每一点都有定义，函数值都是实数，但是却找不到常数 $M>0$，使得每个函数值均比 M 小. 因而该函数是开区间 $(0,1)$ 上的无界函数. 事实上，无论 M 多么大，不妨设 $M>1$，只要取 $x_M=\frac{1}{2M}\in(0,1)$，则有 $f(x_M)=2M>M$(图 1.1.14)，因此没有常数 M 使 $-M\leqslant f(x)\leqslant M, x\in(0,1)$ 成立.

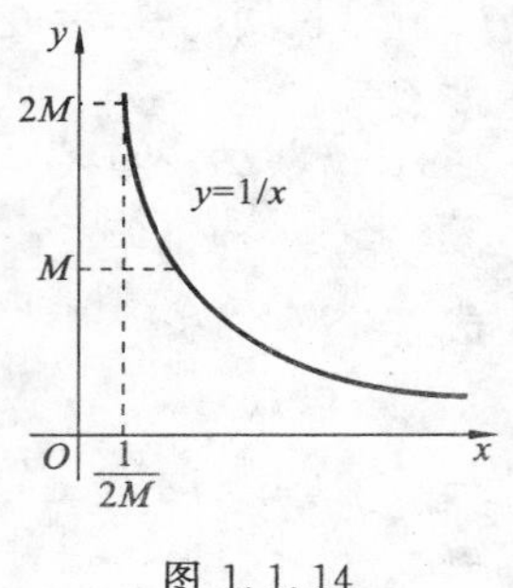

图 1.1.14

但是，该函数在开区间 $\left(\frac{1}{100},1\right)$ 上却是有界的，因为此时可取 $M=100$，使得下式成立：

$$0<f(x)=\frac{1}{x}<100, \quad x\in\left(\frac{1}{100},1\right).$$

可见，函数的有界性与所关联的区间是紧密相关的.

当函数 $y=f(x)$ 于 D 上有界时，相当于说因变量 y 的变化范围包含于某个有限区间 $[-M,M]$ 之中. 我们称这样的变量为**有界变量**. 在对未知变量进行研究时，该变量是否有界是一个十分重要的属性. 例如(见 4.3.3 节)，按照马尔萨斯的人口模型理论，地球上的人口总量依指数函数增长，是一个无界变量，从而产生人口爆炸现象；而依据 Verhulst 的考虑到环境因素的人口模型，求得的人口总量则是一个有界且收敛于某个固定值的变量，其结论是，生存环境的制约会使人类与自然最终达到一种平衡状态. 显然，有界与无界对我们的意义是完全不同的.

习题 1.1

1. 解下列不等式，用区间表示 x 的范围：

(1) $|x-1|<1$； (2) $|x-1|\leqslant 1$；

(3) $|x+1|\geqslant 2$； (4) $1\leqslant|x-1|<2$.

2. 求以下函数的定义域：

(1) $y=\frac{1}{1-x}$； (2) $y=\sqrt{1-x}$；

(3) $y=\ln(1+x)$； (4) $y=\arccos\frac{2x}{1+x}$.

3. 判断下列函数的奇偶性：

(1) $y=x\sin x$； (2) $y=x+\sin x$；

(3) $y=\ln(1+x)$； (4) $y=\ln(1+x^2)$.

4. 判断下列函数 f,g 是否相同：

(1) $f(x)=1, g(x)=\frac{x+1}{x+1}$；　　(2) $f(x)=x, g(x)=\sqrt{x^2}$；

(3) $f(x)=\sin x\ (-\infty<x<+\infty), \varphi(x)=\sin x\ (x>0)$；

(4) $f(x)=\tan x, g(y)=\tan y$.

5. 判断下列函数是不是有界函数：

(1) $y=\sin^2 x$；　　(2) $y=\frac{x}{1+x^2}$；

(3) $y=2^{\frac{1}{x}}\ (x>0)$；　　(4) $y=2^{\frac{1}{x}}\ (x<0)$.

6. 设有一容积为定数 V 的有盖圆柱形桶，建立该桶的全表面积 S 与桶半径 R 之间的函数关系.

参 考 答 案

1. (1)$(0,2)$；(2)$[0,2]$；(3)$(-\infty,-3]$及$[1,+\infty)$；(4)$(-1,0]$及$[2,3)$.

2. (1)$x\neq 1$；(2)$x\leqslant 1$；(3)$x>-1$；(4)$-\frac{1}{3}\leqslant x\leqslant 1$.

3. (1)偶；(2)奇；(3)非奇非偶；(4)偶.

4. 只有(4)中函数相同.

5. 只有(4)无界.

6. $S=2\pi R^2+\frac{2V}{R}$.

1.2　函数的运算

在初等数学中我们已经学习过以实数为运算对象的四则运算及函数求值运算，如

$$2\pm 1,\quad 2\times 3,\quad 2/3,\quad \sqrt{3},\quad \sin(\pi/2),\quad \ln 2,\quad e^2;$$

本节则探讨以函数为运算对象的函数的四则运算，以及函数所特有的复合运算与求反函数运算等.

通常，函数经过上述运算之后得到的结果仍然是函数，为了把握新的函数的特征，我们只须明确新函数的定义域与对应规则是什么.

1.2.1　四则运算

事实上，我们已经熟悉以下算式

$$e^x\pm\sin x,\quad e^x\sin x,\quad \frac{\sin x}{e^x}$$

的含义：给定 x，先求出已知函数 e^x 及 $\sin x$ 的值，然后对这两个实数再作相应的数的四则运算便可. 一般地，设函数 $f(x)$ 与 $g(x)$ 均在 D 上有定义，则规定它们的四则运算由赋值运算与实数的四则运算共同构成. 具体地有：

和与差　　$f\pm g: x\rightarrow f(x)\pm g(x)$；

积　　$f\cdot g: x\rightarrow f(x)g(x)$；

商　　$f/g: x \to f(x)/g(x)\ (g(x) \neq 0)$.

1.2.2　复合运算

定义 1　设变量 x,y,z 之间的函数关系为 $z=f(y)$，$y=g(x)$，则由函数 f 及 g 定义的由 x 到 z 的复合函数的对应法则规定为

$$x \to g(x) \to f(g(x)).$$

记作 $z=f(g(x))$ 或 $f(g(x))$ 或 $f\circ g$.

复合函数 $f\circ g$ 的定义域 $D_{f\circ g}$ 包含在函数 g 的定义域 D_g 之中. 由于必须使 $g(x)$ 落在函数 f 的定义域中，故 $D_{f\circ g}$ 有可能比 D_g 要小.

例 1　设 $f(x)=\ln x$，$g(x)=\sqrt{x}$，求复合函数 $f(g(x))$ 及 $g(f(x))$.

解　$f(g(x))=\ln g(x)=\ln\sqrt{x}=\dfrac{1}{2}\ln x,\quad x>0;$

$g(f(x))=\sqrt{f(x)}=\sqrt{\ln x},\quad x\geqslant 1.$

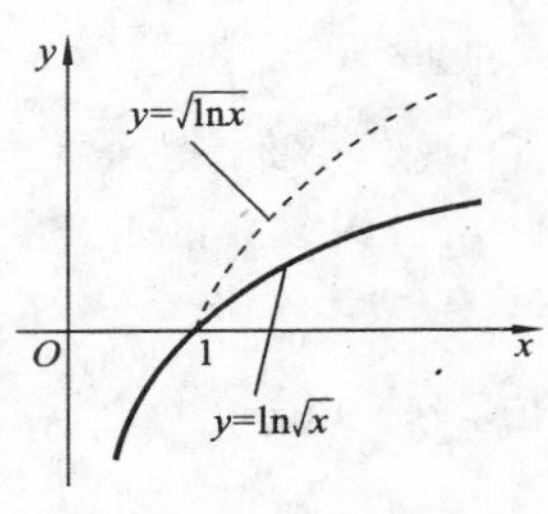

图 1.2.1

可以看出，在函数的复合中，复合顺序是一个重要因素，$f(g(x))$ 与 $g(f(x))$ 通常是两个不同的函数(图 1.2.1). 为了使复合后的函数有意义，本例中 $D_{g\circ f}=[1,+\infty)$ 比 $D_f=(0,+\infty)$ 要小；$D_{f\circ g}=(0,+\infty)$ 比 $D_g=[0,+\infty)$ 也要小一点.

例 2　由函数 $z=\sqrt{1-y}$ 及 $y=2+x^2$ 无法复合出一个由 x 到 z 的复合函数，因为表达式 $z=\sqrt{1-(2+x^2)}=\sqrt{-1-x^2}$ 无意义，其定义域是空集.

1.2.3　反函数

在由 $y=f(x)$ 确定的函数关系中，强调了自变量 x 的主动性：由 x 的变动带来 y 的变化. 而有时候，我们也想分析到由 y 来影响 x 的所谓反函数关系. 为简便起见，我们针对严格单调函数来定义反函数.

定义 2　设 D 是严格单调函数 $y=f(x)$ 的定义域，$Y=f(D)$ 是它的值域. 任给 $y\in Y$，由于 $f(x)$ 严格单调，存在唯一的一个 $x\in D$ 使 $f(x)=y$ (图 1.2.2)，故可定义如下的函数

$$f^{-1}: y \to f^{-1}(y)=x,\quad 其中\quad f(x)=y.$$

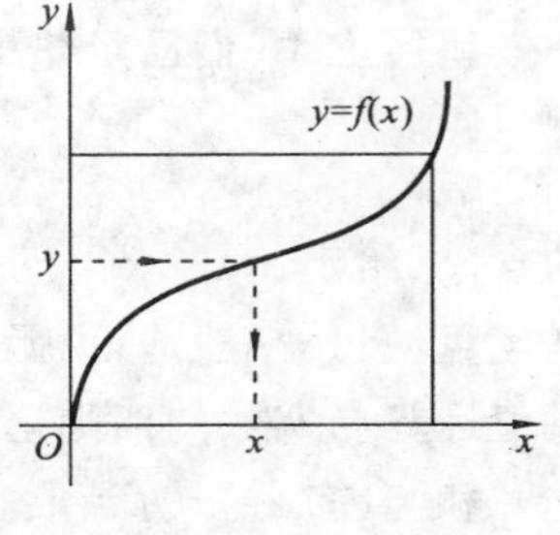

图 1.2.2

由于它是从 Y 到 D 并依据方程 $y=f(x)$ 来定义的函数，故称之为函数 $f(x)$ 的反函数.

例 3　函数 $f(x)=x$ 的反函数为 $f^{-1}(y)=y$；而函数 $f(x)=x^3$ 的反函数为 $f^{-1}(y)=\sqrt[3]{y}$. 指数函数 $y=\mathrm{e}^x$ 的反函数是 $x=\ln y$ 或 $y=\ln x$(函数的基本要素与记号无关).

如图 1.2.3 所示，如果将函数 $y=f(x)$ 和它的反函数 $y=f^{-1}(x)$（注意变量的记号）的图形，画在同一个直角坐标系中，则我们发现，点 $P(a,b)$ 在曲线 $y=f(x)$ 上等价于 $b=f(a)$ 或 $a=f^{-1}(b)$，从而等价于点 $P'(b,a)$ 在曲线 $y=f^{-1}(x)$ 上；由于点 P 与点 P' 关于直线 $y=x$ 对称，故曲线 $y=f(x)$ 与曲线 $y=f^{-1}(x)$ 关于直线 $y=x$ 对称. 根据这一个特征可以检查反函数的图形的正确性.

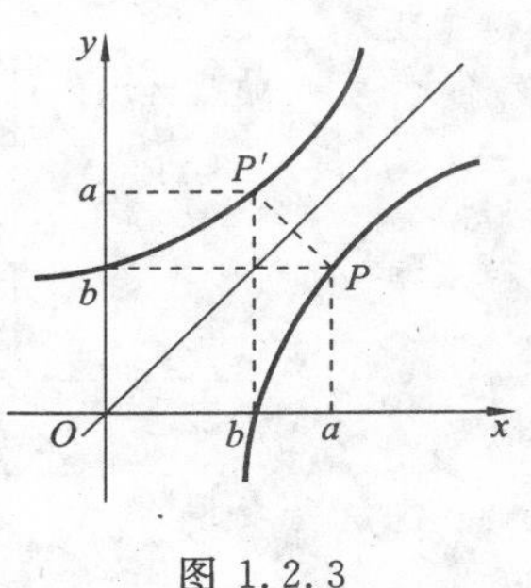

图 1.2.3

寻求反函数的表示式的过程就是从方程 $y=f(x)$ 中求解 x 的过程，我们看一个例子.

例 4　正弦函数 $y=\sin x$ 与余弦函数 $y=\cos x$ 的反函数.

解　当 $-\dfrac{\pi}{2}\leqslant x\leqslant\dfrac{\pi}{2}$ 时，$y=\sin x$ 是严格单调增的函数，因而可以定义其反函数，记作 $x=\arcsin y$，其定义域是 $[-1,1]$，值域是 $\left[-\dfrac{\pi}{2},\dfrac{\pi}{2}\right]$，与 $\sin x$ 类似，$\arcsin y$ 也是严格单调增的函数，且也是奇函数。

当 $0\leqslant x\leqslant\pi$ 时，$y=\cos x$ 是严格单调减的函数，因而可以定义其反函数，记作 $x=\arccos y$，其定义域是 $[-1,1]$，值域是 $[0,\pi]$. 要注意的是，该函数还是单调减函数，但不再是偶函数.

1.2.4　初等函数

大家在中学代数中学过幂函数 x^{α}、正弦函数 $\sin x$、余弦函数 $\cos x$、指数函数 a^x 以及对数函数 $\log_a x$ 和反三角函数等，这些函数称为**基本初等函数**. 这几类基本初等函数以及常数函数经过有限次四则运算和复合运算构成的能用一个表达式表示的函数，称为**初等函数**.

在本课程中，我们主要使用初等函数. 为方便起见，以下列出常用的几种基本初等函数的图形（图 1.2.4、图 1.2.5、图 1.2.6）.

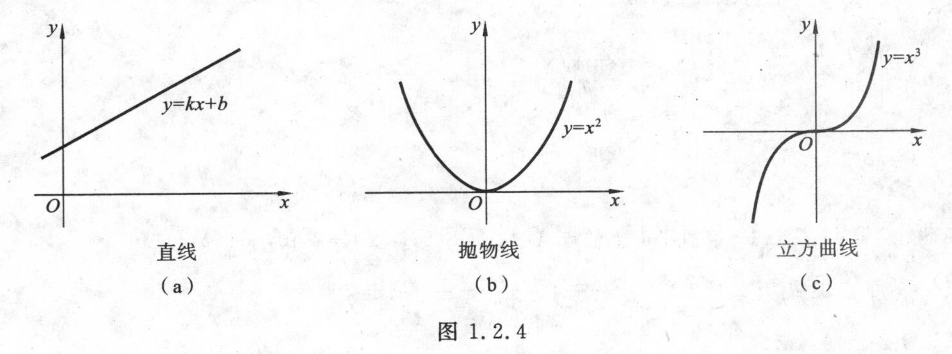

图 1.2.4

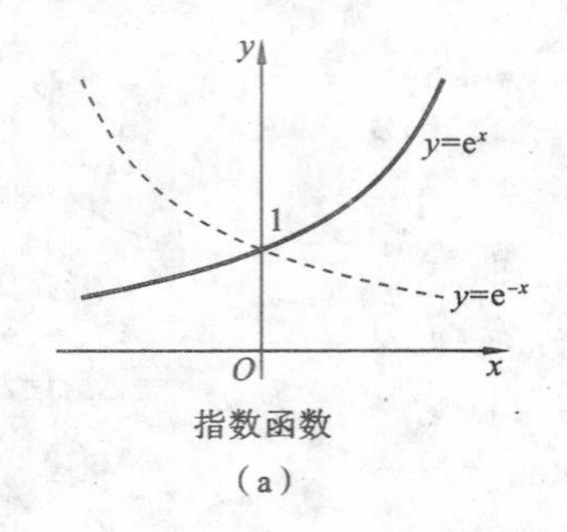

(a)

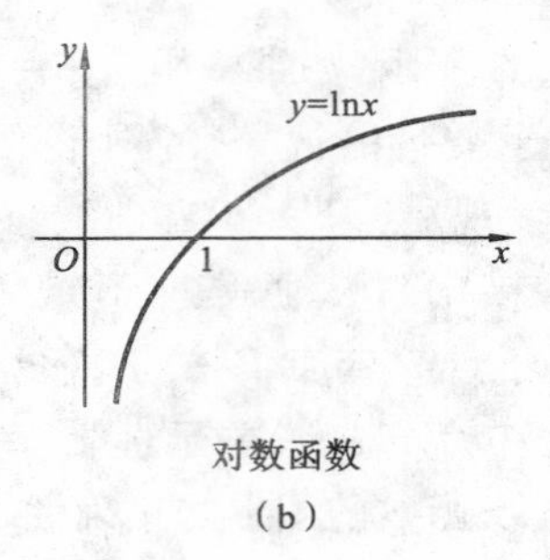

(b)

图 1.2.5

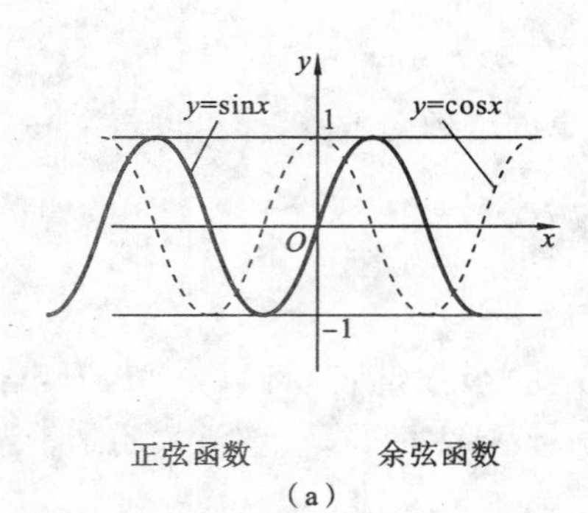

(a)

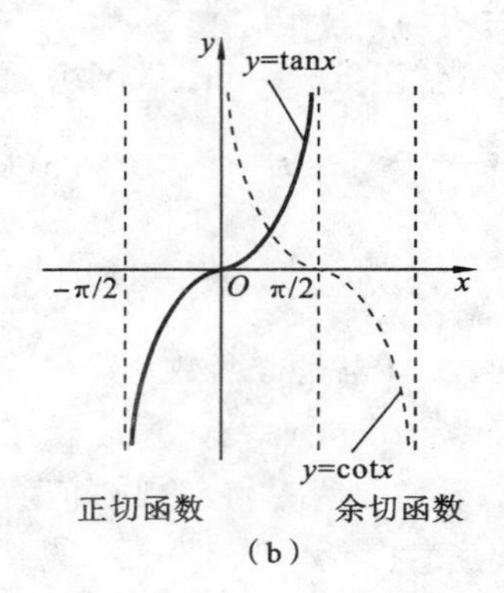

(b)

图 1.2.6

构造这么多函数是为了什么呢？是为了更好地描写我们所面对的各种类型的变量.事实上,从应用的需要来看,初等函数这个工具箱并不够大,功能也不齐全,许多变量,比如心电函数,椭圆的弧长,就无法用初等函数表示.

习题 1.2

1. 设 $f(x)=x^3$,$g(x)=3x$,求 $f(g(x))$及 $g(f(x))$.

2. 设 $f(x)=x^2\ln(1+x)$,求 $f(1)$,$f(e^x-1)$.

3. 设 $f(x)=\begin{cases}3x, & x\geqslant 0\\ x^2, & x<0\end{cases}$,求 $f(-1)$及 $f(f(-1))$.

4. 写出以下函数的复合过程：

(1) $y=\ln(1+\sqrt{3x})$;

(2) $y=\sin^2(3x)$.

5. 设曲线 $y=ax^2+bx+c$ 经过平面上的点 $A(0,1)$,$B(2,7)$,$C(-2,10)$求 a,b,c 的值.

6. 设 $f(x)$的定义域为$[0,1]$,求 $f\left(x+\dfrac{1}{3}\right)+f\left(x-\dfrac{1}{3}\right)$的定义域.

7. 求以下函数的反函数

(1) $y=x^3$；　　(2) $y=\dfrac{1}{x}$ $(x>0)$；　　(3) $y=e^x+3$.

参 考 答 案

1. $f(g(x))=27x^3, g(f(x))=3x^3$.
2. $f(1)=\ln 2, f(e^x-1)=x(e^x-1)^2$.
3. $f(-1)=1, f(f(-1))=3$.
4. (1) $y=\ln u, u=1+v, v=\sqrt{w}, w=3x$；　(2) $y=u^2, u=\sin v, v=3x$.
5. $a=\dfrac{15}{8}, b=-\dfrac{3}{4}, c=1$.
6. $\left[\dfrac{1}{3},\dfrac{2}{3}\right]$.
7. (1) $x=\sqrt[3]{y}$；　　(2) $x=\dfrac{1}{y}$；　　(3) $x=\ln(y-3)$.

1.3　变量的极限

在微积分的应用领域，英国科学家牛顿是一个先驱者. 早在微积分方法开始形成而其数学基础尚不够完善的时期，牛顿便全力以赴地将这一方法应用到当时天文学、力学、光学、热学及几何学等众多领域，解决了一个又一个重大问题，得到了许多至今仍十分重要的以牛顿命名的定律或定理. 微积分的威力如此强大，以至于信奉上帝创造了万物的牛顿认为，上帝一定是一位数学家，上帝按照数学原理创立了这个世界. 同时，另一位与牛顿同样伟大的微积分创始人，德国数学家莱布尼兹则更多地注重微积分的数学基础研究与普及工作. 他一方面潜心研究微积分的机理，设计出许多非常巧妙的微积分理论中的记号，另一方面主持了一份《教师学报》，大量发表研究成果，有效地推动了微积分方法的传播与发展.

然而，微积分方法的逻辑基础此时尚未建立. 一方面，微积分方法在解决实际问题中的威力强大而神奇，解决了当时自然科学几乎所有重大问题；另一方面对其数学原理的解释却又像鬼魂一样令人捉摸不清，据说，牛顿就很难让他的学生听懂微积分. 理论与实际的这种巨大的反差促使一代代数学家为此进行了艰苦而长期的努力，最终建立了今天的有着广泛的应用背景和可靠的理论基础的数学大厦，其中贡献最大的当属法国数学家柯西和德国数学家魏尔斯特拉斯.

柯西在 1821 年及 1823 年的两部著作《分析教程》、《无穷小计算概论》中，以严格化为目标，对当时大家所广泛使用的如变量、函数、极限、连续性、导数、微分、收敛等概念给出了明确的数学定义，并由此推导出微积分的基本结果. 柯西所发表的一些研究结果引起了数学界以及科学界的轰动. 他关于级数收敛性问题的论文宣读之后，使得那些随意使用级数而不顾及敛散性的人们感到震惊而担忧. 德高望重的科学家拉普拉斯在听完柯西的报告后便显得十分不安,回家后便连夜检查了他的五大卷《天体力学》中所使用的所有级数,看看有没有在收敛性上出错的,直到没有发现任何问题才松了一口气.

由于当时的数学界对实数系的结构不甚了解,也由于经常在论证中借助几何直观,柯西的工作中也出现不少在今天看来较严重的错误。例如,他居然认为连续函数都应该是可微的.于是,当德国数学家魏尔斯特拉斯在1861年举出一个处处连续但却处处不可微的例子时,数学界再一次受到极大震惊.因为这样看来,许多直观看上去正确的东西有可能根本就是错的.人们必须严格论证每一个结论,无论看上去是多么可靠.事实上,当今数学的严谨性也正是从这些重大的历史教训中成长起来的.

以下我们便来学习微积分的基础知识:变量的极限理论.为了便于理解,首先通过离散型变量——数列来学习变量极限.在此基础上,再去学习连续型变量——函数的极限理论.

1.3.1 数列的极限

数列由一串以自然数顺序按照升序编号的无穷个实数

$$x_1,\ x_2,\ \cdots,\ x_n,\ \cdots$$

组成.称 x_1 为首项,x_n 为通项.通常可以用通项公式 x_n 来表示数列,记作 $\{x_n\}$.例如以下数列:

$$x_n=\frac{1}{n}:\ 1,\frac{1}{2},\frac{1}{3},\cdots,\frac{1}{n},\cdots \qquad ①$$

$$x_n=\frac{(-1)^{n-1}}{n}:\ 1,-\frac{1}{2},\frac{1}{3},-\frac{1}{4},\cdots,\frac{(-1)^{n-1}}{n},\cdots \qquad ②$$

$$x_n=(-1)^{n-1}:\ 1,-1,1,-1,\cdots,(-1)^n,\cdots \qquad ③$$

$$x_n=\frac{n-1}{n}:\ 0,\frac{1}{2},\frac{2}{3},\cdots,\frac{n-1}{n},\cdots \qquad ④$$

$$x_n=\{a\}:\ a,a,a,\cdots,a,\cdots \qquad ⑤$$

数列 $\{x_n\}$ 可以看做是定义在自然数集 $\mathbf{N}=\{1,2,\cdots,n,\cdots\}$ 上的一个函数,通项公式 x_n 便是其对应法则,只是我们把函数值依据 $\mathbf{N}$ 的顺序排列了出来.作为一种特殊的函数,我们可以导入由函数的有界性和单调性引出的以下概念.

有界数列 $\{x_n\}$　若存在常数 $M>0$,使得数 $|x_n|\leqslant M, n\in\mathbf{N}$.

单调增数列 $\{x_n\}$　若对每个 $n\in\mathbf{N}$,有 $x_n\leqslant x_{n+1}$.

类似地去定义单调减数列及严格单调增和严格单调减数列,它们统称为单调数列.

不难验证,数列①～⑤都是有界数列.其中数列①严格单调减;数列④严格单调增;数列⑤既单调增,又单调减.

数列是一个变量,要研究的一个基本问题便是,随着下标 n 无限增大,x_n 将如何变化?由于 n 变化到无限大,人们只能对最终情况进行推测,而推测时所遵循的原则是什么呢?当然是从现在推测未来,从有限推测无限.由此原则,可以推测(并不可靠)数列

①与②最终趋于数 0，而数列④最终趋于 1，数列⑤最终趋于 a. 总结这一思想，我们便给出数列 x_n 趋于常数 a 的定义.

定义 1(数列的极限)　设有数列 $\{x_n\}$ 及常数 a. 如果任给一个正数 ε，都能找到自然数 N，使得不等式

$$|x_n-a|<\varepsilon,\quad n>N$$

成立，则称 x_n 以 a 为极限或说 x_n 收敛于 a. 记作

$$\lim_{n\to\infty}x_n=a \quad 或 \quad x_n\to a \quad (n\to\infty).$$

这种用不等式描写极限的方法是魏尔斯特拉斯发明的. 在这之前，柯西采用的关于极限的定义借助了一些非数学语言而显得不好操作. 以下便是柯西的数列极限定义中的要点：

"称数列 x_n 收敛于 a，如果差值 x_n-a 在最终要多小有多小."

其中"最终"的含义是不清楚的，"要多小有多小"也似乎令人感到费解. 事实上，在涉及无限变化过程时，人们常常因为概念表述的不清楚而导致各种悖论的出现.

例 1　希腊雅典时期的哲学家芝诺提出了四个关于无限的悖论，以展示涉及无限性的困难. 其中的阿基里斯悖论如下：

阿基里斯(Achilles，希腊一位善于长跑的名将)永远追不上一只乌龟. 因为当阿基里斯由起点 A 跑到乌龟的出发点 B 时，乌龟已爬到前面的 C 处；而当阿基里斯跑到 C 处时，乌龟又爬到前面的 D 处，如此下去，不可穷尽. 乌龟永远不可能被追上(图 1.3.1). 读者能识破芝诺的诡辩吗？

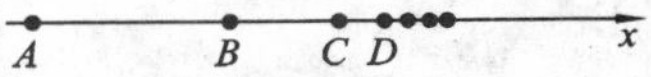

A　B　C D　x

图 1.3.1

利用定义 1 可以验证许多重要的数列极限. 其中比较常用的有以下几个：

(1) $\lim\limits_{n\to\infty}\dfrac{1}{n}=0$，进而 $\lim\limits_{n\to\infty}\dfrac{\alpha_n}{n}=0$，$\alpha_n$ 是有界量.

(2) $\lim\limits_{n\to\infty}\left(1+\dfrac{1}{n}\right)^n=\mathrm{e}$，其中 $\mathrm{e}=2.71828\cdots$

(3) $\lim\limits_{n\to\infty}\sqrt[n]{n}=1$.

(4) $\lim\limits_{n\to\infty}a^n=0$，其中 $|a|<1$.

我们不去推导这些结果，但是建议读者用计算器进行验证. 你会发现，当 n 并不是太大时，如 $n=100$，数列 x_n 便十分接近于它的极限值 a 了.

为了对数列极限的表述方式有一个感性认识，以下根据极限定义推导极限的几个基本性质.

定理 1(有界性)　收敛数列必是有界数列.

证　设 $\{x_n\}$ 是收敛数列，比如说收敛到 a，我们任取 ε 的值，比如说取 $\varepsilon=1$，则依定义，便存在 N，使得不等式 $|x_n-a|<1(n>N)$ 成立. 从而当 $n>N$ 时 $x_n\in(a-1,a+1)$；

而另一方面,设$\{x_1,x_2,\cdots,x_N\}$中的最小数是A,最大数是B,则当$1\leqslant n\leqslant N$时,$x_n\in[A,B]$;于是可取适当的$M>0$,使$(a-1,a+1)$及$[A,B]$包含在区间$[-M,M]$中.

于是我们便推出,存在$M>0$,使$|x_n|\leqslant M(n\in\mathbf{N})$,故$\{x_n\}$为有界数列.

定理 2(夹挤原理) 若数列$\{a_n\}$,$\{b_n\}$及$\{x_n\}$满足$a_n\leqslant x_n\leqslant b_n$,且数列$\{a_n\}$与$\{b_n\}$均收敛于同一个常数$a$,则$x_n$亦收敛于$a$.

证 任给正数ε,由于$\lim\limits_{n\to\infty}a_n=a$,故依定义,存在$N_1$,使不等式$|a_n-a|<\varepsilon$在$n>N_1$时成立,同样由于$\lim\limits_{n\to\infty}b_n=a$,也存在$N_2$,使不等式$|b_n-a|<\varepsilon$在$n>N_2$时成立,于是当$n>N_1+N_2$时,这两个不等式都成立,

$$|a_n-a|<\varepsilon,\quad |b_n-a|<\varepsilon.$$

或等价地,

$$a-\varepsilon<a_n<a+\varepsilon,\quad a-\varepsilon<b_n<a+\varepsilon$$

便都成立.考虑到x_n位于a_n及b_n之间,故当$n>N_1+N_2$时亦成立不等式

$$a-\varepsilon<x_n<a+\varepsilon\quad 或\quad |x_n-a|<\varepsilon.$$

由ε的任意性,依据定义便推得x_n也收敛于a.

例 2 证明$\lim\limits_{n\to\infty}\dfrac{\sin n}{n}=0$.

证 因为$-1\leqslant\sin n\leqslant 1$,从而$-\dfrac{1}{n}\leqslant\dfrac{\sin n}{n}\leqslant\dfrac{1}{n}$,显然$\lim\limits_{n\to\infty}\dfrac{1}{n}=0$,$\lim\limits_{n\to\infty}\dfrac{-1}{n}=0$.由定理 2 得,$\lim\limits_{n\to\infty}\dfrac{\sin n}{n}=0$.

例 3 证明摆动数列$\{(-1)^{n-1}\}$不收敛.

证 采用反证法.假定摆动数列是收敛数列,比如收敛于a,则由极限的定义知道,对确定的正数$\varepsilon=\dfrac{1}{4}$,存在某个自然数N,当n大于N时,x_n便满足不等式

$$|x_n-a|<\frac{1}{4},$$

即x_n落入$\left(a-\dfrac{1}{4},a+\dfrac{1}{4}\right)$之中.于是只要$m,n>N$,应当有

$$|x_m-x_n|\leqslant|x_m-a|+|x_n-a|<\frac{1}{4}+\frac{1}{4}<\frac{1}{2},$$

$\dfrac{1}{2}$是区间$\left(a-\dfrac{1}{4},a+\dfrac{1}{4}\right)$的总长度.但是另一方面,无论$n$多么大,摆动数列$\{(-1)^{n-1}\}$的相邻两项的距离总是等于 2,不会小于$\dfrac{1}{2}$,这一矛盾说明它不可能是收敛数列(图 1.3.2).

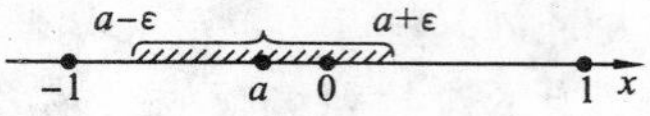

图 1.3.2

由于$\{(-1)^{n-1}\}$是有界数列,故以上例题说明:有界数列不一定是收敛数列.

1.3.2　函数的极限

在初步理解数列的极限概念的基础上，我们来学习函数的极限概念.

与离散型变量的变化方式($n\to\infty$)不同的是，函数的自变量 x 可以有多种形式的变化方式：x 无限趋向于无穷远($x\to\infty$)或无限趋近于某个点($x\to x_0$). 以下分别叙述.

假如一个函数 $y=f(x)$ 定义域是无限区间，例如为$(0,+\infty)$、$(-\infty,0)$或$(-\infty,+\infty)$，则应当考虑当 x 无限增大时函数 $f(x)$ 的变化趋势，联系到区间的不同，可以将点 x 趋于无穷远的变化过程划分为三种方式：

x 趋于正无穷大(指 x 沿坐标轴 Ox 正向无限增大，记作 $x\to+\infty$)；

x 趋于负无穷大(指 x 沿坐标轴 Ox 负向无限增大，记作 $x\to-\infty$)；

x 趋于无穷大(包含以上两种情况，指 x 的绝对值无限增大，记作 $x\to\infty$).

首先模仿数列极限的定义方式给出函数 $f(x)$ 当 $x\to+\infty$ 时的极限概念(图 1.3.3).

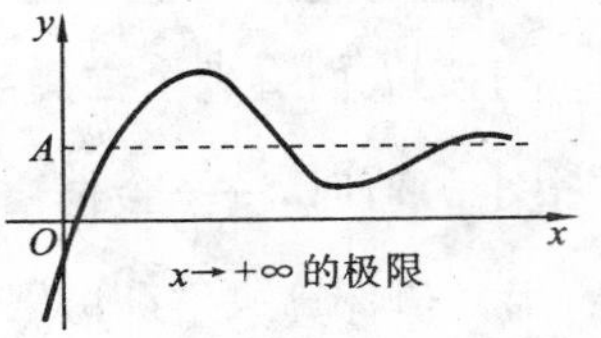

图 1.3.3

定义 2(在无穷远处的极限)　设 $f(x)$ 在某个无限区间$(a,+\infty)$上有定义，A 是一个常数，若对任给正数 ε，存在数 $X>a$，使得不等式

$$|f(x)-A|<\varepsilon,\quad x>X$$

成立，则说当 x 趋于正无穷大时，A 是 $f(x)$ 的极限或说 $f(x)$ 收敛于 A. 记作

$$\lim_{x\to+\infty} f(x)=A.$$

类似地可以定义 x 趋于负无穷大时的极限 $\lim\limits_{x\to-\infty} f(x)=A$.

如果当 x 趋于正无穷大以及趋于负无穷大时，$f(x)$ 都收敛于同一个 A，则说 x 趋于无穷大时，$f(x)$ 收敛于 A，记作 $\lim\limits_{x\to\infty} f(x)=A$.

当我们知道直线上的两个点时，便可以断定直线的几何位置，包括无穷远处的走势. 直线的这一特性可以用来描述曲线在无穷远处的极限. 这就是渐近线概念. 为简便起见，我们只考虑以下的水平渐近线.

设 $\lim\limits_{x\to-\infty} f(x)=A$ 或 $\lim\limits_{x\to+\infty} f(x)=A$，则称直线 $y=A$ 是曲线 $y=f(x)$ 的一条**水平渐近线**.

例 4　求曲线 $y=\mathrm{e}^{-x^2}$ 的水平渐近线.

解　因为 $\lim\limits_{x\to+\infty} \mathrm{e}^{-x^2}=\lim\limits_{x\to+\infty}\dfrac{1}{\mathrm{e}^{x^2}}=0$，故当 x 无限增大时，曲线 $y=\mathrm{e}^{-x^2}$ 有渐近线 $y=0$；由于它是偶函数，故在 $x\to-\infty$ 时亦趋近于直线 $y=0$.

其次，我们考虑函数 $f(x)$ 当点 x 无限接近于 x_0 但又不能等于这个点 x_0 时的变化趋势问题. 为了认识这一问题的意义，我们先看一个具体的实例.

在研究正弦曲线 $y=\sin x$ 在点 $x=0$ 处的切线(图 1.3.4)时,人们需要计算以下函数

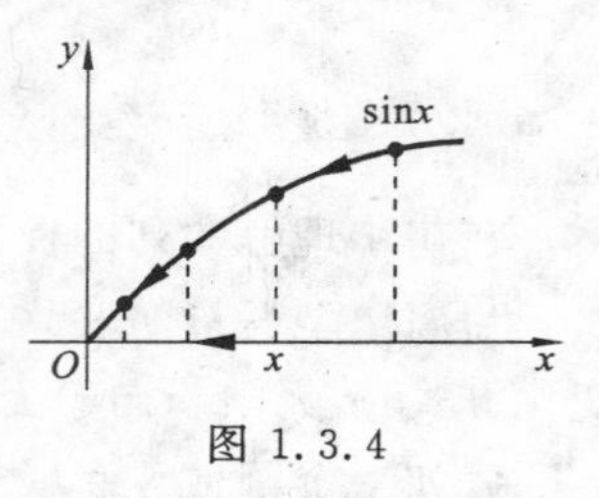

图 1.3.4

$$f(x)=\frac{\sin x}{x}$$

在 x 无限地靠近于 0 时的最终变化趋势或称做"极限".

一个自然的问题是,这个极限是否存在? 如何计算? 由于自变量 x 无限地接近于零,人们想到,把 $x=0$ 代入 $\frac{\sin x}{x}$ 中来求值,但由于分母为零而失去意义. 于是改用非常小的 x 值代入函数来得到近似值,得出下表:

x	0.1	0.01	0.001
$\frac{\sin x}{x}$	0.9983342	0.9999833	0.9999998

于是人们有理由推测当 $x\to 0$ 时,$f(x)$ 的极限是 1. 但是,会不会当 x 取到某些特殊的很小的值时,$\frac{\sin x}{x}$ 会偏离常数 1 呢? 对于正弦曲线来说,也许不会出现这种怪事,但是,用数值计算来推断极限的存在是否可靠呢? 来看一个例子.

例 5　设 $f(x)=\sin\frac{1}{x}$,考虑极限 $l=\lim\limits_{x\to 0}f(x)$ 是否存在?

解　让 x 依次取 $\frac{1}{2\pi},\frac{1}{4\pi},\cdots,\frac{1}{2n\pi},\cdots$,由于 $f\left(\frac{1}{2n\pi}\right)=\sin 2n\pi=0(n=1,2,\cdots)$,故我们推测 $l=0$. 但是,若让 x 依次取 $\frac{1}{2\pi+\pi/2},\frac{1}{4\pi+\pi/2},\cdots,\frac{1}{2n\pi+\pi/2},\cdots$,则由于 $f\left(\frac{1}{2n\pi+\pi/2}\right)=1(n=1,2,\cdots)$,故似乎应设 $l=1$. 可见用特殊值来推断一般结果是不可靠的.

于是,我们需要有一个严格而且可以验核的标准来规定函数在一个点的极限概念. 这便是下面的定义.

定义 3(在一点的极限)　设 $f(x)$ 在开区间 (x_0,b) 有定义,A 是一个常量. 若对任给正数 ε,存在 $\delta>0$,使得不等式

$$|f(x)-A|<\varepsilon,\quad x\in(x_0,x_0+\delta)$$

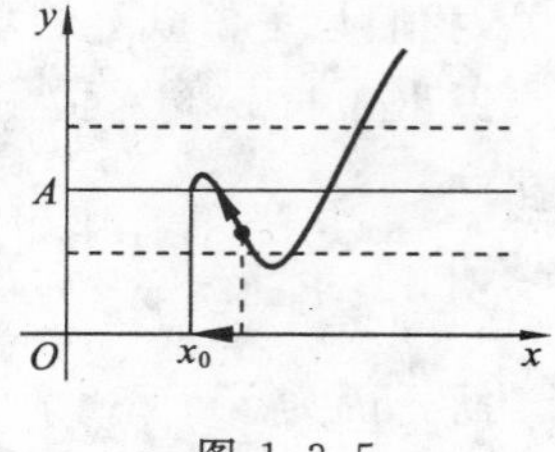

图 1.3.5

成立(图 1.3.5),则说 A 是 $f(x)$ 在点 x_0 的右极限. 记作

$$\lim_{x\to x_0^+}f(x)=A \text{ 或 } f(x_0^+)=A.$$

类似地可以定义 $f(x)$ 在点 x_0 的左极限,并记作

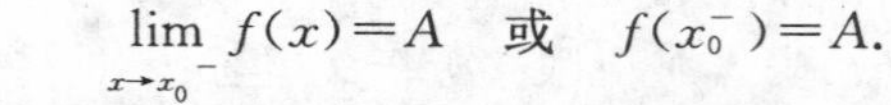

$$\lim_{x\to x_0^-}f(x)=A \quad \text{或} \quad f(x_0^-)=A.$$

通常将左极限与右极限统称为单侧极限. 将两者综合起来便得到函数 $f(x)$ 在一点

x_0 的极限定义.

定义 4　设 $f(x)$ 在 x_0 两侧的极限均存在并且都等于 A,则称 A 是 $f(x)$ 在点 x_0 的极限.记作

$$\lim_{x\to x_0} f(x)=A.$$

例 6　说明以下极限不存在.

(1) $\lim\limits_{x\to 0}\dfrac{|x|}{x}$;　　(2) $\lim\limits_{x\to+\infty}\sin x$.

证　(1) 当 $x>0$ 时,$\dfrac{|x|}{x}=\dfrac{x}{x}\equiv 1$,故 $\lim\limits_{x\to 0^+}\dfrac{|x|}{x}=1$;(常量的极限是常量本身.)

又当 $x<0$ 时,$\dfrac{|x|}{x}=-\dfrac{x}{x}\equiv -1$,故 $\lim\limits_{x\to 0^-}\dfrac{|x|}{x}=-1$.

函数 $\dfrac{|x|}{x}$ 在 $x=0$ 两侧的极限虽然都存在但不相等,故所论极限不存在.

(2) 类似于例 3 的方法可以得知,若 $\lim\limits_{x\to+\infty}\sin x$ 存在,则存在 X,当 $x,y>X$ 时,$\sin x$ 与 $\sin y$ 的距离能够接近到任何程度,比如 0.5.但是,我们发现,当 $x_n=2n\pi$,$y_n=2n\pi+\dfrac{\pi}{2}$ 时,总是有 $|\sin x_n-\sin y_n|=1$,不会因为 n 的增大(从而 x_n,y_n 变大)而变小,故所论极限不存在.

关于函数极限,也有以下类似于数列极限的重要结果.

定理 3(有界性)　在一点收敛的函数必在该点附近有界.

定理 4(夹挤原理)　设 $a(x)\leqslant f(x)\leqslant b(x)$,$x_0<x<b$,且 $\lim\limits_{x\to x_0^+}a(x)=\lim\limits_{x\to x_0^+}b(x)=A$,则

$$\lim_{x\to x_0^+} f(x)=A.$$

将极限过程换做左极限、一点极限或无穷远处的极限时结论仍然成立.当然,不等式条件也要在相应的目标点附近成立.

1.3.3　极限的计算

在计算数列极限和函数极限时,可以依据以下基本运算规则.

定理 5(四则运算法则)　设在同一极限过程(省略未写),$\lim f(x)=A$,　$\lim g(x)=B$,则有

(1) $\lim cf(x)=c\lim f(x)=cA$(常数可以提出);

(2) $\lim[f(x)\pm g(x)]=\lim f(x)\pm\lim g(x)=A\pm B$;

(3) $\lim[f(x)\cdot g(x)]=\lim f(x)\cdot\lim g(x)=AB$;

(4) $\lim[f(x)/g(x)]=\lim f(x)/\lim g(x)=A/B$ $(B\neq 0)$.

于是依据极限的四则运算法则,只要我们知道了一些基本的极限结果,就可以去计

算一大批变量的极限了.下面,我们便来研究函数的几个基本极限.

例 7　证明以下极限结果

$$\lim_{x\to 0}\sin x=0,\quad \lim_{x\to 0}\cos x=1.$$

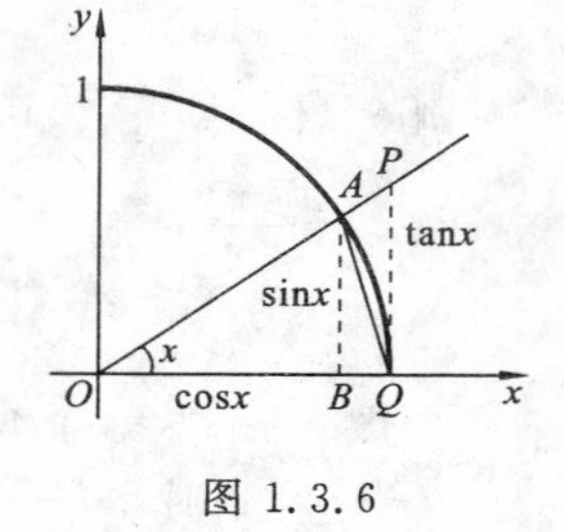

图 1.3.6

证　由图 1.3.6 知,当 $0<x<\frac{\pi}{2}$时,有

$$0<\overline{AB}<\overline{AQ}<\widehat{AQ};$$

$$0<\overline{BQ}=1-\overline{OB}<\overline{AQ}<\widehat{AQ}.$$

亦即

$$0<\sin x<x;$$

$$0<1-\cos x<x,$$

故由夹挤原理,当 $x\to 0^+$ 时,

$$\sin x\to 0,\quad 1-\cos x\to 0.$$

由于 $\sin x$ 是奇函数,$1-\cos x$ 是偶函数.结合其图形的对称性即知,当 $x\to 0^-$ 时以上极限结论也成立.从而由定义 4 知结果得证.

由例 7 结果可以推测:$\lim\limits_{x\to a}\sin x=\sin a$,$\lim\limits_{x\to a}\cos x=\cos a$.

读者能由此进一步大胆推测出更多的计算函数极限的公式吗？比如说

"若 $f(x)$在 $x=a$ 有定义,则有$\lim\limits_{x\to a}f(x)=f(a)$".

一般来说,这一结果并不正确.但是幸运的是,在一定的条件(例如,a 在初等函数 $f(x)$ 的定义域中)下,此公式是对的.

例 8　证明重要极限 $\lim\limits_{x\to 0}\frac{\sin x}{x}=1$.

证　由于$\frac{\sin x}{x}$是偶函数,曲线 $y=\frac{\sin x}{x}$关于 y 轴对称,故只用考虑右极限.

又因为函数在 $x=0$ 的极限属性只取决于函数在 $x=0$ 附近的状态,故可限定 $0<x<\frac{\pi}{2}$.

结合图1.3.6可知,三角形OAB,扇形OAQ及三角形OPQ的面积值及大小关系如下:

$$\frac{1}{2}\cos x\sin x<\frac{1}{2}x<\frac{1}{2}\tan x,0<x<\frac{\pi}{2}.$$

化简得

$$\frac{1}{\cos x}<\frac{\sin x}{x}<\cos x.$$

由于

$$\lim_{x\to 0}\cos x=1,\quad \lim_{x\to 0}\frac{1}{\cos x}=\frac{1}{\lim\limits_{x\to 0}\cos x}=1,$$

故由夹挤原理知,$\lim\limits_{x\to 0^+}\frac{\sin x}{x}=1$,从而$\lim\limits_{x\to 0}\frac{\sin x}{x}=1$.

例 9　计算以下极限

(1) $l=\lim\limits_{x\to0}\dfrac{\tan x}{x}$；　(2) $l=\lim\limits_{x\to0}\dfrac{1-\cos x}{x^2}$.

解　(1) $l=\lim\limits_{x\to0}\dfrac{\sin x}{x}\cdot\dfrac{1}{\cos x}=\lim\limits_{x\to0}\dfrac{\sin x}{x}\cdot\lim\limits_{x\to0}\dfrac{1}{\cos x}=1$；

(2) $l=\lim\limits_{x\to0}\dfrac{2\sin^2(x/2)}{x^2}=\dfrac{1}{2}\lim\limits_{x\to0}\left[\dfrac{\sin(x/2)}{x/2}\right]^2$

$=\dfrac{1}{2}\lim\limits_{t\to0}\left(\dfrac{\sin t}{t}\right)^2=\dfrac{1}{2}$　(代换 $t=\dfrac{x}{2}$ 使得函数形式简化).

从数列极限结果 $\lim\limits_{n\to\infty}\left(1+\dfrac{1}{n}\right)^n=\mathrm{e}$,可以推测并证明(在此省略)另一个重要的函数极限

$$\lim_{x\to+\infty}\left(1+\frac{1}{x}\right)^x=\mathrm{e},\quad \lim_{x\to0}(1+x)^{\frac{1}{x}}=\mathrm{e}.$$

这一极限可以用来计算一些同类型的极限.

例 10　计算以下极限

(1) $l=\lim\limits_{x\to+\infty}\left(1-\dfrac{1}{x}\right)^x$；　　(2) $l=\lim\limits_{x\to0}(1+3x)^{\frac{1}{x}}$.

解　(1) 记 $t=-x$,则 $t\to-\infty$,于是

$$l=\lim_{x\to+\infty}\left[\left(1+\frac{1}{-x}\right)^{-x}\right]^{-1}=\left[\lim_{t\to-\infty}\left(1+\frac{1}{t}\right)^t\right]^{-1}=\frac{1}{\mathrm{e}}.$$

(2) 记 $t=3x$,则 $t\to0$,于是

$$l=\lim_{x\to0}(1+3x)^{\frac{1}{3x}\cdot3}=\left[\lim_{t\to0}(1+t)^{\frac{1}{t}}\right]^3=\mathrm{e}^3.$$

1.3.4　无穷小量与无穷大量

使用无穷小量和无穷大量有助于极限概念的理解与简化其表示。

在微积分理论的形成过程中,无穷小量的定义与作用一直是人们争论的焦点.对无穷小的认识有两种观点:实无限观与潜无限观.

实无限观点源于古希腊原子论学派创始人留基伯,代表人物是德谟克利特.他们认为:宇宙间万事万物都是由不同形状,不同大小的原子构成的.由此观点推出,长度是由不可以再分的“长度原子”构成的,时间是由不可以再分的“时间原子”构成.例如他们认为,1 小时是由 22560 个瞬间所组成的.

另一方面,以欧多克斯、阿基米德为代表的潜无限学派则主张,像长度、时间这样的连续量是可以无限细分的.古代中国庄子的《天下篇》中的名句“一尺之棰,日取其半,万世不竭”,明确反映了当时人们对无限概念的一种深刻见解.

数学家柯西首次将无穷小量同变量联系在一起,称无穷小量是一个变量,其绝对值可以无限地减小而收敛于零.我们今天所使用的无穷小量概念就是基于柯西的这一

认识.

定义 5 以零为极限的变量(连续变量或离散变量)称做**无穷小量**.

例如,当 $n\to\infty$ 时,$\frac{1}{n},\frac{1}{n^2},\frac{(-1)^n}{n}$ 都趋于 0,因而是无穷小量. 而当 $x\to 0$ 时,$\sin x$,$1-\cos x$,e^x-1 也趋于 0,也是无穷小量. 且 $x\to 1$ 时,x^2-1,$\ln x$ 均为无穷小量.

从变量的极限定义知道,在谈及无穷小量时应当指明自变量的变化过程.

应当注意,无穷小量不是常量,不要将它与很小的的量混淆. 其次,由于变量 u 趋于常数 A 等价于 $u-A$ 趋于零,等价于 $u-A$ 是无穷小量,从而可以用无穷小量来描写变量的极限.

作为一个变量,无穷小量可以进行四则运算,并且可直接由定义推出以下运算规则.

定理 6 (1) 有限个无穷小量之和或积仍是无穷小量;

(2) 有界量与无穷小量之积是无穷小量.

当 $n\to\infty$ 时,$\frac{1}{n}$ 与 $\frac{1}{n^2}$ 都趋于零,同是无穷小量,但显然 $\frac{1}{n^2}$ 要比 $\frac{1}{n}$ "小"得快;在涉及无穷小量的运算时,人们发现,有必要对无穷小量进行分类,以便于对它们的处理,故有以下定义.

定义 6 设 u,v 均是同一个极限过程的无穷小量.

(1) 若 $\lim\frac{u}{v}=0$,则称 u 是比 v 高阶的无穷小量,记作 $u=o(v)$.

(2) 若 $\lim\frac{u}{v}=c(c\neq 0)$,则称 u 与 v 是同阶无穷小量. 特别,当 $c=1$ 时,称 u 与 v 是等价无穷小量,记作 $u\sim v$.

例如,当 $n\to\infty$ 时,有

$$\frac{1}{n^2}=o\left(\frac{1}{n}\right),\quad \frac{1}{n+2}\sim\frac{1}{n},\quad \frac{4n-1}{n^2+1}\sim\frac{4}{n}.$$

当 $x\to 0$ 时,由例 8,例 9 得知,

$$\tan x\sim\sin x\sim x,\quad 1-\cos x\sim\frac{1}{2}x^2,\quad x^2=o(x).$$

图 1.3.7 给出了几个无穷小量的直观比较. 当 x 取确定的、很小的值时,等价关系也可理解为近似关系.

与无穷小量对应的是无穷大量. 无穷小量是一个绝对值能够变得比任何正数还要小的变量,无穷大量则定义为是一个绝对值能够变得比任何正数还要大的变量. 其确切定义如下:

定义 7 若对任给正数 M,存在 N,当 $n>N$ 时,成立 $|x_n|>M$,则称变量 $\{x_n\}$ 是一个无穷大量,记作 $\lim\limits_{n\to\infty}x_n=\infty$.

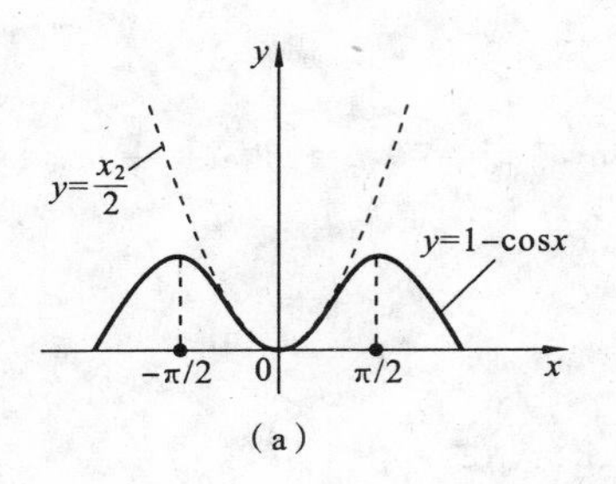

(a)

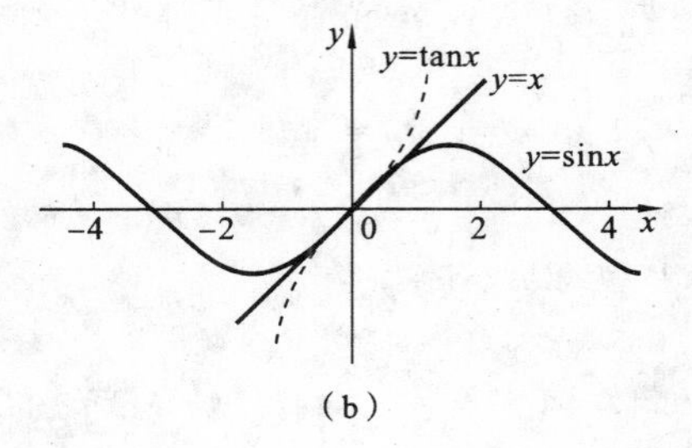

(b)

图 1.3.7

例如，当 $n\to\infty$ 时，数列 $\{n\}$，$\{(-1)^n n\}$ 都是无穷大量.

要注意的是，无穷大量与无界变量是有区别的. 以下数列

$$1,\ 2,\ \frac{1}{3},\ 4,\ \frac{1}{5},\ 6,\ \frac{1}{7},\ \cdots,\ \frac{1}{2k+1},\ 2k,\ \cdots$$

是无界数列，因为其中的偶数项 $2k$ 无限地增大. 但它不是无穷大量，因为此数列的增大缺乏一致性. 比如对 $M=1$，无论 N 取多大，也不能保证 $n>N$ 后，均成立 $|x_n|>1$.

习题 1.3

1. 写出以下数列的前 5 项：

(1) $x_n=n^2$； (2) $x_n=n^{(-1)^n}$； (3) $x_n=1+(-1)^n$； (4) $x_{n+1}=x_n^2+x_n, x_1=1$.

2. 计算以下数列的极限：

(1) $\lim\limits_{n\to\infty}\frac{2n+3}{5n+4}$； (2) $\lim\limits_{n\to\infty}\left(1+\frac{1}{n}\right)^2$； (3) $\lim\limits_{n\to\infty}(\sqrt{n+1}-\sqrt{n})$； (4) $\lim\limits_{n\to\infty}\frac{1+2+\cdots+n}{n^2}$；

(5) $\lim\limits_{n\to\infty}\left(1+\frac{1}{2}+\frac{1}{2^2}+\cdots+\frac{1}{2^n}\right)$； (6) $\lim\limits_{n\to\infty}\frac{n!}{n^n}$.

3. 设 $a\geqslant 0$，求以下极限：

(1) $l=\lim\limits_{n\to\infty}a^n$； (2) $l=\lim\limits_{n\to\infty}\frac{a^n}{1+a^n}$.

4. 计算以下函数的极限

(1) $\lim\limits_{x\to1}(x^2+2x+1)$；(2) $\lim\limits_{x\to1}\frac{x^2-1}{x-1}$； (3) $\lim\limits_{x\to\infty}\left(1+\frac{2}{x}\right)^{3x}$； (4) $\lim\limits_{x\to0}(1-x)^{\frac{1}{x}}$；

(5) $\lim\limits_{x\to\infty}\left(\frac{x+1}{x-1}\right)^x$； (6) $\lim\limits_{x\to0}\frac{\sin 3x}{x}$； (7) $\lim\limits_{x\to\infty}\frac{\arcsin x}{x}$； (8) $\lim\limits_{x\to0}\frac{1-\cos x}{x}$.

5. 指出以下变量中哪些是无穷小量？

(1) $x\sin x\ (x\to0)$； (2) $x\sin x\ \left(x\to\frac{\pi}{2}\right)$； (3) $e^{\frac{1}{x}}\ (x\to+\infty)$； (4) $e^{-x}\ (x\to+\infty)$；

(5) $\frac{\sqrt{n}}{n+1}\ (n\to\infty)$； (6) $\frac{n-1}{n}\ (n\to\infty)$.

参考答案

1. (1) 1,4,9,16,25； (2) $1,2,\frac{1}{3},4,\frac{1}{5}$； (3) 0,2,0,2,0； (4) 1,2,6,42,1806.

2. (1) $\frac{2}{5}$； (2) 1； (3) 0； (4) $\frac{1}{2}$； (5) 2； (6)0.

3. (1) $a<1$ 时 $l=0$，$a=1$ 时 $l=1$，$a>1$ 时 $l=\infty$； (2) $a<1$ 时 $l=0$，$a=1$ 时 $l=\frac{1}{2}$，$a>1$ 时 $l=1$.

4. (1)4； (2)2； (3)e^6； (4)1/e； (5)e^2； (6)3； (7)0； (8)0.

5. (1)、(4)、(5)为无穷小量.

1.4 函数的连续性

观察自然界的各种变量，可以看到变量在变化过程中呈现两种不同的特点：一种变量在其整个变化过程中，量的变化是渐变的，例如，树木在生长过程中的高度 h 和树干的直径 D，飞船在发射过程中离地面的距离 s，药片在胃内的溶化过程中的剩余质量 m 等等；另一种则是在变化过程中的某个时刻发生了突变，例如，沉睡多年的火山突然爆发，在洪水的不断进攻下，堤岸顷刻崩塌，一夜之间，利息政策突然改变等等. 人们称前一种变化为连续变化；而称后一种变化为有间断点的变化.

一般来说，变量仅仅在少量的点处出现突变，而在其他的点则是连续变化的. 我们的问题是，如何描写连续与间断，以及分析连续变量的基本性质.

1.4.1 连续的定义

直观上看，图 1.4.1 的曲线在点 a 是连续的，在点 b 是间断的. 但这是借助于几何图形所得，若是得不到变量 $y=f(x)$ 的图形，该如何去识别连续和间断呢？想一想，这还真不容易做到. 让我们看一看，数学家是如何处理这一难题的.

其基本思路是：先从容易把握的情形开始，例如由简单的函数、容易绘制的图形入手，寻找连续变量的必要条件，一旦得手后，再设法寻找充分条件.

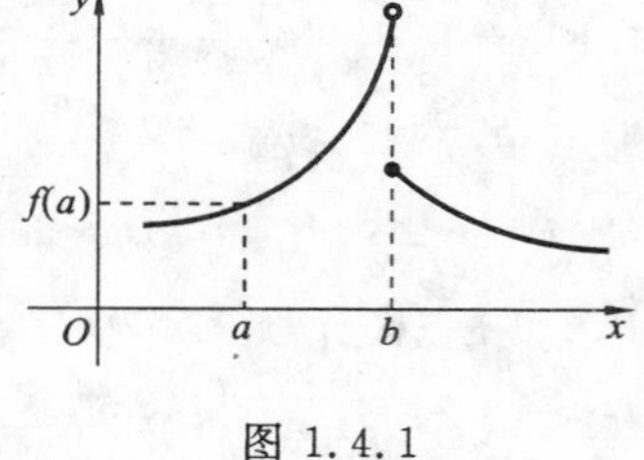

图 1.4.1

从图 1.4.1 知，函数 $f(x)$ 在点 a 处有这样一种**稳定性**：当 x 很接近于 a 时，$f(x)$ 也很接近于 $f(a)$；但点 b 则不然，当 x 在 b 的左边与 b 哪怕只有一点点差异，也会导致 $f(x)$ 与 $f(b)$ 有较大差异，因此函数 $f(x)$ 在点 b 处的左侧是不稳定的；与之对比，在点 b 的右侧 $f(x)$ 则是稳定的，$x>b$ 的一点小的差异不会带来 $f(x)$ 与 $f(b)$ 的很大的不同.

于是，如果记 x 与点 a 的差为 $\Delta x=x-a$，相应的函数值 $f(x)$ 与 $f(a)$ 的差记作 $\Delta y=f(x)-f(a)$. 则连续意味着，当 Δx 很小时，Δy 也很小；而间断则意味着，Δy 不会因 Δx 变小而随之变小. 借用极限的语言来表示便是

$$f(x)\text{在点 }a\text{ 连续}\Leftrightarrow\lim_{\Delta x\to 0}\Delta y=0\Leftrightarrow\lim_{x\to a}f(x)=f(a).$$

类似地，在点 b 处函数的特点表现为以下极限关系：

$$\lim_{x\to b^+} f(x)=f(b),\quad \lim_{x\to b^-} f(x)\neq f(b).$$

这样看来,连续与间断的描述便可以借助极限语言以代数的形式严格地表示.

定义1(在一点连续)　设 $f(x)$在包含 x_0 的某个开区间上有定义.若$\lim\limits_{x\to x_0} f(x)=f(x_0)$,则称函数 $f(x)$**在点** x_0 **处连续**.

定义2(右连续)　设 $f(x)$于区间$[x_0,b)$上有定义.若 $\lim\limits_{x\to x_0^+} f(x)=f(x_0)$,则称函数$f(x)$在点 x_0 **右连续**.

类似地根据 $\lim\limits_{x\to x_0^-} f(x)=f(x_0)$来定义 $f(x)$在点 x_0 **左连续**.

根据极限的定义,若 $f(x)$在点 x_0 处连续,则意味着 $f(x)$在点 x_0 既是左连续,又是右连续,反之亦然.

例1　考察以下函数在点 $x=0$ 的连续性:

(1) $f(x)=\dfrac{\sin x}{x},\quad x\neq 0$;

(2) $f(x)=\begin{cases}\dfrac{\sin x}{x}, & x\neq 0,\\ 0, & x=0;\end{cases}$

(3) $f(x)=\begin{cases}\dfrac{\sin x}{x}, & x\neq 0,\\ 1, & x=0.\end{cases}$

解　函数在一点连续的必要条件之一是函数在该点有定义.于是函数(1)在 $x=0$ 不连续.函数(2)虽然在 $x=0$ 有定义,但是 $f(0)=0$ 与在该点的极限$\lim\limits_{x\to 0}\dfrac{\sin x}{x}=1$ 不相同,故在 $x=0$ 也不连续.再来看函数(3),由于它在点 $x=0$ 满足定义1,即

$$\lim_{x\to 0}f(x)=\lim_{x\to 0}\frac{\sin x}{x}=1=f(0),$$

故它在 $x=0$ 连续.

通常,我们在谈到函数的间断时是指函数在某些点的间断,而在谈到函数的连续时可能是指函数的某一段曲线,即由连续点构成的曲线段.为此给出函数 $f(x)$在一个区间上连续的定义.

定义3(在区间上连续)　若 $f(x)$在开区间(a,b)中的每一点都连续,则说 $f(x)$在**开区间(a,b)上连续**.若 $f(x)$还在端点 a 右连续,在端点 b 左连续,则说 $f(x)$**在闭区间$[a,b]$上连续**.

例如,函数 $f(x)=x^2$ 在定义区间$(-\infty,+\infty)$内每一点 a 都成立,即

$$\lim_{x\to a}f(x)=\lim_{x\to a}x^2=a^2=f(a),$$

故 $f(x)=x^2$ 处处连续.

按照定义可以逐个证明基本初等函数 $\sin x, \cos x, e^x, \ln x, x^a$ 在它们的定义区间上都是连续的.

于是,由极限的四则运算法则,便可以推出两个连续函数在经过四则运算后仍然连续,即下面的结果.

定理 1　设 $f(x)$ 与 $g(x)$ 在点 x_0 连续,则 $f(x) \pm g(x), f(x)g(x), f(x)/g(x)$ $(g(x_0) \neq 0)$ 均在 x_0 连续.

进一步,我们还可以由定义证明,连续函数经复合运算之后仍然连续. 于是结合定理 1 及基本初等函数的连续性,便可以得出以下重要结论.

定理 2(初等函数的连续性)　初等函数在它的定义区间内处处连续.

依据此定理,寻求初等函数的连续区间就等同于寻求其定义区间,后者无需使用极限概念,简单易行. 初等函数的这一性质真是太美啦. 更有甚者,我们还可以利用它的这一性质,反过来对函数极限的计算作点贡献.

定理 3(利用连续性求极限)　设 $f(x)$ 是初等函数,x_0 是 $f(x)$ 的定义区间中的点,变量 $\varphi(t)$ 收敛于 x_0(t 的变化过程不限),则有

(1) 在点 x_0 的极限便是该点的函数值:

$$\lim_{x \to x_0} f(x) = f(x_0); \qquad ①$$

(2) 求极限运算与求函数值运算可交换顺序:

$$\lim f(\varphi(t)) = f(\lim \varphi(t)). \qquad ②$$

证　公式①是连续的定义式;令 $x = \varphi(t)$ 便可由公式①推得公式②.

例 2　证明以下极限公式

(1) $\lim\limits_{x \to 0} \dfrac{\ln(1+x)}{x} = 1$;　　(2) $\lim\limits_{x \to 0} \dfrac{2^x - 1}{x} = \ln 2$.

证　(1) 函数 $\ln x$ 的连续区间是 $(0, +\infty)$,并且 $e = \lim\limits_{x \to 0}(1+x)^{\frac{1}{x}} > 0$,于是

$$\lim_{x \to 0} \frac{\ln(1+x)}{x} = \lim_{x \to 0} \ln(1+x)^{\frac{1}{x}} = \ln \lim_{x \to 0}(1+x)^{\frac{1}{x}} = \ln e = 1;$$

(2) 记 $y = 2^x - 1$,则 $x \to 0$ 时,$y \to 0$,且 $x = \dfrac{\ln(1+y)}{\ln 2}$,于是由式①得

$$\lim_{x \to 0} \frac{2^x - 1}{x} = \lim_{y \to 0} \frac{y}{\ln(1+y)} \cdot \ln 2 = \ln 2.$$

1.4.2　闭区间上的连续函数

本小段所介绍的问题涉及极限理论的基石——实数系的构造. 为此我们先回忆一下实数或实数轴的基本知识.

在中学,我们被告知关于实数的以下“事实”.

1. 构成

实数由有理数及无理数构成.

其中有理数由自然数 $\mathbf{N}=\{1,2,3,\cdots,n,\cdots\}$ 作四则运算而得. 它是一个可以全部列出的数集.

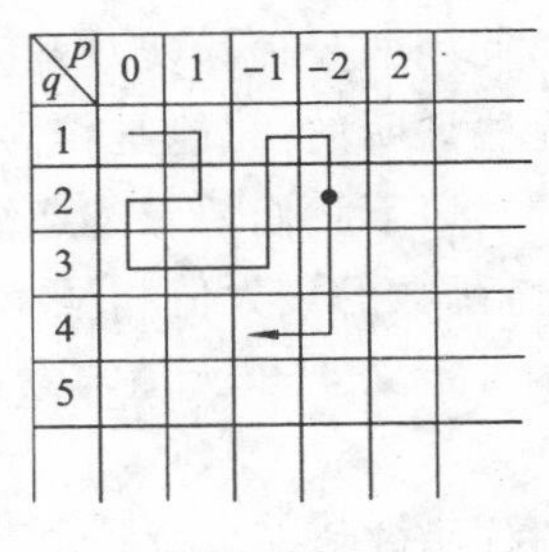

图 1.4.2

每个有理数都可以写成$\dfrac{p}{q}$(p 为整数,q 为自然数)形式,因而一定落入一个无限表格(图 1.4.2)之中. 按照箭头顺序将它们排列起来(去掉重复数)便得到有理数的一个排列. 其意义在于,由于每个有理数都在其中,并且处在项数有限的位置上,因此,有理数能够与自然数建立一一对应(与其排列的下标),故我们可以大胆地说,有理数的个数与自然数的个数一样多! 一个数集居然与它的真子集有一样多的元素,这只有在无穷集合中才可能发生.

我们对无理数的构造不如有理数那么清楚. 通常,无理数集被描述为是所有不循环小数的集合. 由于一个小数可以有无限个数位,谁知道一个数什么时候出现循环呢? 识别它不太容易.

事实上,在以论证为主导的古希腊时期,毕达哥拉斯(公元前 580—前 500 年)曾经坚信任何量都可以表示为两个整数之比(即一个有理数),但后来他们发现了$\sqrt{2}$这一个客观存在却又不能被有理数度量的量. 这一发现使得著名的毕达哥拉斯学派的关于宇宙万物皆依赖于整数(有理数也由整数而表示)的基本信条受到极大的冲击. 由于该学派的所有数学定理都是在任何量均可由有理数表示的公设下证明的,$\sqrt{2}$的发现便意味着这些定理的正确性受到怀疑,至少其证明都得作废. 这对于该学派来说,打击实在是太大了,以至于在一段时间内,该学派严禁将$\sqrt{2}$的发现宣布出去,规定违者将要被投入大海. 后来,史学家们称$\sqrt{2}$的发现为数学史上的第一次危机.

2. 完备性

实数能够与数轴上的点建立一一对应,因而实数集恰好可以填满数轴(亦称为实数轴),据此容易理解实数是可以比较大小的,即它们存在着序的关系.

3. 封闭性

实数对其四则运算具有封闭性,即两个实数经四则运算后仍然是实数.

在对微积分的重要基石——极限概念进行系统的严格处理过程中,人们感到,另一个基石,实数系也需要严格处理,由于实数轴的几何属性,许多涉及实数的结论往往是凭借直观而非根据逻辑推理得出的. 毫无疑问,这种论证方法给数学界潜伏下巨大危机.

第一个作出实数的正式定义(1857 年)的是德国数学家魏尔斯特拉斯. 但是出于慎重的考虑,他拒绝发表其实数理论. 到 1872 年,戴特金、康托、梅雷、海涅等人几乎同时相继发表了各自的实数理论.

完整叙述这些实数理论不是一件容易的事,但可以说明的是,既便是在现代数学中所使用的公理化实数理论中,实数集的完备性(指与数轴可以1—1对应)这一结论却是无法证明的,只能是作为一个公设来调用.

以下我们便叙述连续函数的几个主要性质,首先介绍在优化问题中的一个重要概念,函数的最大值和最小值.

定义4(最大值与最小值) 设 $f(x)$ 于 D 上有定义,若对每个 $x\in D$,成立

$$f(x)\leqslant f(x_0)\ \ (f(x)\geqslant f(x_0)),$$

则称函数值 $f(x_0)(x_0\in D)$ 是 $f(x)$ 的一个最大(小)值. 相应地,称 x_0 为函数的最大(小)值点. 最大值与最小值统称为最值.

连续函数的几个重要性质的证明涉及实数理论的构造,在此便只着重介绍其涵义与应用.

定理4(最值定理) 设 $f(x)$ 是闭区间 $[a,b]$ 上的连续函数,则在 $[a,b]$ 内,$f(x)$ 存在最小值 m 及最大值 M,即有 $x_m,x_M\in[a,b]$ 使

$$m=f(x_m)\xlongequal{\text{记作}}\min\{f(x)\mid a\leqslant x\leqslant b\};$$

$$M=f(x_M)\xlongequal{\text{记作}}\max\{f(x)\mid a\leqslant x\leqslant b\}.$$

一个有限实数集,如 $A=\{1,2,3,4\}$,是一定存在最大值与最小值的. 但一个无限实数集便不一定总存在最大值或最小值. 例如,在以下数集

$$A_1=\{1,2,3,\cdots,n,\cdots\},$$

$$A_2=\{1,\frac{1}{2},\frac{1}{3},\cdots,\frac{1}{n},\cdots\},$$

$$A_3=\{\sin x\mid 0<x<\frac{\pi}{2}\},$$

$$A_4=\{\sin x\mid 0\leqslant x\leqslant\frac{\pi}{2}\}$$

中,A_1 有最小值1,无最大值;A_2 有最大值1,没有最小值;A_3 既不存在最大值,也不存在最小值;A_4 的最小值是0,最大值是1.

研究最大值与最小值的问题叫最值问题或优化问题. 优化问题的用途十分广泛. 无论是从日常生活中的学习计划,购物决策,日程安排,还是一个工厂的生产计划,一个国家的货币政策;或者是动物界的物竞天择和进化演变,都有意无意地接受优化原则的指点和控制. 例如,在光学中,人们发现光在不同媒体之间的传播中,折射角的选择(图1.4.3)恰好使得它在行进的路程中所花费的时间最短(注意,不是路程最短,而是所用时间最短,大自然真是一个聪明的优化专家!).

定理4只是告诉我们,闭区间上的连续函数一定有最大值与最小值,但却未告诉我们如何去寻找它们,而这将在微分学一章中系统介绍.

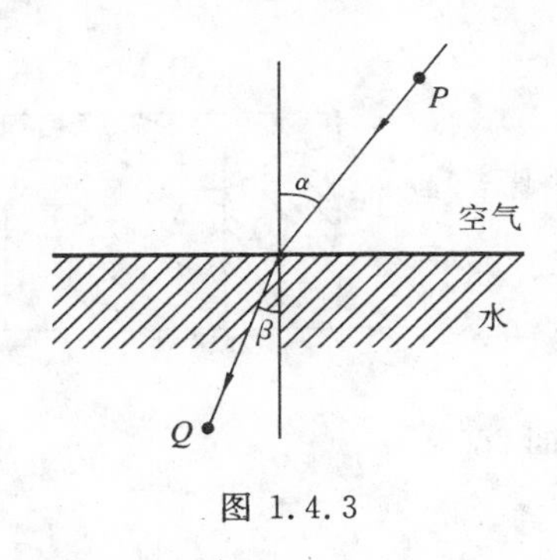

图 1.4.3

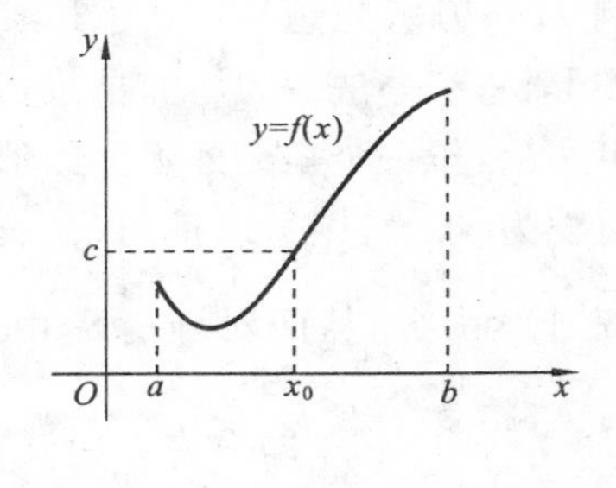

图 1.4.4

定理 5(介值定理)　设 $f(x)$是闭区间$[a,b]$上的连续函数，若实数 c 介于 $f(a)$及 $f(b)$之间，则存在 $x_0\in(a,b)$使 $f(x_0)=c$.

如图 1.4.4 所示，定理 5 相当于说，当 x 取遍$[a,b]$内的数值时，函数 $f(x)$也一定会填满介于 $f(a)$与 $f(b)$之间的一切实数. 按照我们对连续曲线的直观理解——由笔头不离纸面画出的曲线来看，介值定理的结果当在意料之中，它就应该如此. 但是，当数学家告诉你，介值定理与实数的完备性公理是等价的，你又会作何感想呢?

完备性公理　全体实数恰好可以把数轴填满.

考虑到人们开始曾以为有理数能把数轴填满，后来发现了$\sqrt{2}$的存在，才知道这是不对的，事实上任何两个有理数之间存在着无理数. 于是，断定实数可以填满数轴便作为一个假设引入. 由于此假设无法证明，以至于曾有人提出应当放弃这一个公理. 但是，人们很快便发现，这是行不通的. 因为如果没有完备性公理，则经典数学中许多已被证明用途广泛、意义重大的定理(包括下面的定理 6)便必须一起抛弃.

定理 6(零点存在定理)　设 $f(x)$在$[a,b]$上连续，若 $f(a)$与 $f(b)$异号，则一定存在 $x_0\in(a,b)$使 $f(x_0)=0$.

定理 6 的几何意义是十分明确的(图 1.4.5)：若连续曲线段的两个端点分别在 x 轴的两侧，则该曲线必定与 x 轴相交. 从代数上看，这相当于说，两端点异号的连续函数 $f(x)$在(a,b)内定有一个零点 x_0，或者说相应的代数方程 $f(x)=0$ 在(a,b)内必定有根 $x=x_0$.

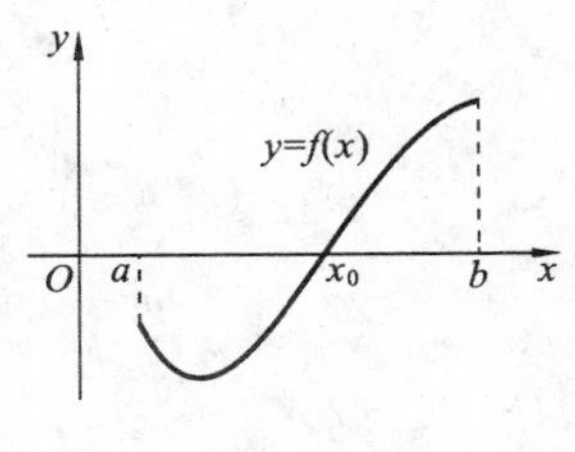

图 1.4.5

例 3(根存在问题)　证明方程 $x^5-3x=1$ 必在$(1,2)$内有一实根.

证　记 $f(x)=x^5-3x-1$，则易知 $f(x)$是$[1,2]$上连续函数. 又 $f(1)=-3$，$f(2)=25$，故由定理 6，在开区间$(1,2)$内方程 $f(x)=0$ 有根，从而原方程有根.

为了求得根的较确切的值，可以把$[1,2]$等分为$[1,1.5]$及$[1.5,2]$. 若 $f(x)$在某个小区间，比如$[1,1.5]$的端点上的函数值异号，则说明在$(1,1.5)$(范围缩小了一半!)内有根. 下一步再对$[1,1.5]$二等分. 重复以上作法，便能得到有足够精确度的实根的近似值.

例 4(一刀剪问题) 如图 1.4.6 所示,任意画一个有限图形,总有办法一刀将其剪成面积相同的两块.

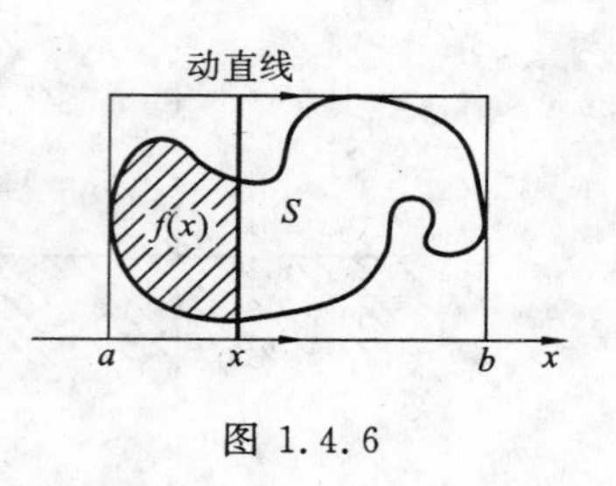

图 1.4.6

事实上,作一个矩形外切此图形,记图形中的阴影部分的面积为 $f(x)$,则可以推出,$f(a)=0$,$f(b)=S$.显然 $f(x)$是连续函数,从而对于$\frac{1}{2}S$,由介值定理,必有一个点 x_0 使 $f(x_0)=\frac{S}{2}$,即沿在 $x=x_0$ 处的垂线剪开时,两块图形面积相等.

习题 1.4

1. 指出以下函数的间断点:

(1) $f(x)=\frac{x}{1+x}$; (2) $f(x)=\begin{cases}2x+3, & x>0,\\ x+1, & x\leqslant 0;\end{cases}$

(3) $f(x)=\begin{cases}2x+1, & x>0,\\ x+1, & x\leqslant 0;\end{cases}$ (4) $f(x)=x\sin\frac{1}{x}$.

2. a 取何值时,下列函数使在分段点连续?

(1) $f(x)=\begin{cases}ax^2, & 0\leqslant x\leqslant 2,\\ 2x-1, & 2<x\leqslant 4;\end{cases}$ (2) $f(x)=\begin{cases}\frac{\ln(1+ax)}{x}, & x>0,\\ 1, & x\leqslant 0.\end{cases}$

3. 证明方程 $e^x-x=2$ 在区间(0,2)内有一个根.

4. 证明方程 $x2^x-1=0$ 在区间(0,1)内有一个根.

5. 设$\lim\limits_{x\to 0}f(x)=1$,且 $f(x)$在 $x=0$ 连续,求 $f(0)$的值.

参考答案

1. (1) $x=-1$; (2) $x=0$; (3) 没有; (4) $x=0$.

2. (1) $a=\frac{3}{4}$; (2) $a=1$.

5. $f(0)=1$.

第 2 章　微　分　学

微分学与积分学构成微积分理论的主体.

本章介绍的微分学方法可以用于分析变量的变化速度,平面曲线的作图,切线与法线问题,函数的极限计算,函数的极值计算等重要问题.

2.1　导数的概念

以古希腊大数学家欧几里得的《几何原本》为代表的初等几何学,与代数学家丢番图、韦达等关于代数方程的研究所发展起来的初等代数学相结合,到 17 世纪产生了一门崭新的数学分支——解析几何.法国的费尔马及笛卡尔被公认为是这一学科的主要奠基人.

利用解析几何方法,人们可以将数量转化为线段,可以将几何问题变成代数问题,几何方法与代数方法的联系使数学在处理问题时的能力大大加强.更重要的是人们借助这一方法能够对运动与变化进行表示与研究,从而使数学的发展由常量时期转入到变量时代.

本节先介绍导致微分学理论的产生的经典问题——切线问题和瞬时速度问题,然后再引入导数、微分等概念.

2.1.1　切线问题的历史回顾

在初等几何的研究中,人们对圆的性质研究得十分详尽,成果丰富;进而人们着手研究一般的平面曲线,试图推广到研究圆时所得到的概念和方法,其中一个重要的工作便是从圆的切线来推广曲线的切线.

在数学发展过程中,一个基本概念的形成往往要经历多个阶段才能逐步完善,切线概念(尽管它是十分直观的概念)也是如此.

古希腊人曾经以一种朴素的方式,将曲线的切线定义为与曲线有唯一交点的直线.从图形 2.1.1(a)中可以看出,这个定义具有局限性,通常只适合于向外凸起的光滑闭曲线,图形 2.1.1(b)中切线与曲线便有多个交点.

看来,切线是一个局部概念,但即便把上述古希腊人的定义改为在切点附近与曲线仅有一个交点的直线便是切线,也还是不行的.如图 2.1.1(c)所示,与所给曲线有唯一

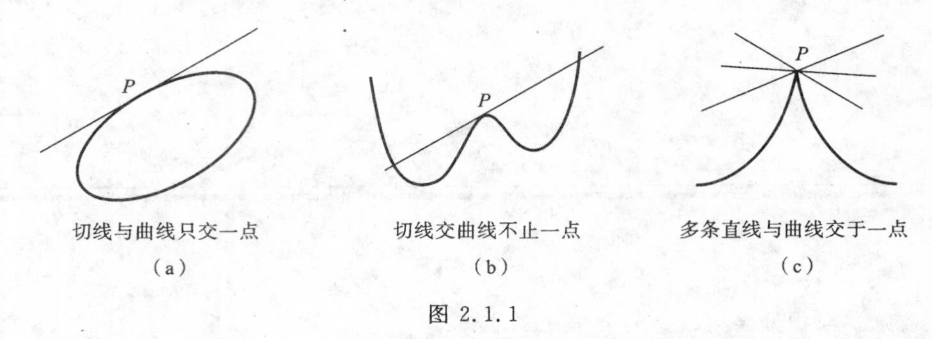

切线与曲线只交一点 (a)　切线交曲线不止一点 (b)　多条直线与曲线交于一点 (c)

图 2.1.1

交点的直线居然可以有无数多根，难道都是该曲线的切线吗？要知道，圆的切线可是唯一的.看来人们并未从圆这个特殊的曲线中提炼出切线的本质.

受意大利科学家伽利略(1564—1642 年)的经典力学观念的影响，罗伯瓦尔(法国)及托里拆利(意大利)借助于运动学的力分析法，成功地得到了一类曲线的切线的定义与计算方法.用今天的语言可以表述如下.

设质点作平抛运动，不考虑空气阻力，其水平速度为 u，垂直速度为 gt(g 为重力加速度，t 为下落时间)，则在任意一个时刻 t，质点的坐标(图 2.1.2)为

$$x=ut,\quad y=-\frac{1}{2}gt^2.$$

于是

$$y=-\frac{1}{2}gt^2=-\frac{1}{2}\frac{g}{u^2}x^2,$$

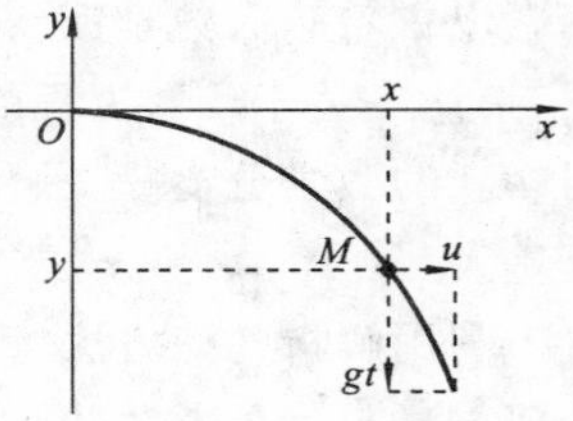

图 2.1.2

这说明质点的运行轨迹是抛物线.

又从运动学理论知，质点在每一点的运动方向(即速度矢量)是沿着其轨迹曲线的切线方向的，故在点 $M(x,y)$处，曲线的切线斜率(记作 k)就是速度分量构成的四边形的对角线的斜率.于是

$$k=\frac{-gt}{u}=-\frac{g}{u}\left(\frac{x}{u}\right)=-\frac{g}{u^2}x\quad (x=ut).$$

从而由点斜式直线方程可以得出，曲线 $y=-\frac{g}{2u^2}x^2$ 在点 $M(x,y)$处的切线方程为

$$Y-y=-\frac{g}{u^2}x(X-x)\quad ((X,Y)\text{表示切线上的坐标}).$$

这种从物理学或其他实验科学中寻找数学问题的求解途径，在数学中是数不胜数的.其原理在于，世界的数学本质包含在各类具体的事物之中.

托里拆利应用力学方法解决了 $y=x^n$ 这一类幂函数曲线的切线问题.但其方法对其他与力学无关的曲线便难以奏效.而在这一方面，费尔马的方法似乎抓住了切线的本质.同样，我们还是用今天的记号表述他的巧妙设计，看看他是怎样计算曲线的切线斜率 k 的.

如图 2.1.3 所示，设曲线 $y=f(x)$ 在点 M 处的切线交 x 轴于 $T(x_0,0)$ 处，则斜率 k 为

$$k=\frac{MQ}{TQ}=\frac{PQ_1}{MQ_1}.$$

可以认为，当 h 很小时 T_1Q_1 与 PQ_1 几乎相等，于是有

$$k=\frac{PQ_1}{MQ_1}\approx\frac{T_1Q_1}{MQ_1}=\frac{f(x+h)-f(x)}{h}\xlongequal{\text{记作}}k_h.$$

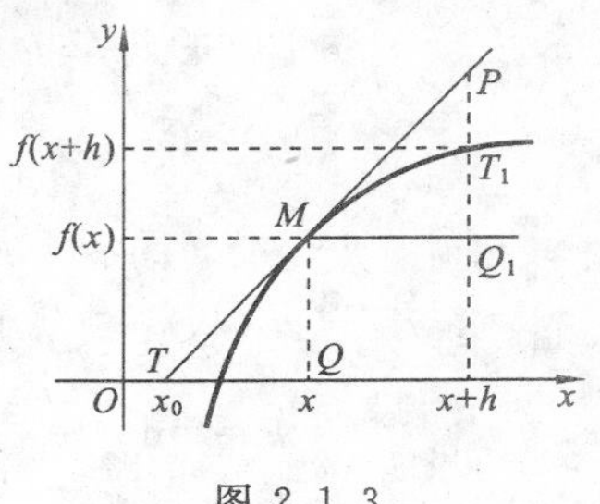

图 2.1.3

费尔马认为，对 k_h 化简之后，再令 $h=0$，所得的结果便是斜率 k.

例如对 $y=x^2$，有

$$k_h=\frac{(x+h)^2-x^2}{h}=\frac{2xh+h^2}{h}=2x+h,$$

令 $h=0$，得 $k=2x$.

使用这一个开创性的方法，费尔马不仅解决了一大类曲线的切线问题，而且将它用于寻求函数的极值，解决了不少著名的优化问题. 但是，令人遗憾的是，他的方法依赖于几何直观，未能给出可信的理论证明.

人们发现，费尔马的方法对 x 的增量 h 的处理显得有点矛盾：开始时设 $h>0$，以便得到 k_h，而后来又让 h 等于 0，以便得到 k. 在如何合理地解释这一方法，并探索可能由此产生出一种新的数学理论方面，数学家们进行了大量的研究，展开了激烈的辩论.

在英国，牛顿从运动学的角度发展了本质上相似的流数术，并且在论述其方法的合理性方面花费了不少工夫，但是却没有真正成功. 好在这没有影响牛顿对该方法的应用，在《流数简论》中，他解决了 16 类各种各样的实际问题. 另一方面，在德国，莱布尼兹受帕斯卡关于圆的论文的启发，从几何学的角度，研究了曲线在一点的“特征三角形”（指$\triangle MQ_1T_1$，也称为微分三角形）并引入记号 $\mathrm{d}x,\mathrm{d}y$ 来表示其两个直角边，并将两条直角边的比$\dfrac{\mathrm{d}y}{\mathrm{d}x}$定义为切线的斜率. 由此深入，最终导致了微分法和积分法的产生.

对于上述的无穷小量 $h,\mathrm{d}x,\mathrm{d}y$ 的认识与处理，引起了数学界及哲学界的激烈讨论，因对无穷小量概念和机理的认识不清所导致的困惑被史学家称为第二次数学危机. 直到 19 世纪中叶在一大批一流数学家的努力工作下，才应用极限理论对上述无穷小量方法建立起合理的逻辑基础.

综上所述，切线问题的研究导致了微积分学的产生.

2.1.2 切线的定义

现在，我们可以用极限方法给出切线的严格定义.

定义 1 曲线 $y=f(x)$ 在点 P 的切线 L 定义为割线 PQ 当 Q 无限趋于 P 时的极限位置（图 2.1.4）.

由于割线 PQ 的斜率

$$k_h=\frac{QR}{PR}=\frac{f(x+h)-f(x)}{h},$$

故当 Q 无限趋于 P(即 $h\to 0$)时,k_h 的极限便是切线 L 的斜率:

$$k=\lim_{h\to 0}\frac{f(x+h)-f(x)}{h}. \quad ①$$

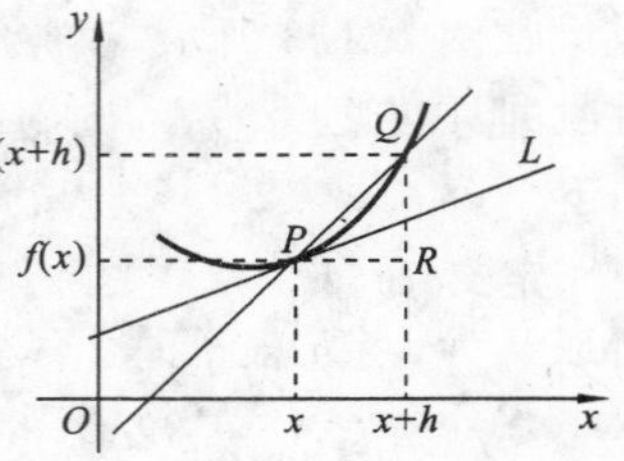

图 2.1.4

下面使用极限方法来计算几个使 17 世纪数学家感到十分困难的切线问题.

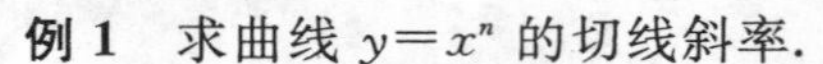

例 1 求曲线 $y=x^n$ 的切线斜率.

解 由以上定义,得

$$k=\lim_{h\to 0}\frac{(x+h)^n-x^n}{h}=\lim_{h\to 0}\left(nx^{n-1}+\frac{n(n-1)}{2}hx^{n-1}+\cdots+h^{n-1}\right)=nx^{n-1}.$$

例 2 求曲线 $y=\sin x$ 在点 $x=0$ 处的切线方程.

解 $k=\lim\limits_{h\to 0}\frac{\sin h-\sin 0}{h}=\lim\limits_{h\to 0}\frac{\sin h}{h}=1$ (重要极限 $\lim\limits_{x\to 0}\frac{\sin x}{x}=1$).

因为切点为(0,0),故所求切线方程为

$$y=x.$$

例 3 求曲线 $y=\ln x$ 在 $x=1$ 处的切线方程.

解
$$k=\lim_{h\to 0}\frac{\ln(1+h)-\ln 1}{h}=\lim_{h\to 0}\ln(1+h)^{\frac{1}{h}}$$
$$=\ln \mathrm{e}=1 \quad (\text{重要极限}\lim_{x\to 0}(1+x)^{\frac{1}{x}}=\mathrm{e}).$$

故所求切线方程为 $y=x-1$(图 2.1.5).

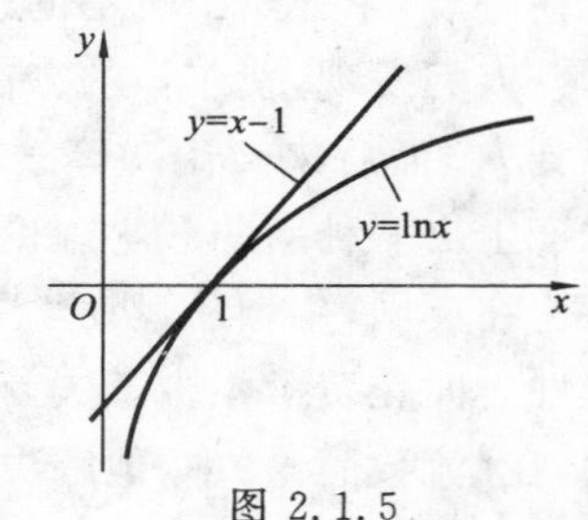

图 2.1.5

2.1.3 瞬时速度

在物理学中,我们学过物体运动的速度及加速度;在经济理论中我们会接触到边际成本、边际利润、经济增长率等概念;在人口学中则会遇到出生率、自然增长率等类似概念.这些概念的共同点是什么?如何从数学上理解或计算这些量?

以下我们先介绍平均速度,然后引出瞬时速度的定义,后者涉及无穷小量之比的极限问题.

设质点沿直线运动的路程函数为 $s=s(t)$,则它在时间区间$[t,t+\Delta t]$$(\Delta t>0)$上的平均速度定义为

$$\bar{v}=\frac{s(t+\Delta t)-s(t)}{\Delta t}.$$

现在,我们想要知道,质点在时刻 t 的运动速度 $v(t)$ 是多少?

直观上容易理解,$\bar{v}$ 是对质点在时段$[t,t+\Delta t]$上的速度的不同值的一种平均,当时

间长度 Δt 很小时，质点的速度变化程度也会很小，因而平均速度可近似地看做是这一时段的真实速度，从而也就可以当做瞬时速度的近似值. 于是物理学据此所给出的定义如下.

定义 2　设 $s=s(t)$是质点沿直线运动的路程函数，则它在时刻 t 的瞬时速度定义为关于 Δt 的极限

$$v(t)=\lim_{\Delta t\to 0}\bar{v}=\lim_{\Delta t\to 0}\frac{s(t+\Delta t)-s(t)}{\Delta t}. \qquad ②$$

循此思路，如果知道质点的速度函数 $v=v(t)$，则进一步可以定义质点在 t 时刻的加速度 a 为以下极限

$$a(t)=\lim_{\Delta t\to 0}\frac{v(t+\Delta t)-v(t)}{\Delta t}\xlongequal{\text{记作}}\lim_{\Delta t\to 0}\frac{\Delta v}{\Delta t}.$$

注意到，当时间长度 Δt 趋于零时，路程的改变量 $s(t+\Delta t)-s(t)$也会趋于零，因而瞬时速度 $v(t)$是两个趋于零的无穷小量之比. 理解这一概念需要认同量是可以连续地减小，可以无穷分割的无限观. 而为了解释两个无穷小量的比率为何会是常数，牛顿特意给出了关于最初比（即 $\Delta t\neq 0$ 的$\frac{\Delta v}{\Delta t}$）与最终比（即 $\Delta t=0$ 的$\frac{\Delta v}{\Delta t}$）的物理解释，但却很难使人信服.

例 4　计算自由落体运动 $s=\frac{1}{2}gt^2$ 的速度（即瞬时速度）.

解　$$v(t)=\lim_{\Delta t\to 0}\frac{s(t+\Delta t)-s(t)}{\Delta t}=\lim_{\Delta t\to 0}\frac{1}{2}g\cdot\frac{t^2+2t\Delta t+\Delta t^2-t^2}{\Delta t}$$
$$=\lim_{\Delta t\to 0}\frac{1}{2}g(2t+\Delta t)=gt.$$

2.1.4　导数的概念

从切线斜率 k 的计算公式中得到的极限①与从瞬时速度计算公式中得到的极限②有着完全一致的数学模式，体现了某类事物的数学本质. 于是数学家给它起了一个名称，叫做函数 $y=f(x)$在点 x 的**导数**. 以下的导数定义便是将切线斜率和瞬时速度的概念进行抽象而得到的.

定义 3　设函数 $y=f(x)$在点 x_0 的某个邻域有定义. Δx 是一个非零的变量，若极限

$$\lim_{\Delta x\to 0}\frac{f(x_0+\Delta x)-f(x_0)}{\Delta x}\xlongequal{\text{记作}}\lim_{\Delta x\to 0}\frac{\Delta y}{\Delta x} \qquad ③$$

存在，则称此极限值为函数 $y=f(x)$在点 x_0 处的导数，记作

$$f'(x_0)\quad \text{或}\quad \left.\frac{\mathrm{d}y}{\mathrm{d}x}\right|_{x=x_0}\quad(\text{微商形式}).$$

于是，曲线 $y=f(x)$在其上点(x_0,y_0)处的切线斜率为 $k=f'(x_0)$，而切线方程为

$$y-y_0=f'(x_0)(x-x_0).$$

路程函数为 $s=s(t)$ 的运动物体在时刻 $t=t_0$ 的瞬时速度便是路程 s 关于时间 t 的导数

$$v(t_0)=s'(t_0).$$

将切线斜率及瞬时速度抽象处理成导数的主要目的在于从数量关系上研究其性质与计算规则.在学习过程中,我们应当经常回到切线及速度问题的背景中理解关于导数的结果的意义。

2.1.5　可导与连续

在极限方法没有出现之前,人们对于导数的存在(简称可导)问题不太在意,普遍认为连续的曲线便一定是有切线的,因而是可导的.此观点是否正确?我们来看一个例子.

例 5　讨论连续曲线 $y=f(x)=|x|$ 在点 $x=0$ 处的切线是否存在.

解　依据切线定义,所求切线斜率 k 由下式表示:

$$k=\lim_{\Delta x\to 0}\frac{f(0+x)-f(0)}{x}=\lim_{\Delta x\to 0}\frac{|x|}{x}.$$

由于函数 $\frac{|x|}{x}$ 在点 $x=0$ 的左右侧分别等于常量 -1 和 1,于是其左右极限均存在但不相等,故其极限不存在,从而曲线 $y=|x|$ 在点 $x=0$ 处没有切线,导数不存在(图 2.1.6).

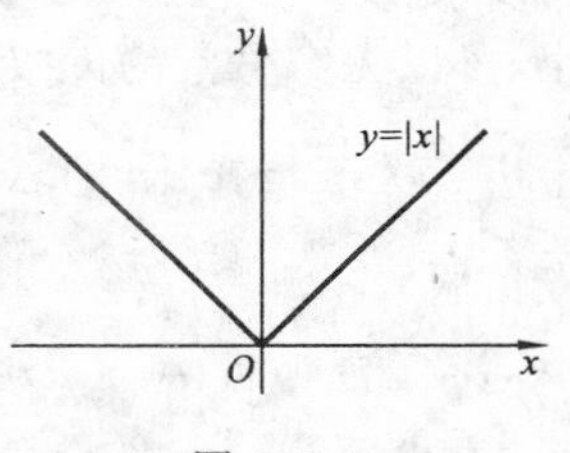

图 2.1.6

可见,连续函数不一定可导.但是可导函数却一定是连续函数.请看以下定理.

定理 1　若函数 $y=f(x)$ 在点 x_0 处可导,则它在点 x_0 处连续.

证　我们的目标是证明 $\lim\limits_{x\to x_0}f(x)=f(x_0)$,这相当于证明

$$\lim_{x\to x_0}(f(x)-f(x_0))=0.$$

由于 $f(x)$ 在点 x_0 处可导,故极限

$$\lim_{x\to x_0}\frac{f(x)-f(x_0)}{x-x_0}=f'(x_0)$$

存在,于是连续性由以下运算证实:

$$\begin{aligned}\lim_{x\to x_0}(f(x)-f(x_0))&=\lim_{x\to x_0}\frac{f(x)-f(x_0)}{x-x_0}\cdot(x-x_0)\\&=\lim_{x\to x_0}\frac{f(x)-f(x_0)}{x-x_0}\cdot\lim_{x\to x_0}(x-x_0)=0.\end{aligned}$$

鉴于函数 $y=|x|$ 在点 $x=0$ 处的切线不存在是由于左右极限不一致造成的,人们便将导数概念进一步细化,给出左右导数的概念.

定义 4　分别称 $\Delta x\to 0^-$ 及 $\Delta x\to 0^+$ 所对应的极限式③为函数 $y=f(x)$ 在点 x_0 处

的左导数及右导数,记作以下形式

$$f'_{-}(x_0)=\lim_{\Delta x\to 0^-}\frac{f(x_0+\Delta x)-f(x_0)}{\Delta x},$$

$$f'_{+}(x_0)=\lim_{\Delta x\to 0^+}\frac{f(x_0+\Delta x)-f(x_0)}{\Delta x}.$$

于是,由于函数在一点的极限存在等价于在该点的左右极限都存在并且相等,根据导数的定义便得出:函数 $f(x)$在点 x_0 处可导的充分必要条件是 $f'_{+}(x_0)$与 $f'_{-}(x_0)$都存在且相等.

类比于函数在区间上连续的定义,当 $f(x)$在开区间 (a,b)内每个点都为可导时,称它在开区间(a,b)内可导;而当 $f(x)$还在点 a 的右导数存在,在点 b 的左导数存在时,便称函数在闭区间$[a,b]$上可导.

习题 2.1

1. 依定义求以下函数的导数:

   (1) $y=c$ (c 为常数); (2) $y=3x+5$; (3) $y=x^2+2x-1$.
2. 求抛物线 $y=x^2$ 在点 $x=1$ 处的切线方程.
3. 设 $f(x)$是偶函数,$f'(0)$存在,证明 $f'(0)=0$.
4. 讨论函数 $y=x^{\frac{1}{3}}$在点 $x=0$ 处的可导性.
5. 讨论 $f(x)=\begin{cases}x+1, x\leqslant 1,\\ 3x-1, x>1\end{cases}$在点 $x=1$ 处的连续性与可导性.
6. 解释以下导数的实际含义:

   (1) 某物体的路程 s(m)与时间 t(s)的关系为 $s=s(t)$,解释 $s'(t)=2$ 与 $s'(10)=2$ 的含义;

   (2) 某铜矿开采铜矿石 T(t)的成本函数为 $C=f(T)$元,解释 $f'(2000)=100$ 的意义.
7. 某段水管的水的流速是 0.5 m^3/s(立方米/秒),试解释这个速度是什么函数的导数.

参 考 答 案

1. (1) $y'=0$; (2) $y'=3$; (3) $y'=2x+2$.
2. $y=2x-1$.
4. 不可导.
5. 连续,但不可导.
6. (1) $s'(t)=2$ 是说物体作匀速运动,速度是 2 m/s.

   $s'(10)=2$ 是说在物体行驶了 10 s 所达到的速度为 2 m/s.

   (2) 该铜矿在开采量为 2000 t 时的开采成本是每吨 100 元.
7. 该函数是流过水管的某截面的水的体积的变化率,$0.5=\frac{\mathrm{d}V}{\mathrm{d}t}$.

2.2 导数的计算

由于极限运算具有一定的难度,如果按照极限定义式(或者更原始地,用牛顿的流数术)去计算每一个函数的导数,无疑是费时和困难的.能否从定义出发,推导出一些简便的计算法则或公式呢?在这一方面,数学家大获成功.现在,导数计算不过是几个求导规则与求导公式的简单套用,在大多数情况下,无须使用复杂的极限工具.而也许正是这种便利性,微分学的应用大大扩展到几何学与物理学之外的范围.

以下我们便详细介绍导数运算的基本法则与计算公式.

我们的目标是能够计算任意一个初等函数的导数.为此,首先回忆初等函数的构造特点:

"初等函数由基本初等函数经有限次四则运算或复合运算构成".

因此,应当先研究基本初等函数的导数公式,然后分析导数与函数的四则运算,复合函数及反函数的关系法则,最后综合运用它们来计算各种初等函数的导数.

2.2.1 基本初等函数的导数

依据导数的定义式③可以求得以下基本初等函数的求导公式.

(1) $y=x^n, y'=nx^{n-1}$;一般地,$(x^\alpha)'=\alpha x^{\alpha-1}$.

特别地:$x'=1, (x^2)'=2x, (\frac{1}{x})'=-\frac{1}{x^2}, (\sqrt{x})'=\frac{1}{2\sqrt{x}}$.

(2) $y=e^x, y'=e^x$;一般地,$(a^x)'=a^x\ln a\ (a>0,\ a\neq 1)$.

(3) $y=\ln x, y'=\frac{1}{x}$;一般地,$(\log_a x)'=\frac{1}{x\ln a}$.

(4) $y=\sin x, y'=\cos x$;类似地,$(\cos x)'=-\sin x$.

(5) $y=\arcsin x, y'=\frac{1}{\sqrt{1-x^2}}$;类似地,$(\arctan x)'=\frac{1}{1+x^2}$.

这些公式的证明并不复杂(因为我们有极限工具),仅以公式(4)为例说明推导过程:

$$(\sin x)'=\lim_{\Delta x\to 0}\frac{\sin(x+\Delta x)-\sin x}{\Delta x}=\lim_{\Delta x\to 0}\frac{2\cos(x+\frac{\Delta x}{2})\cdot\sin\frac{\Delta x}{2}}{\Delta x}$$

$$=\lim_{\Delta x\to 0}\cos\left(x+\frac{\Delta x}{2}\right)\lim_{\Delta x\to 0}\frac{\sin\frac{\Delta x}{2}}{\frac{\Delta x}{2}}=\cos x.\quad (\text{用到}\lim_{\alpha\to 0}\frac{\sin\alpha}{\alpha}=1\text{ 及 }\cos x\text{ 的连续性})$$

从这些公式看出,函数 $f(x)$在任意点 x 的导数 $f'(x)$仍然是 x 的函数,通常称之为**导函数**.

2.2.2 四则运算法则

定理 1 设 $f(x), g(x)$均在点 x 处可导,则有以下运算法则:

(Ⅰ) $(f(x)\pm g(x))'=f'(x)\pm g'(x)$;

(Ⅱ) $(f(x)g(x))'=f'(x)g(x)+f(x)g'(x)$;

(Ⅲ) $(f(x)/g(x))'=(f'(x)g(x)-f(x)g'(x))/g^2(x)$,　$g(x)\neq 0$.

证　仅以(Ⅱ)为例说明.

$$\begin{aligned}(f(x)g(x))' &= \lim_{\Delta x\to 0}\frac{f(x+\Delta x)g(x+\Delta x)-f(x)g(x)}{\Delta x}\\ &= \lim_{\Delta x\to 0}\frac{f(x+\Delta x)g(x+\Delta x)-f(x)g(x+\Delta x)+f(x)g(x+\Delta x)-f(x)g(x)}{\Delta x}\\ &= \lim_{\Delta x\to 0}\frac{f(x+\Delta x)-f(x)}{\Delta x}g(x+\Delta x)+\lim_{\Delta x\to 0}\frac{g(x+\Delta x)-g(x)}{\Delta x}f(x)\\ &= f'(x)g(x)+f(x)g'(x).\qquad (\text{其中 } g(x+\Delta x)\to g(x),\Delta x\to 0)\end{aligned}$$

由于常量 C 的导数等于零,即 $C'=0$,故从(Ⅱ)得出

(Ⅱ′)　$(Cf(x))'=Cf'(x)$.

结合(Ⅰ)便知,在求导时,常数相乘和加减法运算可以与求导运算交换次序.

例 1　利用四则运算法则及基本初等函数求导公式计算以下初等函数的导数:

(1) $y=e^x+3\sin x$;　　(2) $y=\tan x$;

(3) $y=x\ln x$;　　(4) $y=\dfrac{1+x+x^2}{x}$.

解　(1) 由运用法则(Ⅰ),得 $y'=(e^x)'+(3\sin x)'=e^x+3\cos x$;

(2) 由运用法则(Ⅲ),得 $y'=\left(\dfrac{\sin x}{\cos x}\right)'=\dfrac{\cos x(\sin x)'-\sin x(\cos x)'}{\cos^2 x}$

$$=\frac{\cos^2 x+\sin^2 x}{\cos^2 x}=\frac{1}{\cos^2 x};$$

(3) 由运用法则(Ⅱ),得 $y'=x(\ln x)'+(x)'\ln x=x\cdot\dfrac{1}{x}+1\cdot\ln x$

$$=1+\ln x;$$

(4) 由运用规则(Ⅲ),得 $y'=\dfrac{x(1+x+x^2)'-(1+x+x^2)\cdot x'}{x^2}$

$$=\frac{x(1+2x)-(1+x+x^2)}{x^2}$$

$$=\frac{x^2-1}{x^2}=1-\frac{1}{x^2}.$$

或者先分解,后求导:$y'=\left(1+\dfrac{1}{x}+x\right)'=1-\dfrac{1}{x^2}$.

2.2.3　复合函数的导数

如图 2.2.1 所示,齿轮组中三个齿轮的半径比是 2∶1∶3,用 x,u,y 依次表示它们在时刻 t 的转动角度.设在时间段$[t,t+\mathrm{d}t]$内,三个齿轮所转过的角度依次为 $\mathrm{d}x,\mathrm{d}u,\mathrm{d}y$,则从齿轮组关系得出以下结果

$$\frac{dy}{du}=\frac{1}{3},\quad \frac{du}{dx}=\frac{2}{1},\quad \frac{dy}{dx}=\frac{2}{3}.$$

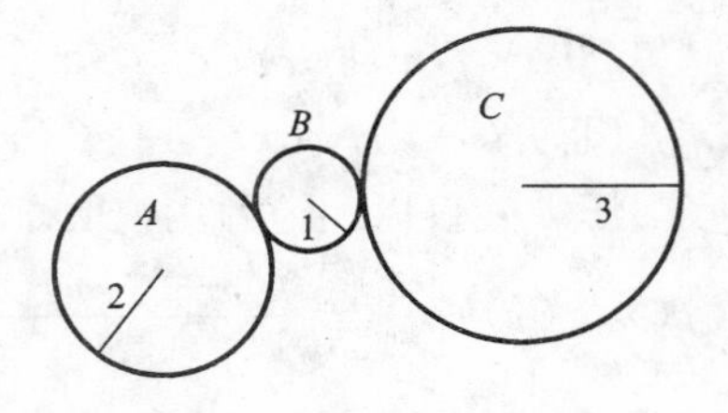

图 2.2.1

从中我们发现一个很有意思的公式

$$\frac{dy}{dx}=\frac{dy}{du}\cdot\frac{du}{dx}.$$

这正是复合函数 $y=f(\varphi(x))$ 与 $y=f(u),u=\varphi(x)$ 的导数之间的根本关系!

定理 2(链导法则)　设函数 $y=f(u),u=\varphi(x)$ 均可导,则 y 关于 x 的导数恰为 $f(u)$ 及 $\varphi(x)$ 的导数的乘积:

(Ⅳ) $\dfrac{dy}{dx}=\dfrac{df(\varphi(x))}{dx}=f'(u)\varphi'(x).$

若将此公式记作 $y'_x=y'_u\cdot u'_x$,则可解释为:y 关于 x 的速度是由 y 关于 u 的速度与 u 关于 x 的速度的乘积.

此定理的证明从略.通过例子说明如何正确地使用它.

例 2　求 $y=\sin 3x$ 的导数.

解　视该函数为 $y=\sin u$ 及 $u=3x$ 的复合,则由链导法则得

$$y'=(\sin u)'_u\cdot(3x)'_x=\cos u\cdot 3=3\cos 3x.$$

例 3　求 $y=\ln(1+\tan x)$ 的导数.

解　视该函数为 $y=\ln u,u=1+\tan x$ 的复合,则有

$$y'=(\ln u)'_u\cdot(1+\tan x)'_x=\frac{1}{u}\cdot\frac{1}{\cos^2 x}=\frac{1}{1+\tan x}\cdot\frac{1}{\cos^2 x}.$$

例 4　求 $y=\sqrt{1+\sqrt{1+x}}$ 的导数.

解　视该函数为 $y=\sqrt{v},v=1+u,u=\sqrt{s},s=1+x$ 的复合,则由于每一个基本函数的导数易得,故得出

$$\begin{aligned}y'&=(\sqrt{v})'_v(1+u)'_u(\sqrt{s})'_s(1+x)'_x\\&=\frac{1}{2\sqrt{v}}\cdot 1\cdot\frac{1}{2\sqrt{s}}\cdot 1=\frac{1}{4}\frac{1}{\sqrt{1+\sqrt{1+x}}}\cdot\frac{1}{\sqrt{1+x}}.\end{aligned}$$

一旦大家熟悉了上述要领,则中间变量也可不写出来.

例 5　求 $y=(x^2+1)^8+2^{x^2+1}$ 的导数.

解　首先将 y 看做是两个函数的和

$$y=f(x)+g(x),\quad f(x)=(x^2+1)^8,\quad g(x)=2^{x^2+1};$$

应用法则(Ⅰ)之后再依求导公式及法则(Ⅳ)处理:

$$\begin{aligned}y'&=f'(x)+g'(x)=8(x^2+1)^7(x^2+1)'+2^{x^2+1}(x^2+1)'\ln 2\\&=16x(x^2+1)^7+2x\cdot 2^{x^2+1}\ln 2.\end{aligned}$$

例 6　求 $y=e^{3x}\ln(1+x^3)$ 的导数.

解 首先将 y 看做是两个函数的乘积

$$y=f(x)g(x),\quad f(x)=e^{3x},\quad g(x)=\ln(1+x^3),$$

应用法则(Ⅱ)得

$$\begin{aligned}y'&=f(x)g'(x)+f'(x)g(x)\\&=e^{3x}\cdot\frac{1}{1+x^3}(1+x^3)'+\ln(1+x^3)\cdot e^{3x}\cdot(3x)'\\&=\frac{3x^2}{1+x^3}e^{3x}+3e^{3x}\ln(1+x^3)=3e^{3x}\left[\ln(1+x^3)+\frac{x^2}{1+x^3}\right].\end{aligned}$$

对于连乘形式或乘幂形式的函数 $f(x)$来说,采用以下**对数求导法**便可以减少计算的复杂性,其原因在于,此时 $\ln f(x)$较 $f(x)$简单.

(Ⅴ)对数求导法 由$(\ln f(x))'=\dfrac{1}{f(x)}\cdot f'(x)$推出:

$$f'(x)=f(x)(\ln f(x))',\quad \text{或记作 } y'=y\cdot(\ln y)'.$$

例 7 求 $y=\sqrt{\dfrac{e^x(1+x)}{1+x^2}}$的导数.

解 由法则(Ⅴ),有 $y'=y(\ln y)'=y\left[\dfrac{1}{2}(x+\ln(1+x)-\ln(1+x^2))\right]'$

$$\begin{aligned}&=\frac{1}{2}y\left(1+\frac{1}{1+x}-\frac{2x}{1+x^2}\right)\\&=\frac{1}{2}\sqrt{\frac{e^x(1+x)}{1+x^2}}\left(\frac{2+x}{1+x}-\frac{2x}{1+x^2}\right).\end{aligned}$$

例 8 求 $y=(x)^{\ln x}$的导数.

解 由法则(Ⅴ),有

$$y'=y(\ln y)'=y(\ln x\ln x)'=y(\ln^2x)'=2y\ln x\cdot\frac{1}{x}=\frac{2\ln x}{x}(x)^{\ln x}.$$

2.2.4 隐函数和参变量函数的导数

在解析几何中我们知道,表示一条平面曲线的方程并不限于像

$$y=x^2,\quad y=\sin x,\quad y=\ln x,\quad y=e^x$$

这种以因变量 y 能明显解出的形式. 还可以用 x 与 y 都无法解出的方程表示. 例如以下方程:

$$x^2+y^2=9,\quad e^{xy}+x+y=0.$$

称这样的方程确定的函数 $y=y(x)$为隐函数. 当函数以隐函数形式表示时,如何求其导数(从而得到对应曲线的切线斜率)便是我们要解决的任务. 下面通过例题来介绍其求法.

例 9 设方程 $xy^2+y^2\ln x-4=0$ 确定了函数 $y=y(x)$,求其导数.

解 在方程中视 y 为 x 的函数,等式两边对 x 求导,得

$$y^2+2xyy'+2yy'\ln x+y^2\cdot\frac{1}{x}=0,$$

从中解出

$$y'=-\frac{(x+y)y^3}{8x}.$$

例 10 求曲线 $(5y+2)^3=(2x+1)^5$ 在点 $x=0$ 处的切线方程.

解 当 $x=0$ 时,由曲线方程得出 $y=-\frac{1}{5}$. 在方程两边同时对 x 求导,得

$$3(5y+2)^2\cdot 5y'=5(2x+1)^4\cdot 2,$$

代入 $x=0,y=-\frac{1}{5}$,得出 $y'(0)=\frac{2}{3}$,故切线方程为

$$y+\frac{1}{5}=\frac{2}{3}(x-0),\quad 即\quad y=\frac{2}{3}x-\frac{1}{5}.$$

受隐函数求导方法的启发,我们可以推导函数 $y=f(x)$ 的反函数 $x=\varphi(y)$ 的求导公式. 为避免混淆求导变量,采用莱布尼兹的微商记号来表示导数.

对反函数 $x=\varphi(y)$,两边若对 y 求导,得 $\frac{dx}{dy}=\varphi'(y)$;但若是两边对 x 求导,则由复合函数求导法则,得 $1=\varphi'(y)\frac{dy}{dx}$,于是得出反函数求导法则为

(Ⅵ) $$\frac{dx}{dy}=\varphi'(y)=\frac{1}{\frac{dy}{dx}}=\frac{1}{f'(x)}.$$

由法则(Ⅵ)可以求得几个常用反函数的导数.

例如,对于函数 $y=\arctan x$,它是 $x=\tan y$ 的反函数,故

$$\frac{dy}{dx}=1\bigg/\frac{dx}{dy}=\frac{1}{\sec^2 y}=\frac{1}{1+\tan^2 y}=\frac{1}{1+x^2}.$$

其次,再看看在物理学与几何学中普遍采用的用参变量表示的曲线方程

$$\begin{cases}x=x(t),\\ y=y(t),\end{cases}\quad \alpha\leqslant t\leqslant\beta.$$

应用复合函数及反函数求导法则,可以推出以下求导公式:

$$\frac{dy}{dx}=\frac{dy}{dt}\cdot\frac{dt}{dx}=\frac{dy}{dt}\cdot\frac{1}{\frac{dx}{dt}}=\frac{y'(t)}{x'(t)}.$$

例 11 物体以初速 v_0,且以与水平方向成 $\alpha\left(0<\alpha<\frac{\pi}{2}\right)$ 角的方向抛出,其轨迹方程可表示为

$$\begin{cases}x=v_0t\cos\alpha,\\ y=v_0t\sin\alpha-\frac{1}{2}gt^2\end{cases}\quad(t\geqslant 0 \text{ 表示时间}).$$

求在 t 时刻物体的运动方向与大小.

解　物体的运动方向即其轨迹曲线的切线方向(图 2.2.2),于是有

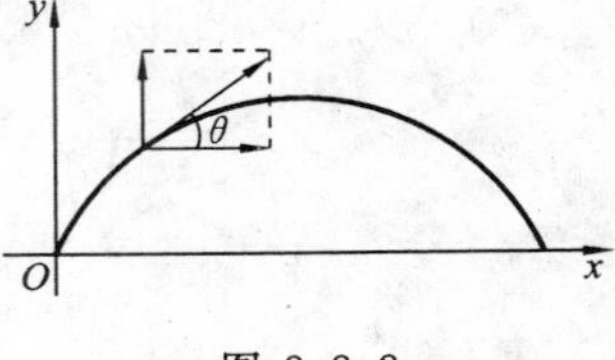

图 2.2.2

$$k=\tan\theta=\frac{\mathrm{d}y}{\mathrm{d}x}=\frac{y'(t)}{x'(t)}=\frac{v_0\sin\alpha-gt}{v_0\cos\alpha}$$

$$=\tan\alpha-\frac{gt}{v_0\cos\alpha}.$$

从中可知,当 $t=0$ 时,物体的运动方向与抛出方向相同,然后,运动方向与水平方向的角度随 t 的增大而变小,直至物体落地.其次,速度的大小为

$$v=\sqrt{v_x(t)^2+v_y(t)^2}=\sqrt{x'(t)^2+y'(t)^2}=\sqrt{v_0^2-2v_0gt\sin\alpha+g^2t^2}.$$

2.2.5　高阶导数

对于一个在区间 (a,b) 内处处可导的函数 $y=f(x)$,其导数 $f'(x)$ 依然是区间 (a,b) 上的一个函数,称之为 $f(x)$ 的导函数.若此导函数 $f'(x)$ 还是可导的,则可继续求导,并称所得的导数为 $f(x)$ 的二阶导数,记作 $f''(x)$ 或 y'' 或 $\frac{\mathrm{d}^2y}{\mathrm{d}x^2}$,即

$$y''=(y')',\text{或 } f''(x)=(f'(x))',\text{或}\frac{\mathrm{d}^2y}{\mathrm{d}x^2}=\frac{\mathrm{d}}{\mathrm{d}x}\left(\frac{\mathrm{d}y}{\mathrm{d}x}\right).$$

类似地,可以定义三阶(记作 y''' 或 $f'''(x)$ 等)及更高阶的导数.

例 12　求以下函数的二阶导数

(1) $y=\sin x$;　　　　(2) $y=\ln(1+x^2)$;

(3) $y=1+2x$;　　　　(4) $y=1+2x+x^2$.

解　(1) $y'=\cos x$,　$y''=-\sin x$;

(2) $y'=\frac{1}{1+x^2}\cdot 2x$,　$y''=\frac{2}{1+x^2}+2x\frac{-2x}{(1+x^2)^2}=\frac{2(1-x)^2}{(1+x^2)^2}$;

(3) $y'=2$,　$y''=0$;

(4) $y'=2x+2$,　$y''=2$.

利用二阶导数可以表达力学问题中的加速度.

例 13　设自由落体运动的路程函数为 $h=\frac{1}{2}gt^2$,求其加速度.

解　由物理学知,$h''(t)$ 便是所求加速度.于是得

$$h'(t)=gt(\text{速度}),\quad h''(t)=g(\text{加速度}).$$

附　求导公式

(1) $C'=0$;

(2) $(x^{\alpha})'=\alpha x^{\alpha-1}$;

(3) $(a^{x})'=a^{x}\ln a$; $(e^{x})'=e^{x}$;

(4) $(\log_{a}x)'=\dfrac{1}{x\ln a}$; $(\ln x)'=\dfrac{1}{x}$;

(5) $(\sin x)'=\cos x$; $(\cos x)'=-\sin x$;

(6) $(\tan x)'=\dfrac{1}{\cos^{2}x}$; $(\cot x)'=-\dfrac{1}{\sin^{2}x}$;

(7) $(\arctan x)'=\dfrac{1}{1+x^{2}}$; $(\arcsin x)'=\dfrac{1}{\sqrt{1-x^{2}}}$.

习题 2.2

1. 求以下函数的导数

(1) $y=x\ln x$; (2) $y=\dfrac{x}{4^{x}}$; (3) $y=\dfrac{1-x^{3}}{\sqrt{x}}$; (4) $y=e^{x}+\sin 2$.

2. 求下列复合函数的导数

(1) $y=\sin\ln x$; (2) $y=(1+\cos x)^{2}$; (3) $y=\sin^{2}x$; (4) $y=\sqrt{1+e^{x}}$;

(5) $y=\arctan 2^{x}$; (6) $y=\arcsin x^{2}$; (7) $y=x^{x}$; (8) $y=\sqrt[3]{x/e^{2x}}$;

(9) $y=f(e^{x})$; (10) $y=e^{f(x)}$.

3. 求下列函数的二阶导数

(1) $y=x^{2}+2x+1$; (2) $y=\cos x$; (3) $y=xe^{x}$; (4) $y=\ln\sin x$;

(5) $y=f(\sin x)$,其中 $f''(x)$存在.

4. 求隐函数及参变量函数的导数

(1) $\dfrac{x^{2}}{a^{2}}-\dfrac{y^{2}}{b^{2}}=1$,求 $y'(x)$; (2) $\arctan\dfrac{y}{x}=\ln\sqrt{x^{2}+y^{2}}$,求 $y'(x)$;

(3) $x\ln y-y\ln x=1$,求 $y'(x)$及 $y'(1)$; (4) $\begin{cases}x=at^{2},\\ y=bt^{3},\end{cases}$ 求$\dfrac{dy}{dx}$;

(5) $\begin{cases}x=t-\sin t,\\ y=1-\cos t,\end{cases}$ 求$\dfrac{dy}{dx}$及$\left.\dfrac{dy}{dx}\right|_{t=\frac{\pi}{2}}$.

参 考 答 案

1. (1) $1+\ln x$; (2) $(1-x\ln 4)/4^{x}$; (3) $-\dfrac{1}{2}(x^{-\frac{3}{2}}+5x^{\frac{3}{2}})$; (4) e^{x}.

2. (1) $\dfrac{1}{x}\cos\ln x$; (2) $-2\sin x(1+\cos x)$; (3) $\sin 2x$; (4) $\dfrac{e^{x}}{2\sqrt{1+e^{x}}}$;

(5) $\dfrac{2^{x}\ln 2}{1+2^{2x}}$; (6) $\dfrac{2x}{\sqrt{1-x^{4}}}$; (7) $x^{x}(1+\ln x)$; (8) $\dfrac{1}{3}(\dfrac{1}{x}-2)\sqrt[3]{\dfrac{x}{e^{2x}}}$;

(9) $f'(e^{x})e^{x}$; (10) $e^{f(x)}\cdot f'(x)$.

3. (1) 2; (2) $-\cos x$; (3) $(x+2)e^{x}$; (4) $-\dfrac{1}{\sin^{2}x}$;

(5) $f''(\sin x)\cos^2 x - f'(\sin x)\sin x$.

4. (1) $y'=\dfrac{b^2 x}{a^2 y}$;　　(2) $y'=\dfrac{x+y}{x-y}$;

(3) $y'=\dfrac{\frac{y}{x}-\ln y}{\frac{x}{y}-\ln x}$, $y'(1)=\mathrm{e}(\mathrm{e}-1)$;　　(4) $\dfrac{\mathrm{d}y}{\mathrm{d}x}=\dfrac{3b}{2a}t$;

(5) $\dfrac{\mathrm{d}y}{\mathrm{d}x}=\dfrac{\sin t}{1-\cos t}$, $\left.\dfrac{\mathrm{d}y}{\mathrm{d}x}\right|_{t=\frac{\pi}{2}}=1$.

2.3 微　　分

本章的名称为微分学，然而微分一词到这一节才出现，可能使人觉得有点奇怪. 其实先讲微分再讲导数也是可以的，只是相比之下，导数概念的实际意义显得更加明确一些. 由于函数可导与可微是等价的，计算微分的方法本质上与计算导数也相同，因而这一节的篇幅较小. 按照人们的习惯，将导数和微分的内容统称为微分学. 并且，微分与积分，从字面含义上来看，构成一种对比.

2.3.1　微分的定义

早在巴罗(1630—1677年)、帕斯卡(1623—1662年)等人的著作中，已出现微分三角形(图2.3.1中的$\triangle PRT$)的概念. 借助于微分三角形，人们可以从微观的角度方便地处理切线问题和面积问题. 例如，人们认为，当Δx非常小时，曲线$y=f(x)$在点P的切线斜率可以表示为微分三角形$\triangle PRT$中的对边与邻边之比：$k=\dfrac{RT}{PR}$；曲线段$\overset{\frown}{PQ}$的弧长可以用切线长PT来近似；而以$\overset{\frown}{PQ}$为顶的三边形PRQ的面积则近似于微分三角形$\triangle PRT$的面积. 尽管人们并没有弄清这样处理的数学原理所在，但是由于这种方法使用起来十分有效，能够轻松地得出许多采用初等方法很难解决的重要结果. 因此并没有影响对它的使用. 至少，可以利用它来进行数学定理的推测. 事实上，莱布尼兹便是受到微分三角形的启发而发明了微积分理论.

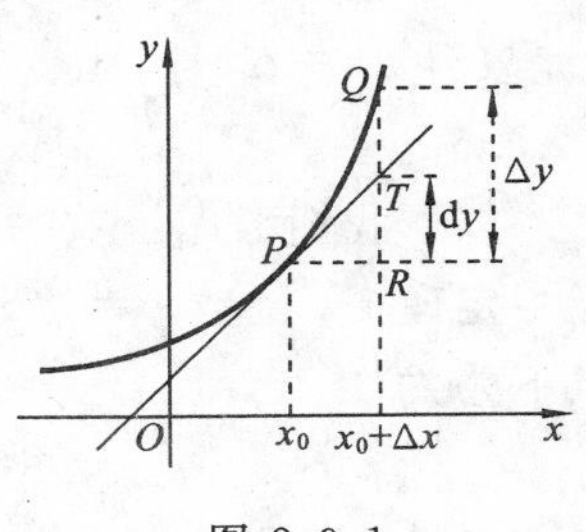

图 2.3.1

以下我们利用极限方法来说明在一定条件下微分三角形方法的合理性. 首先给出可微函数的概念.

定义1　设函数$y=f(x)$在区间(a,b)内有定义，$x\in(a,b)$. 当自变量由x有一个较小的改变量$\Delta x(\Delta x\neq 0)$而变作$x+\Delta x$时，因变量也会随之产生一个改变量，记作$\Delta y=f(x+\Delta x)-f(x)$.

如果存在一个与x相关但与Δx的大小无关的量$A(x)$，使得

$$\Delta y = A(x)\Delta x + o(\Delta x), \quad ①$$

则说函数 $y=f(x)$ 在点 x 处**可微**,称 $A(x)\Delta x$ 为函数在点 x 处的**微分**,记作 $\mathrm{d}y$ 或 $\mathrm{d}f(x)$,即

$$\mathrm{d}y = A(x)\Delta x. \quad ②$$

条件①的几何意义可以从图 2.3.1 说明:函数 $y=f(x)$ 在点 x 处可微是指当 $\Delta x\to 0$ 时,用 RT 来代替 RQ 所出现的相对误差 TQ 是比 $PR=\Delta x$ 高阶的无穷小量.因而在微观的意义上是可以忽略 TQ 的影响的.在图 2.3.1 中,若以 $A(x)$ 记曲线 $y=f(x)$ 在点 x 处的切线 PT 的斜率,则从导数的定义知

$$\frac{TQ}{PR} = \frac{\Delta y - A(x)\Delta x}{\Delta x} = \frac{\Delta y}{\Delta x} - A(x) \to 0 \quad (\Delta x\to 0\ \text{时}),$$

故 $RT=A(x)\Delta x$ 是函数的微分 $\mathrm{d}y$.

例 1 设边长为 x 的正方形面积为 y,即 $y=x^2$,则

$$\Delta y = (x+\Delta x)^2 - x^2 = 2x\Delta x + (\Delta x)^2.$$

取 $A(x)=2x$,则 $(\Delta y - A(x)\Delta x)/\Delta x = \Delta x\to 0$(当 $\Delta x\to 0$ 时),故函数可微,微分为 $\mathrm{d}y=2x\Delta x$,即图 2.3.2 中的阴影部分面积.相比之下,$\Delta y-\mathrm{d}y=(\Delta x)^2$ 是一个比 Δx 高阶的无穷小量.

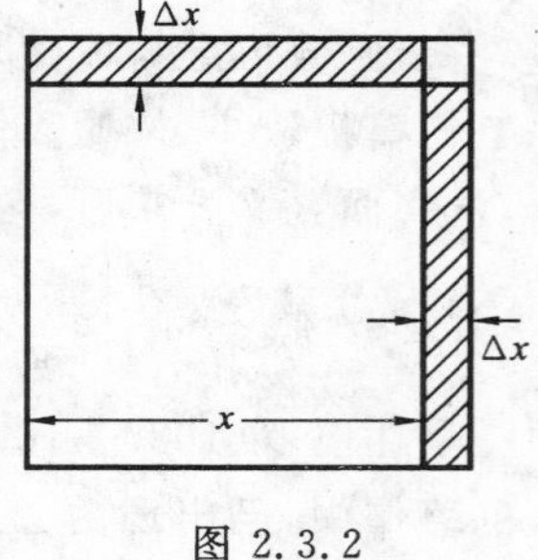

图 2.3.2

对于函数 $y=x$ 来讲,$\Delta y=(x+\Delta x)-x=\Delta x=\mathrm{d}y=\mathrm{d}x$.故有 $\mathrm{d}x=\Delta x$,因此微分式②可写成

$$\mathrm{d}y = A(x)\mathrm{d}x. \quad ③$$

以下我们考虑函数的可微性并推导微分的计算公式.

定理 1 函数 $y=f(x)$ 在点 x 处可微的充分必要条件是它在点 x 处可导.并且有以下公式

$$\mathrm{d}y = f'(x)\mathrm{d}x \quad \text{或} \quad \mathrm{d}f(x) = f'(x)\mathrm{d}x. \quad ④$$

证 充分性 设 $f'(x)$ 存在,则以 $f'(x)$ 作为公式①中的 $A(x)$,便有

$$\lim_{\Delta x\to 0}\frac{\Delta y - f'(x)\Delta x}{\Delta x} = \lim_{\Delta x\to 0}\left(\frac{\Delta y}{\Delta x} - f'(x)\right) = f'(x) - f'(x) = 0.$$

由定义 1 知,$f(x)$ 在点 x 处可微,且 $\mathrm{d}f(x)=f'(x)\Delta x$.

必要性 设 $f(x)$ 可微,则存在 $A(x)$ 使公式①成立,于是

$$f'(x) = \lim_{\Delta x\to 0}\frac{\Delta y}{\Delta x} = \lim_{\Delta x\to 0}\frac{A(x)\Delta x + o(\Delta x)}{\Delta x} = A(x) + \lim_{\Delta x\to 0}\frac{o(\Delta x)}{\Delta x} = A(x).$$

故函数 $f(x)$ 在点 x 处可导.

依照公式④,由于 $\mathrm{d}x,\mathrm{d}y$ 是两个有确定含义的变量而不仅仅是一种记号.于是可以把导数 $f'(x)$ 看做两个微分 $\mathrm{d}y$ 与 $\mathrm{d}x$ 之商:

$$f'(x) = \frac{\mathrm{d}y}{\mathrm{d}x} = \frac{\mathrm{d}f(x)}{\mathrm{d}x}.$$

这对于导数的理解与计算是十分方便的.

例如,对于参变量形式的函数$\begin{cases}x=x(t),\\y=y(t),\end{cases}$可以用微分来构造导数:

$$\frac{\mathrm{d}y}{\mathrm{d}x}=\frac{\mathrm{d}y(t)}{\mathrm{d}x(t)}=\frac{y'(t)\mathrm{d}t}{x'(t)\mathrm{d}t}=\frac{y'(t)}{x'(t)}.$$

与前面使用复合函数求导法及反函数求导法的推导过程相比,微分法显得比较简便.

2.3.2 微分的计算

利用微分的商来求导数不失为一个好方法,但计算微分本身也有着非常重要的意义,它是解决积分问题、微分方程问题的一个基本要素. 为此,我们给出计算函数的微分的若干法则与公式.

微分规则 设函数$u=u(x)$,$v=v(x)$均可微,C为常数,则有

(Ⅰ) $\mathrm{d}(Cu)=C\mathrm{d}u$;$\mathrm{d}(u\pm v)=\mathrm{d}u\pm\mathrm{d}v$;

(Ⅱ) $\mathrm{d}(uv)=u\mathrm{d}v+v\mathrm{d}u$;

(Ⅲ) $\mathrm{d}\left(\frac{u}{v}\right)=\frac{v\mathrm{d}u-u\mathrm{d}v}{v^2}$.

若复合函数$y=f(u)$,$u=\varphi(x)$均可微,则有

$$\begin{aligned}\mathrm{d}y&=f'(u)\mathrm{d}u(\text{与 }u\text{ 为自变量时一样})\\&=f'(u)\varphi'(x)\mathrm{d}x.\end{aligned}$$

微分公式 微分公式由导数公式改造而成. 常用的几个如下:

(1) $\mathrm{d}C=0$;

(2) $\mathrm{d}u^\alpha=\alpha u^{\alpha-1}\mathrm{d}u$;

(3) $\mathrm{d}a^u=a^u\ln a\mathrm{d}u$;$\mathrm{de}^u=\mathrm{e}^u\mathrm{d}u$;

(4) $\mathrm{d}\log_a u=\frac{1}{u\ln a}\mathrm{d}u$;$\mathrm{d}(\ln u)=\frac{1}{u}\mathrm{d}u$;

(5) $\mathrm{d}\sin u=\cos u\mathrm{d}u$;$\mathrm{d}\cos u=-\sin u\mathrm{d}u$;

(6) $\mathrm{d}\tan u=\frac{1}{\cos^2 u}\mathrm{d}u$;$\mathrm{d}\cot u=-\frac{1}{\sin^2 u}\mathrm{d}u$;

(7) $\mathrm{d}\arctan u=\frac{1}{1+u^2}\mathrm{d}u$;$\mathrm{d}\arcsin u=\frac{1}{\sqrt{1-u^2}}\mathrm{d}u$.

掌握这些法则与公式需要经过一定的训练. 看下面几个例子.

例2 求以下函数的微分$\mathrm{d}y$:

(1) $y=x+\sin x$; (2) $y=x\arctan x$;

(3) $y=\ln(1+x^2)$; (4) $\mathrm{e}^{xy}+x+y=0$.

解 (1) $\mathrm{d}y=\mathrm{d}x+\mathrm{d}\sin x=\mathrm{d}x+\cos x\mathrm{d}x=(1+\cos x)\mathrm{d}x$;

(2) $dy = xd\arctan x + \arctan x dx = \frac{x}{1+x^2}dx + \arctan x dx$

$= \left(\frac{x}{1+x^2} + \arctan x\right)dx$；

(3) $dy = \frac{1}{1+x^2}d(1+x^2) = \frac{2x}{1+x^2}dx$；

(4) 等式两边同时求微分(x,y 地位对等)，得

$$e^{xy}d(xy) + dx + dy = 0,$$

即

$$e^{xy}(xdy + ydx) + dx + dy = 0,$$

解得

$$dy = -\frac{1+ye^{xy}}{1+xe^{xy}}dx.$$

以上例题中采用的方法是微分法则与公式，当然也可以依据公式④，先求导数 y'，再乘上 dx 来得到 dy.

2.3.3 微分与近似计算

从微分三角形可以看出，当 Δx 较小时，$dy = f'(x)\Delta x$ 与 $\Delta y = f(x+\Delta x) - f(x)$ 的近似程度便提高.于是，人们便想用 dy 来代替 Δy：

$$f(x+\Delta x) - f(x) \approx f'(x)\Delta x,$$

从而得出近似公式

$$f(x+\Delta x) \approx f(x) + f'(x)\Delta x. \qquad ⑤$$

特别地，取 $x=0$，便可得出以下的近似公式($|\Delta x|$较小)：

$\sin\Delta x \approx \Delta x$，取 $f(x) = \sin x$，则 $f(0)=0, f'(0)=1$；

$\ln(1+\Delta x) \approx \Delta x$，取 $f(x) = \ln(1+x)$，则 $f(0)=0, f'(0)=1$；

$(1+\Delta x)^{\frac{1}{n}} \approx 1 + \frac{\Delta x}{n}$，取 $f(x) = (1+x)^{\frac{1}{n}}$，则 $f(0)=1, f'(0)=\frac{1}{n}$.

例 3 求 $\sqrt[5]{1.02}$的近似值.

解 $\sqrt[5]{1.02} = (1+0.02)^{\frac{1}{5}} \approx 1 + \frac{1}{5} \times 0.02 = 1.004$.

习题 2.3

1. 求下列函数的微分

(1) $y = x^2 - 2x + 1$； (2) $y = x\ln x$； (3) $y = e^{\sin x}$； (4) $y = \arctan\frac{1}{x}$.

2. 设 u,v 是 x 的函数，试用 du, dv 表示 dy.

(1) $y = (uv)^2$； (2) $y = u + \ln v$.

3. 在括号内填上适当的函数 $f(x)$.

(1) d( ) = 2dx； (2) d( ) = 2xdx；

(3) d(　　)$=\frac{2}{x}dx$；　　(4) d(　　)$=\frac{1}{1+x^2}dx$.

参考答案

1. (1) $(2x-2)dx$；　(2) $(1+\ln x)dx$；　(3) $e^{\sin x}\cos x dx$；　(4) $\frac{-1}{1+x^2}dx$.

2. (1) $dy=2uv(udv+udv)$；(2) $dy=du+\frac{1}{v}dv$.

3. (1) $2x+C$；　(2) x^2+C；　(3) $2\ln x+C$；　(4) $\arctan x+C$ (C 为常数).

2.4　导数的应用

本节将以导数为工具，对函数 $y=f(x)$ 作系统而深入的研究. 主要讨论函数的单调性、凸性、极值的判别、最小值与最大值的求法、计算函数极限的洛必达法则等.

导数本是由曲线的切线斜率 k 和运动的瞬时速度所归纳出的一个数学概念，它怎么可以有如此广泛的用途呢？在本节，我们将看到发散思维方法所起的重大作用. 首先，我们介绍沟通导数与函数关系的桥梁——微分中值定理.

2.4.1　微分中值定理

在科学发现史中不难找到这类经典的故事：一个对普通人来说十分平常的现象，经过发明家(一类拥有丰富的研究经历，广博的专业知识和掌握科学的研究方法的人)的观察与分析，推测与实验，便可能得到很不平常的发现. 微分中值定理的得来便是这样的一个故事.

有关这些定理的发现过程的史料不易得到，但我们仍然可以按照自然的方式来演绎这些定理的产生过程，期望能对数学发现的规律提供一个典型的范例. 而为了保持思路不被打断，我们将先介绍从几何角度推断的几个结果，而将这些结果的严格证明放在后面. 事实上，人们总是首先发现或推测一个结论，然后才设法证明它.

首先介绍两个概念：极值点和驻点.

定义 1　如果在点 x_0 的某个邻域 $(x_0-\delta, x_0+\delta)$ 内，有 $f(x)\geqslant f(x_0)$ (或 $f(x)\leqslant f(x_0)$) 存在，则称 x_0 为函数 f 的极小(或极大)值点，称函数值 $f(x_0)$ 为函数 f 的极小(或极大)值. 如果函数 f 在点 x_0 处可导，且 $f'(x_0)=0$，则称 x_0 为函数 f 的驻点.

极大值点和极小值点统称为**极值点**，极大值和极小值统称为**极值**.

极值概念与最值概念的区别在于，极值定义中的不等式成立的邻域可以非常小，而最值定义中的不等式成立的范围则是固定的，例如定义域. 于是某个极小值可能比某个极大值还要大(图 2.4.1). 此外，函数在开区间上的最值一定是一个极值.

法国数学家费尔马是解决极值问题的好手. 他曾经以其敏锐的眼光将光的反射中

的“光程最短原理”推广到“时间最短原理”(见 2.4.4 节). 寻求函数的最值是一个很有价值(在当时,有时可以得到赏金)的问题. 早在 1629 年,他便获得了寻求函数极值的代数方法,而在此之前流行的是比较复杂的几何方法(尺规作图). 借助于切线的语言,费尔马声称函数的极值出现在有水平切线的地方(图 2.4.1),得出了以下结果.

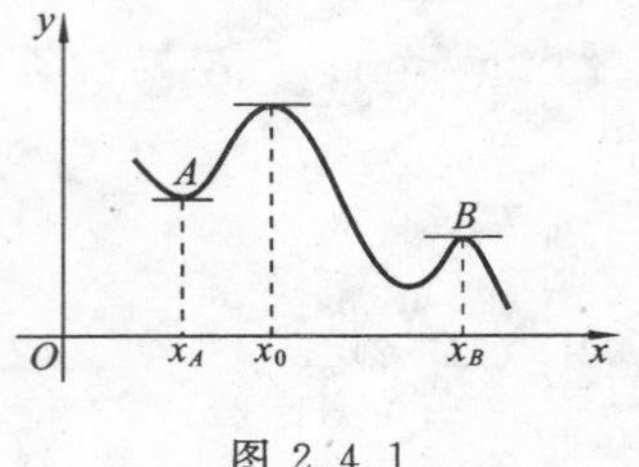

图 2.4.1

定理 1(费尔马定理) 若函数 $f(x)$ 在其可导点 x_0 处的值是极值(极大值或极小值),则有 $f'(x_0)=0$.

于是函数的极值点或者是函数的驻点,或者是不可导点. 而关于驻点是否存在,则有以下结果.

定理 2(罗尔中值定理) 设 $f(x)$ 在 $[a,b]$ 连续,在 (a,b) 可导. 若 $f(a)=f(b)$,则存在 $\xi\in(a,b)$,使 $f'(\xi)=0$.

应当指出的是,法国数学家罗尔(1652—1719 年)曾经是微积分方法的反对者,是一位宁可使用复杂的代数方法也不使用微积分的数学家. 他在 1691 年名为“任意次方程的一个解法的证明”的论文中指出,在多项式函数 $f(x)$ 的两个零点(即 $f(x)=0$ 的根)之间必存在另一个多项式(亦即 $f'(x)$)的零点. 在一百多年之后,数学家 Giusto Bellavitis 把这一结果由多项式函数推广到可导函数情形,令人敬佩的是,他仍将这个定理命名为罗尔定理.

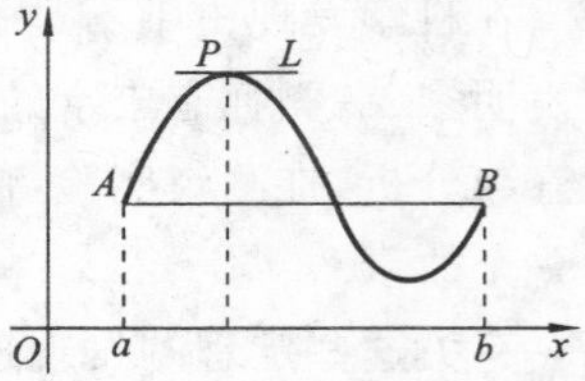

现在,请大家将图 2.4.2 中的坐标系旋转一个小角度,比如说 15°,你会发现什么? 此时,点 P 处的切线 L 不再是水平的,但是它与弦 AB 相互平行的关系却未因图形的变动而更改. 在科学研究中,人们往往特别珍视在星转斗移的变动中能够保持不变的东西. 看来,存在与弦平行的切线可能是水平切线问题中比较本质的规律. 于是有

图 2.4.2

定理 3(拉格朗日中值定理) 设 $f(x)$ 在 $[a,b]$ 连续,在 (a,b) 可导,则存在 $\xi\in(a,b)$,使

$$f'(\xi)=k_{AB}=\frac{f(b)-f(a)}{b-a}. \quad ①$$

定理 3 的几何意义如图 2.4.3 所示,可以认为,定理 3 的内容已经偏离了人们的最初问题——寻求极值,也可称之为研究极值问题的副产品. 在一个问题的研究过程中,往往产生出一系列新的思想与方法,其作用与意义可能远远超过原问题,在数学发展史上,这种情况常常出现.

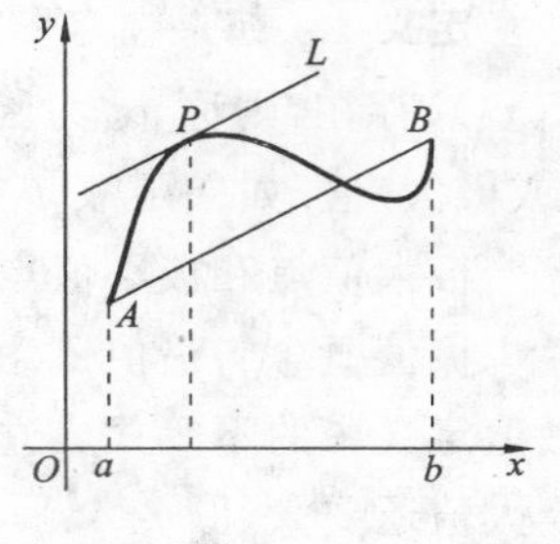

图 2.4.3

我们试着将公式①作一个简单的变形,采用适当的字母

表示，得到

$$f(b)-f(a)=f'(\xi)(b-a); \quad ②$$

$$f(x)=f(x_0)+f'(\xi)(x-x_0). \quad ③$$

这两个公式(都称为**拉格朗日公式**)的意义可不一般，式②意味着可以用导数$f'(\xi)$来表达同名函数差“$f(b)-f(a)$”，这在分析函数的单调性、极值、证明不等式时十分有用；而式③则提供了一个用直线

$$y=f(x_0)+f'(\xi)(x-x_0)$$

近似表示曲线 $y=f(x)$的一种方法，或者说给出了用导数表示函数的一个联系公式.

下面我们给出关于式②的一个重要应用.

推论 1 若(a,b)内可微函数 $f(x)$的导数恒为 0，则 $f(x)$是常数函数.

证 任取 $x_1,x_2\in(a,b)$，由于 $f'(x)\equiv 0$，依式②有

$$f(x_2)-f(x_1)=f'(\xi)(x_2-x_1)=0\cdot(x_2-x_1)=0,$$

故 $f(x_1)=f(x_2)$. 由 x_1,x_2 的任意性便知 $f(x)$在(a,b)内恒为常数，例如等于$f\left(\frac{a+b}{2}\right)$.

推论 2 若两个可导函数 $f(x),g(x)$的导数处处相等，则它们只相差一个常数，即存在常数 C，使 $f(x)=g(x)+C$.

构造函数 $h(x)=f(x)-g(x)$，引用推论 1 的结果便可证得推论 2，细节留给读者.

下面我们便来介绍这几个微分中值定理的证明.

定理 1 的证明 如图 2.4.4 所示，不妨设 $f(x_0)$是极大值，即存在开区间 $I=(x_0-\delta,x_0+\delta)$，使得 $f(x)\leqslant f(x_0)(x\in I)$. 当 x 从点 x_0 左边趋近于点 x_0 时，割线 PQ 的斜率 $k_{PQ}=\dfrac{f(x)-f(x_0)}{x-x_0}$非负，由于 $f'(x_0)$存在，从而 k_{PQ}的极限 $f'_-(x_0)\geqslant 0$. 类似地考虑 x 从点 x_0 右边趋近于点 x_0 时的斜率符号，得出 $f'_+(x_0)\leqslant 0$. 因为函数在点 x_0 处可导，故 $f'_+(x_0)=f'_-(x_0)$，即$f'(x_0)=0$.

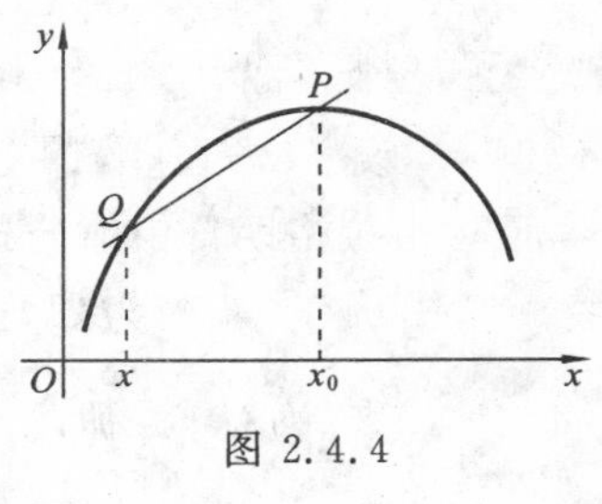

图 2.4.4

定理 2 的证明 由于连续函数 $f(x)$在闭区间$[a,b]$有最大值 M 及最小值 m，可以分两种情况证明：(1)$M=m$，此时 $f(x)$恒为常数，从而 $f'(x)\equiv 0$，结论成立；(2)$M\neq m$，则由于 $f(a)=f(b)$，M 与 m 中必有一个在开区间(a,b)内某点 x_0 处取到. 不妨设 $M=f(x_0)$，则 $f(x_0)$必是一个极大值. 于是，引用定理 1 即可证得 $f'(x_0)=0$.

定理 3 的证明 为了引用罗尔定理证明定理 3，我们构造曲线 $y=f(x)$和弦 AB 所在直线 $y=f(a)+k_{AB}(x-a)$的差函数

$$g(x)=f(x)-(f(a)+k_{AB}(x-a)),$$

其中

$$k_{AB}=\frac{f(b)-f(a)}{b-a},$$

则由于 $g(a)=g(b)$,故引用定理 2 即知,存在 $\xi\in(a,b)$ 使 $g'(\xi)=0$. 由于,$g'(x)=f'(x)-k_{AB}$,故存在 $\xi\in(a,b)$,使 $f'(\xi)=k_{AB}$.

这样,三个定理便依次得到了证明,这种传递式的推导体现了数学证明中的严谨和简洁.

为了体会微分中值定理的理论价值,我们列举几个典型的例子.

例 1 证明三角恒等式 $\sin^2 x+\cos^2 x\equiv 1\ (-\infty<x<+\infty)$.

证 令 $f(x)=\sin^2 x+\cos^2 x-1$,则有 $f(0)=0$,且

$$f'(x)=2\sin x\cdot\cos x-2\cos x\cdot\sin x=0,$$

故由推论 1 知,$f(x)$恒为常数. 由于 $f(0)=0$,故 $f(x)\equiv 0$.

例 2 证明以下不等式

(1) $|\sin a-\sin b|\leqslant|a-b|$; (2) $e^x>1+x\quad(x>0)$.

证 (1) 对 $f(x)=\sin x$ 在$[a,b]$上应用拉格朗日中值公式②,得

$|\sin a-\sin b|=|f'(\xi)(a-b)|=|\cos\xi||a-b|\leqslant|a-b|$.

(2) 对 $f(t)=e^t$ 在$[0,x]$上应用拉格朗日中值公式②,得

$$e^x-e^0=e^x-1=e^\xi(x-0)>x\quad(\text{因 }\xi>0,e^\xi>1).$$

例 3 证明方程 $\cos x-x\sin x=0$ 在$\left(0,\frac{\pi}{2}\right)$内有根.

证 记 $f(x)=x\cos x$,则 $f(0)=f\left(\frac{\pi}{2}\right)$,故由罗尔定理知,$f'(x)=\cos x-x\sin x=0$ 在$\left(0,\frac{\pi}{2}\right)$内有实根.

例 4 设 $f(x)$在$[0,1]$上可微,且 $f'(x)\geqslant 1$,若 $f(0)\geqslant 0$,证明 $f(1)\geqslant 1$.

证 由拉格朗日中值公式③,得

$$f(1)=f(0)+f'(\xi)(1-0)\geqslant f'(\xi)\geqslant 1.$$

2.4.2 洛必达法则

在第一章,我们学习了函数极限,计算函数极限的方法较多. 例如,代值法、四则运算法则、夹挤原理等. 本小节所介绍的洛必达(1661—1704 年)法则进一步完善了计算函数极限的工具包. 洛必达法则主要适合于分式$\frac{u(x)}{v(x)}$的求极限. 其中 $u(x),v(x)$同时趋近于零或同时发散到无穷大. 将洛必达法则与前一章学习的各种方法结合起来使用,便可以解决较多的函数极限问题,使我们处理变量的能力大大加强.

关于洛必达法则的由来有一段故事.

法国数学家洛必达伯爵出身于贵族家庭,是法国科学院院士. 他很早便显示出数学才华,解决过帕斯卡的摆线问题和贝努利的最速下降线问题,1696 年出版了世界上第一本较系统的微积分学教程——《用于理解曲线的无穷小分析》,这部书第九章中介绍

了分式函数(两个多项式的商)在其分子与分母都趋于零的情形下极限的计算法则.据史料称,这个法则是洛必达的数学老师贝努利在1694年7月22日的信中告诉他的.由于贝努利在给洛必达讲授微积分知识时领取了薪金,故他允许洛必达随意使用自己的数学发现.

定理4(洛必达法则) 设 $x\to a$ 时,$f(x)$,$g(x)$同时趋于零或同时趋于无穷大,则它们的比的极限(分别称为$\frac{0}{0}$型或$\frac{\infty}{\infty}$型)可以用它们的导函数的比的极限来计算:

$$\lim_{x\to a}\frac{f(x)}{g(x)}=\lim_{x\to a}\frac{f'(x)}{g'(x)}.$$

等式在右边的极限是常数或无穷大时成立.

将 $x\to a$ 换作 $x\to\infty$ 等极限过程,法则依然成立,法则的证明在此省去.为了说明洛必达法则的快捷性与有效性,将两个重要极限用此法则再推导一下:

$$\lim_{x\to 0}\frac{\sin x}{x}=\lim_{x\to 0}\frac{(\sin x)'}{x'}=\lim_{x\to 0}\frac{\cos x}{1}=\cos 0=1;$$

$$\lim_{x\to 0}(1+x)^{\frac{1}{x}}=\mathrm{e}^{\lim\limits_{x\to 0}\frac{\ln(1+x)}{x}}=\mathrm{e}^{\lim\limits_{x\to 0}\frac{1/(1+x)}{1}}=\mathrm{e}^1=\mathrm{e}.$$

进一步的例子如下.

例5 计算以下函数极限:

(1) $\lim\limits_{x\to\infty}\frac{x^2+x-1}{2x^2-x}$; (2) $\lim\limits_{x\to 0}\frac{\mathrm{e}^x-1}{\sin x}$;

(3) $\lim\limits_{x\to 0}\frac{\ln\cos 3x}{\ln\cos 2x}$; (4) $\lim\limits_{x\to 1}\frac{\ln x}{x-1}$.

解 (1) 连续使用两次洛必达法则

$$\text{原式}=\lim_{x\to\infty}\frac{(x^2+x-1)'}{(2x^2-x)'}=\lim_{x\to\infty}\frac{2x+1}{4x-1}=\lim_{x\to\infty}\frac{(2x+1)'}{(4x-1)'}=\frac{1}{2};$$

(2) 原式$=\lim\limits_{x\to 0}\frac{(\mathrm{e}^x-1)'}{(\sin x)'}=\lim\limits_{x\to 0}\frac{\mathrm{e}^x}{\cos x}=1$(最后一步代入函数在 $x=0$ 的值);

(3) 原式$=\lim\limits_{x\to 0}\frac{(\ln\cos 3x)'}{(\ln\cos 2x)'}=\lim\limits_{x\to 0}\left(\frac{-3\sin 3x}{\cos 3x}\cdot\frac{\cos 2x}{-2\sin 2x}\right)$

$$=\lim_{x\to 0}\frac{3}{2}\frac{\cos 2x}{\cos 3x}\lim_{x\to 0}\frac{\sin 3x}{\sin 2x}=\frac{9}{4};$$

(其中$\lim\limits_{x\to 0}\frac{\sin 3x}{\sin 2x}=\lim\limits_{x\to 0}\left(\frac{\sin 3x}{3x}\frac{2x}{\sin 2x}\frac{3}{2}\right)=\frac{3}{2}$.)

(4) 原式$=\lim\limits_{x\to 1}\frac{(\ln x)'}{(x-1)'}=\lim\limits_{x\to 1}\frac{1}{x}=1$.

例6 计算以下函数极限

(1) $\lim\limits_{x\to+\infty}x(\mathrm{e}^{\frac{1}{x}}-1)$; (2) $\lim\limits_{x\to+\infty}\frac{\ln x}{x}$;

(3) $\lim\limits_{x\to 0^+} x^x$；　　　　(4) $\lim\limits_{x\to 0}\left(\dfrac{1}{x}-\dfrac{1}{\sin x}\right)$.

解 (1) 为使导数简便，可令 $t=\dfrac{1}{x}$，于是 $x\to+\infty$ 时，$t\to 0$，故

原式$=\lim\limits_{t\to 0}\dfrac{e^t-1}{t}=\lim\limits_{t\to 0}e^t=e^0=1$；

(2) 原式$=\lim\limits_{x\to+\infty}\dfrac{1/x}{1}=\lim\limits_{x\to+\infty}\dfrac{1}{x}=0$；

(3) 原式$=e^{\lim\limits_{x\to 0^+}\ln x^x}=e^{\lim\limits_{x\to 0^+}x\ln x}=e^{\lim\limits_{x\to 0^+}\frac{\ln x}{1/x}}$；

$\xlongequal{t=\frac{1}{x}} e^{\lim\limits_{t\to+\infty}\frac{-\ln t}{t}}=e^0=1$（应用上一小题结果）；

(4) 原式$=\lim\limits_{x\to 0}\dfrac{\sin x-x}{x\sin x}=\lim\limits_{x\to 0}\dfrac{\sin x-x}{x^2}\lim\limits_{x\to 0}\dfrac{x}{\sin x}=\lim\limits_{x\to 0}\dfrac{\cos x-1}{2x}=\lim\limits_{x\to 0}\dfrac{-\sin x}{2}=0$.

2.4.3 函数的单调性与凸性

以下考虑曲线 $y=f(x)$ 的几何特征：单调性与凸性.

掌握这一特征不仅有利于曲线图形的描绘，更有利于分析函数 $y=f(x)$ 中，随着 x 的增大，因变量 $y(x)$ 和它的变化速度 $y'(x)$ 的变化趋势.

函数的单调性概念已在第一章给出，但判别单调性却不太容易，涉及函数不等式的较多知识. 现在，有了微分中值定理，便可以借助导数来进行判别.

定理 5(单调判别法) 设 $f(x)$ 在 $[a,b]$ 上连续，在 (a,b) 内可导，则当 $f'(x)\geqslant 0$（或 $\leqslant 0$）时，$f(x)$ 在 $[a,b]$ 上单调增（或减）；进而，若使导数 $f'(x)$ 为零的点至多有限个或不充满一个小区间，则 $f(x)$ 是严格单调增（或减）的函数.

证 仅证单调增. 设 $f'(x)\geqslant 0$ 且 $a<x_1<x_2<b$，则由拉格朗日公式②得

$$f(x_2)-f(x_1)=f'(\xi)(x_2-x_1)\geqslant 0,\quad x_1<\xi<x_2,$$

故 $f(x_1)\leqslant f(x_2)$，即 $f(x)$ 单调增.

例 7 讨论以下函数的单调性：

(1) $y=x^2$； (2) $y=x^3$； (3) $y=2+x-x^2$； (4) $y=x^3-3x+1$.

解 (1) 因为 $y'=2x$，故 $y'\geqslant 0\Leftrightarrow x\geqslant 0$，故函数 $y=x^2$ 在 $(-\infty,0]$ 上严格单调减，在 $[0,+\infty)$ 上严格单调增；

(2) $y'=3x^2\geqslant 0$，仅在 $x=0$ 时 $y'=0$，故函数 $y=x^3$ 在 $(-\infty,+\infty)$ 上严格单调增；

(3) $y'=1-2x\geqslant 0$ 等价于 $x\leqslant\dfrac{1}{2}$，故函数 $y=2+x-x^2$ 在 $\left(-\infty,\dfrac{1}{2}\right]$ 上严格单调增，在 $\left[\dfrac{1}{2},+\infty\right)$ 上严格单调减；

(4) $y'=3x^2-3=3(x^2-1)\geqslant 0\Leftrightarrow x^2\geqslant 1$，故函数 $y=x^3-3x+1$ 在 $[-1,1]$ 上严格单调减，在 $(-\infty,-1)$ 及 $(1,+\infty)$ 上严格单调增.

当函数 $y=f(x)$ 在区间 $[a,b]$ 上单调增时，有

$$f(a)\leqslant f(x)\leqslant f(b),\qquad a\leqslant x\leqslant b.$$

故单调性可用来证明函数不等式.

例 8 证明：当 $x>0$ 时，$x>\ln(1+x)$.

证 记 $f(x)=x-\ln(1+x)$，可证 $f(x)>0$. 为此先看 $f(x)$ 的单调性. 由于

$$f'(x)=1-\frac{1}{1+x}=\frac{x}{1+x}>0,\quad x>0,$$

故 $f(x)$ 在 $[0,+\infty)$ 上严格单调增，从而

$$0=f(0)<f(x)=x-\ln(1+x),\quad x>0.$$

借助单调性的判别法，可以得出判定极值的一个充分条件.

推论 设函数 $f(x)$ 在点 x_0 处连续. 若 $f'(x)$ 在点 x_0 的两侧符号相反，则点 x_0 是 $f(x)$ 的极值点：当 $f'(x)$ 在点 x_0 的两侧为左负右正（或左正右负）时，$f(x_0)$ 为极小值（或极大值）.

再来考虑函数的凸性.

在图 2.4.5 中，曲线 $y=x^2$ 与曲线 $y=\sqrt{x}$ 当 $x\geqslant 0$ 时都是单调增曲线，因而无法从 y' 的符号上将这两条不同的曲线予以区别. 然而，如果将目光从 $y(x)$ 的增减转移到 $y'(x)$ 的增减上，就会发现这两条曲线太不一样了：

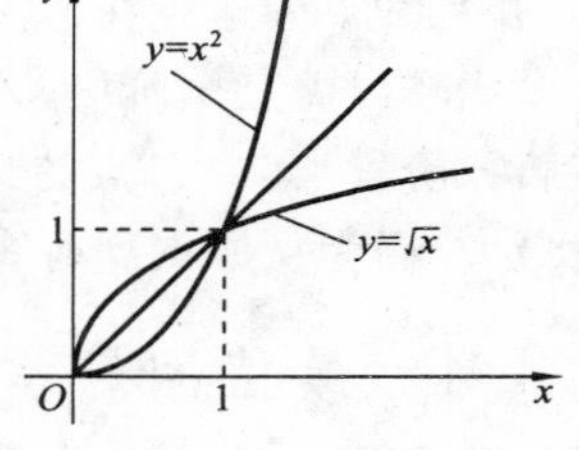

图 2.4.5

在区间 $(0,+\infty)$ 上，曲线 $y=\sqrt{x}$ 的切线斜率单调下降，而曲线 $y=x^2$ 则恰好相反.

定义 称曲线段 $\overset{\frown}{PQ}$ 是**下凸**（或**上凸**）的，若其上的切线斜率单调递增（或递减），相应的函数称为**下凸（或上凸）函数**. 连续曲线上两侧凸性相反的分界点称为**拐点**.

当一个量 α 相对于另一个量 β 单调递增时，我们通常的描述是 $\dfrac{\mathrm{d}\alpha}{\mathrm{d}\beta}\geqslant 0$，当然这要求所写导数存在. 于是，从凸性定义中可直接写出以下判别法.

定理 6 设 $f(x)$ 在 $[a,b]$ 上连续，在 (a,b) 内二阶可导，则当 $f''(x)\geqslant 0$（或 $\leqslant 0$）时，$f(x)$ 是下凸（或上凸）函数.

例 9 讨论以下函数的凸性：

(1) $y=x^2$； (2) $y=\sqrt{x}$； (3) $y=x^3$； (4) $y=x^4$.

解 (1) 因为 $y'=2x$，$y''=2>0$，故在 $(-\infty,+\infty)$ 内该函数下凸.

(2) $y'=\dfrac{1}{2\sqrt{x}}$，$y''=-\dfrac{1}{4}x^{-\frac{3}{2}}<0$，故在 $(0,+\infty)$ 内该函数上凸.

(3) $y'=3x^2$，$y''=6x$. 当 $x<0$ 时，$y''<0$，故该函数为上凸；当 $x>0$ 时，$y''>0$，该函数为上凸；$x=0$ 对应的点 $(0,0)$ 是拐点.

(4) $y'=4x^3$，$y''=12x^2\geqslant 0$. 该函数为定义域上的下凸函数.

例 10　生产三阶段的划分.

在经济现象分析中,广泛使用图形分析法.曲线的单调性与极值点、凸性与拐点都与一定的经济现象相对应.图 2.4.6描写的是一个生产函数 $y=f(x)$. x 是某种生产要素(例如劳动力)的投入量,y 是生产出的产品的总量.

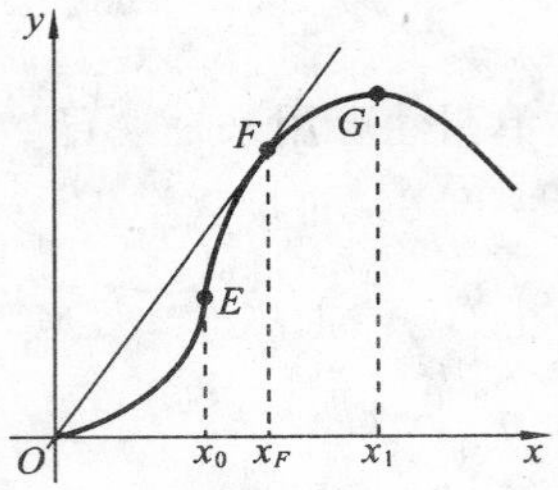

图 2.4.6

在 $0<x<x_0$ 阶段(第一阶段),$y'>0$,$y''>0$.意味着:增加要素 x 可使产量 y 增加,并且增长速度 y' 也在增加,故生产者应当增大投入,扩大生产.

在 $x_0<x<x_1$ 阶段(第二阶段),$y'>0$,$y''<0$.意味着:随着 x 的增大,产量 y 虽然依然增加,但增长势头却在下滑(指增长速度在下降);生产者可以继续生产.

在 $x_1<x$ 阶段(第三阶段),$y'<0$,$y''<0$.意味着:x 的增加不仅导致产量 y 的下降,并且其下降速度在加快.

比较以上三个阶段,为追求最大的投入产出比,明智的企业家会将其生产要素维持在第二阶段.其中 F 点的经济意义为:在整个生产阶段,当 $x=x_F$ 时,平均产量 y/x 取得最大.因为从原点到曲线 $y=f(x)$ 上其他任何点的连线的斜率都小于 OF 的斜率.

2.4.4　最值问题举例

微分学应用中最精彩的部分便是函数的最值问题.对于可微函数来说,寻求最值的步骤如下.

(1) 若 $f(x)$ 于闭区间 $[a,b]$ 上连续,则它在 $[a,b]$ 上的最大值与最小值一定存在,并且在下列函数值中:

$$f(a),f(b),f(\bar{x})\quad(\bar{x}\text{ 是函数 } f \text{ 的驻点或不可导的点}).$$

(2) 若 $f(x)$ 是开区间 (a,b) 内的连续函数,则最值是否存在要依 $f(x)$ 的单调性来确定.

以下我们列举一些典型的最值问题,从中体现求解应用问题的一般模式:

(1) 建立数学模型(选定变量,建立坐标系,列出相应函数);

(2) 求解数学模型(运用数学方法从模型中求得目标变量);

(3) 解释数学模型(结合背景问题讨论所得结果的含义).

一般来说,如果步骤(3)的解释结果不合常规,则要么是你得到了一个重要发现,要么是原来的模型不够合理 ,对后一种情形应当重新修订模型,直至问题解决为止.

1. 光行最速原理

传说在公元前 1 世纪的某一天,古希腊学者海伦家里来了一位名叫格林的老农.这位老农的家和农田都在河边不远处(分别是图 2.4.7 中的 A,B 处),他每天干完农活,都要先到河边洗刷农具,再回家休息.他想请大学者海伦帮他在河边选一个点 P,使得自己在此过程中所走的路程 $AP+PB$ 最短.

海伦是如何解决这个问题的呢？古希腊学者深信大自然总是依据最简单最经济的原则行事，因而求助于自然.人们发现，光线在遇到镜面反射时，入射角 α 与反射角 β 相等，并且光的行程最短.海伦按照这个"光程最短原理"确定了点 P，解决了格林老农的问题.后人称此方法为海伦光线原理.

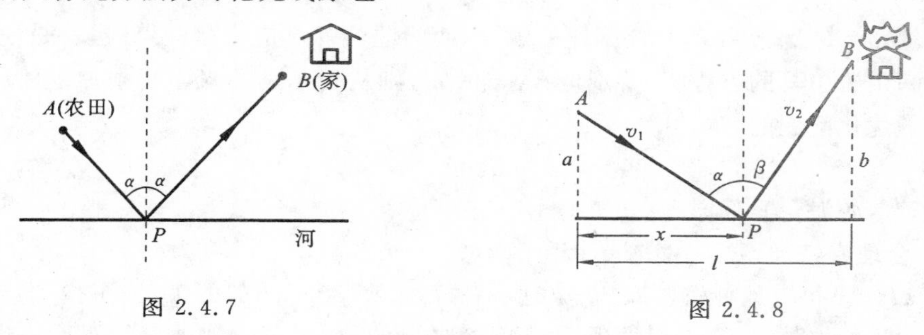

图 2.4.7　　　　图 2.4.8

一千多年之后，欧洲大陆又演绎了一个类似的故事.一位将军正在 A 地带着士兵们操练，忽见处于 B 地的营房失火，于是他率领队伍跑步去河边取水救火(图 2.4.8).由于没有盛水用具，士兵们跑向河边后，用头盔盛满水，端向营地救火，当时虽然是十万火急，但这位镇定而聪明的将军按照海伦光线原理选择了取水点，以使士兵们行程最短.将军的这一英明决策一时被誉为佳话.

然而，数学家费尔马听到这个故事后却明确指出，这位将军的决策是错误的.费尔马认为，农民格林的优化目标是行程最短，海伦的方法正确.然而将军的优化目标则应该是使士兵们在救火过程中所花费的时间最短，这并不等同于农民格林的距离最优问题.士兵在 AP 及 PB 两段路程上的速度是不同的：在 AP 段上，士兵们空着双手是大步奔跑，在 PB 段上，士兵们端着水便只能是小步奔走.因此，取水点 P 应当向右适当地挪动一点，但具体放在哪一点呢？

在如图 2.4.8 所示的数据条件下，费尔马假设士兵 AP 及 PB 上的行进速度分别为 v_1，v_2，全程所费时间为 T，点 P 距 A 在河岸的垂足为 x，则有以下函数关系

$$T=\frac{AP}{v_1}+\frac{PB}{v_2}=\frac{\sqrt{a^2+x^2}}{v_1}+\frac{\sqrt{b^2+(l-x)^2}}{v_2}.$$

当时的微分学尚处在萌芽状态，费尔马无法用数学方法求解函数 $T(x)$的最小值.于是仍然转向物理学，最后还是运用光学折射的数学原理解决了点 P 的选择难题，得出点 P 应当满足的条件为

$$\frac{\sin\alpha}{\sin\beta}=\frac{v_1}{v_2}. \qquad ④$$

以下我们应用今天的微分学方法来解决此问题，看看如何推出以上关系式.

对目标函数 $T(x)$求导，得

$$T'(x)=\frac{1}{v_1}\cdot\frac{x}{\sqrt{a^2+x^2}}-\frac{1}{v_2}\frac{l-x}{\sqrt{b^2+(l-x)^2}}.$$

为求驻点，令 $T'(x)=0$，得

$$\frac{v_1}{v_2}=\frac{x}{\sqrt{a^2+x^2}}\Bigg/\frac{l-x}{\sqrt{b^2(l-x)^2}}=\frac{\sin\alpha}{\sin\beta}.$$

显然，$x=0$ 及 $x=l$ 不是此问题的解，因而问题的解 x 应当是驻点. 也就是说，最优解应当满足费尔马的方程④. 特别地，若 $v_1=v_2$，则从费尔马的光学折射原理④得到农民格林的优化问题的解

$$\alpha=\beta. \tag{5}$$

这便是著名的海伦光程原理.

2. 合理密植问题

例 11 设每亩地种植西瓜 20 株时，每株西瓜产 300 kg 的西瓜. 为了增加产量，计划增加西瓜的株数. 但是人们发现，由于环境的制约，如果每亩地种植的西瓜苗超过 20 株时，每超种一株，将会使西瓜的株产量平均减少 10 kg. 试问每亩地种植多少株西瓜才能使亩产量最高.

解 设每亩地所种西瓜数在 20 株基础上再增加 x 株，则每株西瓜产瓜$(300-10x)$ kg，每亩地所产西瓜记作 $f(x)$. 于是

$$f(x)=(300-10x)(20+x)\quad（因产量不能是负数，故有 0\leqslant x<30），$$

问题归结为求 x 之值，使得目标函数 $f(x)$ 取得最大值.

对目标函数求导，得

$$f'(x)=100-20x.$$

解得驻点为 $x=5$，比较 $f(x)$ 在端点 $x=0$，$x=30$ 和驻点 $x=5$ 的值：

$$f(0)=6000,\quad f(5)=6250,\quad f(30)=0$$

可知当 $x=5$ 时，$f(x)$ 取最大值，故每亩地种植 25 株西瓜能使亩产量最高.

3. 门票策略问题

例 12 某风景区欲制订门票价格. 据估计，若门票每人 8 元，平均每天将有 1200 人游玩；并且在此价位下，门票每降低 1 元，游览者将增加 240 人. 设风景区容纳人数不限制，试确定使门票总收入最大的票价.

解 设每张门票价格在现有价位上降低 x 元，使得每张门票价格是$(8-x)$元，游览者便增加到$(1200+240x)$人，收入

$$R(x)=(8-x)(1200+240x)\quad(0\leqslant x\leqslant 8),$$

$$R'(x)=720-480x,$$

令 $R'(x)=0$，解得 $x=1.5$，比较 $R(x)$ 在端点 $x=0$，$x=8$ 和驻点 $x=1.5$ 的函数值

$$R(0)=9600,\quad R(1.5)=10140,\quad R(8)=0$$

知当 $x=1.5$ 时，$R(x)$ 取得最大值，即门票为每人 $8-1.5=6.5$ 元时，能使门票总收入

最大.

4. 库存控制问题

例 13 某超市每季度(按 90 天计)需要冰棒 45000 只. 每 10 只装成一盒,共需 4500 盒. 每次订货(无论多少)要支付送货费 45 元,若一次订货太多则必须把冰棒放在冰箱中,设冰棒的销售是均匀的,并且每季度每盒储存成本为 2 元. 试问每次应订多少盒才能使库存成本及订货成本之和 C 最小?

解 设每次订 x 盒,则平均储存量为$\frac{x}{2}$,订货次数为$\frac{4500}{x}$,于是

$$\text{储存费}=2\times\frac{x}{2}=x,\quad \text{订货费}=45\times\frac{4500}{x},$$

$$\text{成本 } C(x)=x+45\times\frac{4500}{x}\quad (0<x\leqslant 4500),$$

$$C'(x)=1-\frac{45\times 4500}{x^2}=\frac{(x-450)(x+450)}{x^2},$$

令 $C'(x)=0$,解得 $x=450$,-450(舍去).

由于 $x<450$ 时,$C'(x)<0$;$x>450$ 时,$C'(x)>0$,故 $x=450$ 时,$C(x)$取得最小值,即每次订 450 盒才能使成本最小.

习题 2.4

1. 利用罗尔定理分析 $f(x)=(x-1)(x-2)(x-3)$的导数 $f'(x)$有几个零点,在什么范围?
2. 设 $f(x)$在$[0,1]$连续,在$(0,1)$上可导,且 $f(0)=f(1)=0$,$f\left(\frac{1}{2}\right)=1$,证明:存在 $\xi\in(0,1)$使$f'(\xi)=1$.
3. 证明不等式 $|\arctan x-\arctan y|\leqslant|x-y|$.
4. 证明不等式 $e^x>ex\ (x>1)$.
5. 比较 e^π 与 π^e 的大小(考虑函数 $f(x)=\frac{\ln x}{x}$的单调性).
6. 用洛必达法则求以下函数的极限:

   (1) $\lim\limits_{x\to 0}\frac{1-\cos 2x}{1-\cos 3x}$;　　(2) $\lim\limits_{x\to a}\frac{\sin x-\sin a}{x-a}$;

   (3) $\lim\limits_{x\to 0}(1+3x)^{\frac{1}{\sin x}}$;　　(4) $\lim\limits_{x\to 1}\frac{\ln x}{x-1}$.
7. 证明方程 $\sin x=x$ 只有一个实根.
8. 求下列函数的单调区间与极值点

   (1) $y=x-\ln(1+x)$;　　(2) $y=xe^{-x}$.
9. 求下列函数的凸区间及拐点

   (1) $y=3x^4-4x^3+1$;　　(2) $y=\ln(1+x^2)$.
10. 求下列各函数的极值

    (1) $y=2x^3-3x^2$;　　(2) $y=2x^3-6x^2-18x+7$;

(3) $y=x-\ln(1+x)$；　　(4) $y=x^2e^{-x}$.

11. 设 $y=x^3+ax^2+bx+2$,在 $x_1=1$ 和 $x_2=2$ 处取得极值,试确定 a 与 b 的值.

12. 试求内接于半径为 R 的球的体积最大的圆锥体的高.

13. 某窗的形状由半圆置于矩形上面形成,若此窗框的周长一定,试确定半圆的半径和矩形的高,使所通过的光线最为充足.

14. 试在一半径为 R 的半圆内作一面积为最大的矩形.

15. 矿务局拟自 A 点掘一巷通到 C 点,设 AB 长 600 m,BC 长 200 m,C 点在 B 点的正下方,水平段 AB 是软土,掘进费为 5 元/m,水平以下是岩石,掘进费为 13 元/m,问怎样掘才能使费用最小?最小为多少元?

16. 某厂生产某种产品,每年销售量为 1000000 件,每批生产需准备 1000 元,而每件每年的库存费为 0.2 元,如果均匀销售,问一年内应分几批生产,才能使生产准备费与库存费之和 T 为最少?

参考答案

1. 有 2 个零点,分别在区间(1,2)及(2,3)内.

6. (1) $\frac{4}{9}$；(2) $\cos a$；(3) e^3；(4) 1.

8. (1) 单调减区间$(-1,0)$,单调增区间$(0,+\infty)$,极小值点 $x=0$；
(2) 单调减区间$(1,+\infty)$,单调增区间$(-\infty,1)$,极大值点 $x=1$.

9. (1) 下凸区间$(-\infty,0)$及$\left(\frac{2}{3}+\infty\right)$；上凸区间$\left(0,\frac{2}{3}\right)$；拐点$(0,1)$,$\left(\frac{2}{3},\frac{11}{27}\right)$；
(2) 下凸区间$(-1,1)$,上凸区间$(-\infty,-1)$及$(1,+\infty)$；拐点$(1,\ln 2)$,$(-1,\ln 2)$.

10. (1) 极大值 $y(0)=0$,极小值 $y(1)=-1$；
(2) 极大值 $y(-1)=17$,极小值 $y(3)=-47$；
(3) 极小值 $y(0)=0$；
(4) 极小值 $y(0)=0$,极大值 $y(2)=4e^{-2}$.

11. $a=-\frac{9}{2}$,$b=6$.

12. $h=\frac{4}{3}R$.

13. $R=h$.

14. 边长分别为$\sqrt{2}R$及$\frac{\sqrt{2}}{2}R$.

15. 沿 AB 方向$\frac{1550}{3}$ m,然后沿直线向 C,最小费用为 5400 元.

16. 一年内分 10 批生产.

第3章 积 分 学

3.1 定积分概念与性质

同微分学理论一样，积分学理论诞生于17世纪，它的建立也是归功于牛顿与莱布尼兹.然而，积分思想的出现要比微分思想的出现早得多.早在古埃及时期，人们便掌握了计算面积的近似值的方法.到古希腊时代，阿基米德(公元前287—公元前212年)使用穷竭法讨论了圆的周长和面积公式，得出圆周率近似为$\frac{22}{7}$，并利用平衡法给出了球体的体积公式.而古代中国数学家刘徽(公元3世纪)在其《九章算术注》中应用割圆术来计算圆的面积，推得圆周率为$\frac{157}{50}$.进而祖冲之(429—500年)父子则采用祖氏原理解决了刘徽所未能解决的球体体积问题.

到了17世纪，由于天文学、力学的重大发现，促使科学家集中关注对运动及其变化的研究，尤其是引力的计算，使积分学的基本问题——面积、长度、体积、重心成为当时的重大课题，并迅速取得了成功.开普勒(1571—1630年)采用微分法计算了多达87种旋转体体积；卡瓦列里(1598—1647年)采用“不可分量”的方法建立了一个“卡瓦列里原理”(等同于祖氏原理)：两等高立体，若相同高度的截面积相同，则两立体体积相同.这一结果促使体积计算由具体的几何图形的研究发展到寻求一般的算法上来.但在真正意义上的突破则是牛顿在计算曲边梯形面积问题中所使用的反微分法；而号称符号大师的莱布尼兹更是精心设计了今天我们所用的积分及微分符号，使微分与积分理论的表述更加准确、简洁和系统.

在本章中，我们从曲边梯形的面积问题入手，首先引入定积分概念，在介绍了其基本性质及基本公式后，再考虑其计算问题，由此介绍原函数与不定积分的概念及其计算方法，最后介绍定积分在几何上和物理上的应用.

3.1.1 定积分概念

1. 曲边梯形的面积

所谓曲边梯形，是指如图3.1.1中阴影部分的图形，它由x轴和两条直线$x=a$、x

$=b$,以及连续非负曲线 $y=f(x)$所围成. 当 $f(x)$在区间$[a,b]$内的某端点或两端点的函数值为 0 时,曲边梯形就成了如图 3.1.2(a)、(b)所示的特殊情形.

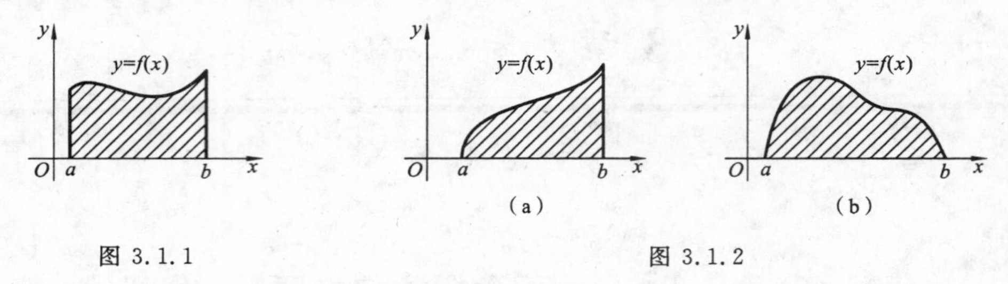

图 3.1.1　　图 3.1.2

确定曲边梯形面积 A 的做法直观易懂. 其要点是:把曲边梯形沿着平行于 y 轴的方向切割成若干个窄小的长条,每个长条被近似地视为矩形,而矩形面积等于底乘高,这些矩形面积之和便是曲边梯形面积 A 的近似值. 容易理解,长条越窄,精确度越高,当我们无限地加密时,近似值便应当趋于面积的精确值 A.

下面用四步法细说以上“积分思想”.

第一步:分割.

用下列分点$\{x_i \mid 0\leqslant i\leqslant n\}$.

$$a=x_0<x_1<x_2<\cdots<x_i<\cdots<x_{n-1}<x_n=b,$$

将底边$[a,b]$分成 n 个小段$[x_{i-1},x_i]$($1\leqslant i\leqslant n$),等分可以,不等分也可以,且记小区间长度为 $\Delta x_i=x_i-x_{i-1}$. 任取点 $\xi_i\in[x_{i-1},x_i]$,ξ_i 的任意性使得下述近似是可操作的.

第二步:近似.

用矩形面积 $f(\xi_i)\Delta x_i$ 代替小区间$[x_{i-1},x_i]$上竖立的小曲边梯形的面积 ΔA_i,即

$$\Delta A_i\approx f(\xi_i)\Delta x_i \quad (1\leqslant i\leqslant n).$$

第三步:求和.

把每一片小曲边梯形的近似矩形面积相加,便得到 A 的近似值:

$$A\approx f(\xi_1)\Delta x_1+f(\xi_2)\Delta x_2+\cdots+f(\xi_n)\Delta x_n=\sum_{i=1}^{n} f(\xi_i)\Delta x_i.$$

和式

$$\sum_{i=1}^{n} f(\xi_i)\Delta x_i$$

作为 A 的近似值,被称为 $f(x)$在$[a,b]$上的黎曼(Riemann)和(图 3.1.3).

第四步:取极限.

为了保证每一片小曲边梯形足够窄,我们要求最宽的一片的宽度能无限变小,于是记

$$\lambda=\max\{\Delta x_1,\ \Delta x_2,\cdots,\ \Delta x_n\},$$

则当 $\lambda\to 0$ 时,每个小区间$[x_{i-1},x_i]$的长度 Δx_i 也趋于零. 此时,黎曼和的极限便应当是(此极限存在吗?)所求面积 A 的精确值,即

$$A=\lim_{\lambda\to 0}\sum_{i=1}^{n} f(\xi_i)\Delta x_i.$$

这里，$\lambda\to 0$ 显然意味着 $n\to\infty$，但反过来不对，即 $n\to\infty$ 时不一定意味着 $\lambda\to 0$，这是因为分点的无限增多并不能保证所有分点的距离能任意小（图 3.1.4）. 当然，如果采用等分法，便可以用 $n\to\infty$ 代替 $\lambda\to 0$.

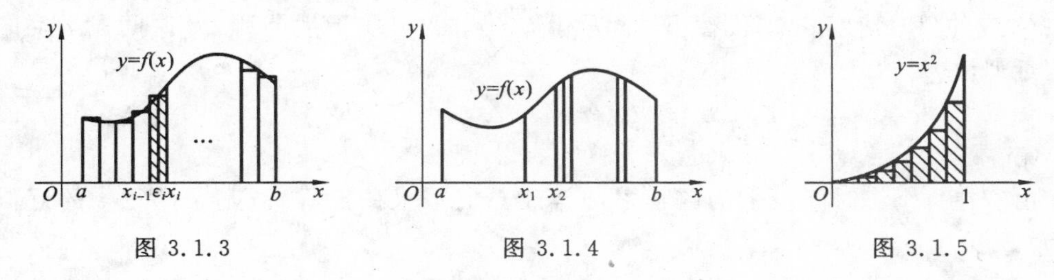

图 3.1.3　图 3.1.4　图 3.1.5

例 1　求以 $y=x^2(0\leqslant x\leqslant 1)$ 为曲边的曲边梯形面积 A（图 3.1.5）.

解　采用等分点分割法，令

$$x_0=0,x_1=\frac{1}{n},x_2=\frac{2}{n},\cdots,x_n=\frac{n}{n}=1,$$

于是 $\Delta x_i=\frac{1}{n}$. 又取 $\xi_i=x_{i-1}=\frac{i-1}{n}(1\leqslant i\leqslant n)$，则

$$\begin{aligned}A&=\lim_{n\to\infty}\left[0\cdot\frac{1}{n}+\left(\frac{1}{n}\right)^2\cdot\frac{1}{n}+\left(\frac{2}{n}\right)^2\cdot\frac{1}{n}+\cdots+\left(\frac{n-1}{n}\right)^2\cdot\frac{1}{n}\right]\\&=\lim_{n\to\infty}\frac{1}{n^3}[1^2+2^2+3^2+\cdots+(n-1)^2]\\&=\lim_{n\to\infty}\left[\frac{1}{n^3}\cdot\frac{1}{6}(n-1)\cdot n\cdot(2n-1)\right]=\frac{1}{3}.\end{aligned}$$

以上推导过程中，我们十分幸运地碰上并借用了平方数列之和的公式，否则便无法计算出极限值. 事实上，这样的好运气不可能常有. 因而通过计算黎曼和的极限来得到曲边梯形的面积非常困难，即便是十分简单的图形也需要有高度复杂的计算技巧，因此，积分思想固然容易理解，但却很难得到具体结果.

2. 变速直线运动的路程

设一物体作直线运动，其速度 $v(t)(T_1\leqslant t\leqslant T_2)$ 是时间 t 的连续函数，现求此物体在时间段 $[T_1,T_2]$ 内经过的路程 s.

对于匀速直线运动来说，基本计算公式为：路程＝速度×时间. 对于变速运动，此公式不再适用. 对照曲边梯形面积问题，如果我们将速度比作高度，则可以再一次使用积分思想来解决由常速到变速所带来的困难.

以下还是采取相似的“四步法”处理.

第一步：分割.

将时间段 $[T_1,T_2]$ 插入 $(n-1)$ 个计时点：

$$T_1=t_0<t_1<t_2<\cdots<t_{n-1}<t_n=T_2,$$

从而把$[T_1,T_2]$分成 n 个小段时间，且记 $\Delta t_i=t_i-t_{i-1}(1\leqslant i\leqslant n)$.

第二步：近似.

在任一小时间段$[t_{i-1},t_i]$上，由于 Δt_i 很小，可以认为速度不变，任取一个时刻 ξ_i，以 ξ_i 对应的瞬时速度 $v(\xi_i)$代替小时间段$[t_{i-1},t_i]$的速度，于是得到 Δt_i 时间段运动的路程近似值为

$$\Delta s_i\approx v(\xi_i)\Delta t_i.$$

第三步：求和.

由于在每个小时间段上的路程之和等于总时段上的路程，故整个路程 s 的近似值为

$$s\approx v(\xi_1)\Delta t_1+v(\xi_2)\Delta t_2+\cdots+v(\xi_n)\Delta t_n=\sum_{i=1}^{n}v(\xi_i)\Delta t_i.\text{（仍称为黎曼和）}$$

第四步：取极限.

记 $\lambda=\max\{\Delta t_1,\Delta t_2,\cdots,\Delta t_n\}$，当 $\lambda\to0$ 时，黎曼和的极限

$$s=\lim_{\lambda\to0}\sum_{i=1}^{n}v(\xi_i)\Delta t_i$$

便应是物体从时刻 T_1 到时刻 T_2 运动的路程.

以上两例的实际意义显然不同，但从数学关系上看，其特征与求法却完全一致.

事实上，还有许多问题都可以应用积分思想予以解决，因此，对这种方法进行系统的研究就变得十分必要. 这就引出了下面的定积分概念。

3. 定积分的定义

设函数 $f(x)$在区间$[a,b]$上有界，用分点

$$a=x_0<x_1<x_2<\cdots<x_{n-1}<x_n=b$$

把区间$[a,b]$分成 n 个小区间$[x_{i-1},x_i]$，其长度为 $\Delta x_i=x_i-x_{i-1}(i=1,2,\cdots,n)$. 在每个小区间$[x_{i-1},x_i]$上任取一点 ξ_i，并作函数值 $f(\xi_i)$与小区间长度 Δx_i 的乘积 $f(\xi_i)\Delta x_i$，相加后得到和式(称为黎曼和)

$$S_n=\sum_{i=1}^{n}f(\xi_i)\Delta x_i.$$

记 $\lambda=\max\{\Delta x_1,\Delta x_2,\cdots,\Delta x_n\}$，当 $\lambda\to0$ 时，如果黎曼和 S_n 的极限存在，而且此极限值与区间$[a,b]$的分法及 ξ_i 的取法无关，则称函数 $f(x)$在区间$[a,b]$上可积，称所得极限值为函数 $f(x)$在区间$[a,b]$上的**定积分**，记为 $I=\int_a^b f(x)\mathrm{d}x$，即

$$I=\lim_{\lambda\to0}\sum_{i=1}^{n}f(\xi_i)\Delta x_i=\int_a^b f(x)\mathrm{d}x.$$

其中 a 和 b 分别称为定积分的下限和上限，$[a,b]$称为积分区间，x 称为积分变量，$f(x)$称为被积函数，$f(x)\mathrm{d}x$ 称为被积表达式.

定积分作为和式的极限，是解决大量“求总量问题”的数学模型. 这种求和式极限的

方法，首先是用初等数学的手法，将积分区间分成有限的 n 个小段，每小段对应的值用乘积公式作近似，然后求和. 这里，无论 n 有多大，在第三步到来之前，n 总是一个确定的数，和式总是一个近似值，只是 n 的不同，近似程度不同罢了，要想得到精确值，初等数学可就束手无策了. 要想从量变到质变，就非得用"无限"的手法不可了，将$[a,b]$无限地细分，从而使 $n\to\infty$，通过取极限得到所求量的精确值，可见定积分的思想方法充分体现了整体与局部、总量与部分量、变量与常量、近似与精确、量变与质变等矛盾对立统一的辨证法.

以上定义是德国数学家黎曼于 1854 年严格给定的，故也称黎曼和定义. 关于此定义，我们还需作以下几点说明.

(1) 两个要素. 定积分的结果是一个常数，这个常数的大小取决于两个要素：被积函数 $f(x)$和积分区间$[a,b]$，与积分表达式的变量采用的字母无关，即

$$\int_a^b f(x)\mathrm{d}x = \int_a^b f(t)\mathrm{d}t.$$

(2) 几何意义. 由曲边梯形的面积问题及定义可知，闭区间$[a,b]$上的非负函数 $f(x)>0$ 的定积分 $\int_a^b f(x)\mathrm{d}x$ 表示由曲线 $y=f(x)$、x 轴、直线 $x=a$ 和 $x=b$ 所围的曲边梯形的面积. 特别地，当被积函数为 1 或积分区间长度为 0 时，便有

$$\int_a^b \mathrm{d}x = b-a \quad 及 \quad \int_a^a f(x)\mathrm{d}x = 0.$$

在理论问题中，有时候并不能确定积分上限和积分下限的大小关系，因此我们也容许积分下限大于积分上限，并约定以下转换公式：

$$\int_a^b f(x)\mathrm{d}x = -\int_b^a f(x)\mathrm{d}x.$$

(3) 物理意义. 由变速运动的路程问题及定义可知，运动物体的速度函数 $v(t)$$(T_1\leqslant t\leqslant T_2)$在其时间区间上的定积分 $s=\int_{T_1}^{T_2} v(t)\mathrm{d}t$ 表示它所行驶的路程.

(4) 可积问题. 对于以面积或路程为背景的定积分来说，所定义的极限

$$\lim_{\lambda\to 0}\sum_{i=1}^{n} f(\xi_i)\,\Delta x_i$$

的存在性应当无须怀疑，但如果这个极限没有实际问题支撑，则不能说它总是存在的. 黎曼曾经构造出一个有界函数，其积分就不存在. 但幸运的是可以证明，闭区间上的连续函数、有有限个第一类间断点的函数以及单调函数均是可积的. 对于应用问题来说，这一范围是足够的.

3.1.2 定积分的性质

在对定积分概念的背景有所了解之后，一个重要的问题便是如何计算定积分，或者说如何计算黎曼和的极限呢？这一极限的复杂程度决定了研究工作量的巨大. 在我们

得出简便可行的定积分计算公式之前,先来研究定积分的一些基本性质,重大问题的突破口往往来自于所做的基本研究.

为了简便起见,我们不妨假设所涉及的函数均是连续函数,因而定积分都存在.

以下积分性质的证明有些需要用到定积分的定义,因比较复杂,故而略去.但是我们必须弄清楚这些性质的意义及用途.

性质1　分项积分法

$$\int_a^b [k_1 f(x) + k_2 g(x)]\mathrm{d}x = k_1\int_a^b f(x)\mathrm{d}x + k_2\int_a^b g(x)\mathrm{d}x,$$

其中 k_1,k_2 为任意两个常数.这一性质表明:常数因子可以从积分中提出来,以及两个函数之和的积分等于分别积分之和.

性质2　分段积分法

$$\int_a^b f(x)\mathrm{d}x = \int_a^c f(x)\mathrm{d}x + \int_c^b f(x)\mathrm{d}x.$$

这一性质表明:使用定积分表示的量具有可加性,即整体等于部分之和.其物理意义是,在时间段$[a,b]$上的路程等于在时间段$[a,c]$和$[c,b]$上的路程之和(图 3.1.6).

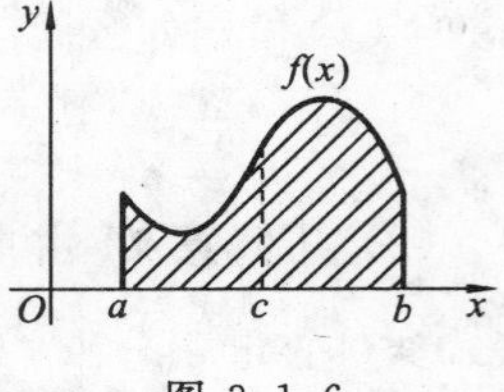

图 3.1.6

以上两个性质主要用于简化定积分的计算.

性质3　定积分的比较

若 $f(x)\leqslant g(x)$, $x\in[a,b]$,则

$$\int_a^b f(x)\mathrm{d}x \leqslant \int_a^b g(x)\mathrm{d}x.$$

这一性质表明:定积分可以保持被积函数的大小关系.结合几何意义和图 3.1.7 不难理解其含义.

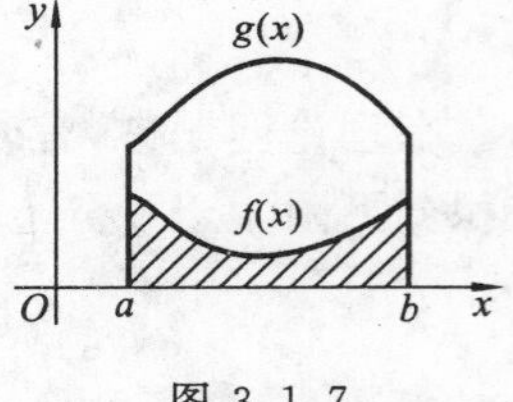

图 3.1.7

性质4　定积分的估计

若 $m\leqslant f(x)\leqslant M, x\in[a,b]$,则

$$m(b-a) \leqslant \int_a^b f(x)\mathrm{d}x \leqslant M(b-a).$$

证　由性质 3 可知

$$\int_a^b m\mathrm{d}x \leqslant \int_a^b f(x)\mathrm{d}x \leqslant \int_a^b M\mathrm{d}x.$$

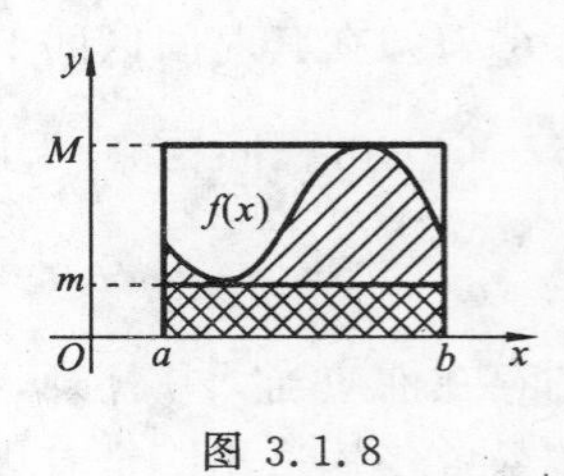

图 3.1.8

由性质 1 得　$\displaystyle\int_a^b m\mathrm{d}x = m\int_a^b \mathrm{d}x = m(b-a),$

$$\int_a^b M\mathrm{d}x = M\int_a^b \mathrm{d}x = M(b-a),$$

于是不等式成立.其几何意义见图 3.1.8.

性质5　积分中值定理

设 $f(x)$在$[a,b]$上连续,则在$[a,b]$上至少存在一点 ξ,使

$$\int_a^b f(x)\mathrm{d}x = f(\xi)\cdot(b-a).$$

证 由 $f(x)$在闭区间$[a,b]$上连续知，$f(x)$在$[a,b]$上必有最小值 m 和最大值 M，由性质 4 得

$$\int_a^b m\,\mathrm{d}x \leqslant \int_a^b f(x)\mathrm{d}x \leqslant \int_a^b M\mathrm{d}x.$$

这说明
$$m \leqslant \frac{1}{b-a}\int_a^b f(x)\mathrm{d}x \leqslant M,$$

即常数 $\frac{1}{b-a}\int_a^b f(x)\mathrm{d}x$ 介于 $f(x)$ 的最小值与最大值之间，再由闭区间连续函数的介值定理知，必有一点 $\xi\in[a,b]$，使得

$$f(\xi) = \frac{1}{b-a}\int_a^b f(x)\mathrm{d}x,$$

移动 $b-a$ 便得.

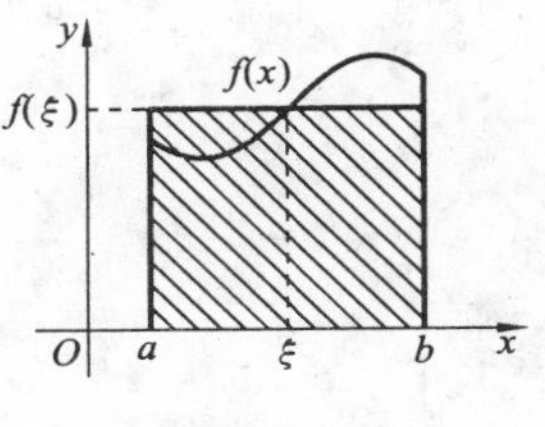

图 3.1.9

积分中值定理的几何意义见图 3.1.9，若 $f(x)$在$[a,b]$上连续，则以区间$[a,b]$为底，$f(x)$为曲顶的曲边梯形面积必定等于也以区间$[a,b]$为底，某点 $\xi\in[a,b]$对应的函数值 $f(\xi)$(假设 $f(x)>0$)为高的矩形面积. 而且，我们称

$$\frac{1}{b-a}\int_a^b f(x)\mathrm{d}x$$

为函数 $f(x)$在区间$[a,b]$上的**平均值**，它是有限个实数的算术平均值的推广.

例 2 比较定积分 $\int_1^{\mathrm{e}} \ln x\mathrm{d}x$ 与$\int_1^{\mathrm{e}} \ln^2 x\mathrm{d}x$ 的大小.

解 在区间$[1,\mathrm{e}]$上，$0\leqslant \ln x\leqslant 1$，故 $\ln^2 x\leqslant \ln x$，从而 $\int_1^{\mathrm{e}} \ln x\mathrm{d}x \geqslant \int_1^{\mathrm{e}} \ln^2 x\mathrm{d}x$.

例 3 估计定积分 $\int_0^{\pi}(1+\sqrt{\sin x})\mathrm{d}x$ 的值.

解 由于 $0\leqslant\sqrt{\sin x}\leqslant 1$，故 $1\leqslant 1+\sqrt{\sin x}\leqslant 2$，从而有

$$\pi = \int_0^{\pi} 1\mathrm{d}x \leqslant \int_0^{\pi}(1+\sqrt{\sin x})\mathrm{d}x \leqslant \int_0^{\pi} 2\mathrm{d}x = 2\pi,$$

即积分值在 π 与 2π 之间.

例 4 证明不等式 $\left|\int_a^b f(x)\mathrm{d}x\right| \leqslant \int_a^b |f(x)|\mathrm{d}x$.

证 由$-|f(x)|\leqslant f(x)\leqslant |f(x)|$及性质 3 得

$$-\int_a^b |f(x)|\mathrm{d}x \leqslant \int_a^b f(x)\mathrm{d}x \leqslant \int_a^b |f(x)|\mathrm{d}x,$$

此即
$$\left|\int_a^b f(x)\mathrm{d}x\right| \leqslant \int_a^b |f(x)|\mathrm{d}x.$$

例 5 某商店在 30 天的销售过程中，某货架上的商品件数由 300 件线性地下降到

60 件,试求货架上的月平均商品件数.

解 设 y 是第 t 天货存件数,$0\leqslant t\leqslant 30$,由题意知 y 是 t 的线性函数,且 $y(0)=300$,$y(30)=60$,于是 y 与 t 的关系为

$$y(t)=\frac{60-300}{30}t+300=-8t+300,\quad 0\leqslant t\leqslant 30.$$

由性质 5 中介绍的平均值计算公式得

$$\overline{y}=\frac{1}{30-0}\int_0^{30}y(t)\mathrm{d}t=\frac{1}{30}\int_0^{30}(-8t+300)\mathrm{d}t.$$

习题 3.1

1. 试用定积分定义的四步法表示一个长为 l 的细棒的质量 M,设细棒横截面面积为一个单位,线密度作为长度 x 的函数 $\mu(x)$.
2. 用定积分几何意义说明下列等式成立:

(1) $\int_a^b \mathrm{d}x=b-a$; (2) $\int_a^b x\mathrm{d}x=\frac{1}{2}(b^2-a^2)$;

(3) $\int_0^1\sqrt{1-x^2}\mathrm{d}x=\frac{\pi}{4}$; (4) $\int_{-\pi}^{\pi}\sin x\mathrm{d}x=0$;

(5) $\int_{-\frac{\pi}{2}}^{\frac{\pi}{2}}\cos x\mathrm{d}x=2\int_0^{\frac{\pi}{2}}\cos x\mathrm{d}x$.

3. 判断下列命题的正误:

(1) 若在区间$[a,b]$上总有 $f(x)\geqslant 0$,则$\int_a^b f(x)\mathrm{d}x\geqslant 0$;

(2) 若$\int_a^b f(x)\mathrm{d}x\geqslant 0$,则在区间$[a,b]$上恒有 $f(x)\geqslant 0$;

(3) 设 $f(x)$ 在区间$[a,c]$上可积,$a<b<c$,则$\int_a^b f(x)\mathrm{d}x=\int_a^c f(x)\mathrm{d}x+\int_c^b f(x)\mathrm{d}x$.

4. 叙述积分中值定理的条件与结论,并写出求函数平均值的公式.

参 考 答 案

1. $M=\lim\limits_{\lambda\to 0}\sum\limits_{i=1}^{n}\mu(\xi_i)\Delta x_i=\int_0^l\mu(x)\mathrm{d}x$.

3. (1) √; (2) ×; (3) √.

3.2 牛顿-莱布尼兹公式

为了求得定积分的值,利用其定义中的"分割、近似、求和、取极限"的过程来处理问题时往往相当麻烦,甚至失败. 17 世纪之前,数学家们用尽了各种招术去求定积分表示的值,方法是五花八门,但几乎都未找到求解的一般规律. 牛顿和莱布尼兹从纷乱的直观认识和说明中清理出有价值的思想,从众多的在特殊问题中建立起来的

方法与技巧中看到了其普遍性,从而建立了微积分.而微积分的基本定理,即牛顿-莱布尼兹公式的发现,则被认为是人类科学史上的一个重要的里程碑,它大大扩充了微积分本身的应用,推动了数学其他分支的发展,其伟大作用如何高估都不过分.如果我们将数学比作科学的皇后,则微积分就是皇冠,而微积分基本定理乃是皇冠正中那颗最耀眼的宝珠.

下面我们就来介绍微积分基本定理的内容.为了使微积分学基本定理表述得较为清楚,先引入两个概念:原函数和变上限积分.

3.2.1 原函数与变上限积分

定义 1 若函数 $F(x)$,$f(x)$都定义在同一区间上,并且满足 $F'(x)=f(x)$,则称 $F(x)$是 $f(x)$的一个**原函数**(等价于 $f(x)$是 $F(x)$的**导函数**).

例如,由于$(\sin x)'=\cos x$,$(x^2)'=2x$,故 $\sin x$ 是 $\cos x$ 的一个原函数,x^2 是 $2x$ 的一个原函数.

注意到由于 $\sin x$,$2+\sin x$,$3+\sin x$ 的导数都是 $\cos x$,可见对任何常数 C,$\sin x+C$ 都是 $\cos x$ 的原函数,即一个函数的原函数有无限多个.

定理 1 若 $F(x)$,$G(x)$都是 $f(x)$的原函数,则 $F(x)$与 $G(x)$仅差一个常数,即有

$$F(x)=G(x)+C \quad (C\text{ 为常数}).$$

因此,只要找到了 $f(x)$的一个原函数 $F(x)$,则 $F(x)+C$ 便是其所有的原函数,C 称为任意常数.

定义 2 若 $f(x)$在区间$[a,b]$上连续,$a\leqslant x\leqslant b$,则 $f(x)$在区间$[a,x]$上的定积分

$$\int_a^x f(x)\,\mathrm{d}x$$

称为 $f(x)$的**变上限**(积分上限 x 可以变动)**积分**.

注意到,在$\int_a^x f(x)\,\mathrm{d}x$ 中,变量 x 有两种不同的意义:一方面它表示定积分上限,另一方面又表示积分变量.由于定积分与积分变量采用的记号无关,为了避免混淆,将积分变量换成 t,于是上面的积分便可写成$\int_a^x f(t)\,\mathrm{d}t$,让 x 在区间$[a,b]$上移动,对于上限 x 的每一个值,定积分都有一个唯一确定的值与之对应.这样,在区间上就定义了一个一元函数,记作

$$G(x)=\int_a^x f(t)\,\mathrm{d}t.$$

当 $f(x)$非负时,由定积分的几何意义知,$G(x)$是图 3.2.1 中的阴影部分面积.

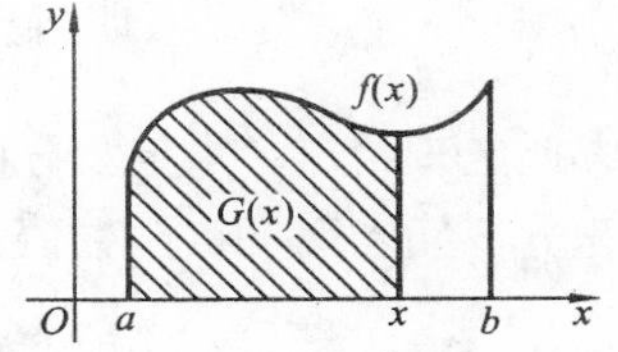

图 3.2.1

引入函数 $G(x)$的主要目的在于以下结果.

定理 2 若函数 $f(x)$在区间$[a,b]$上连续,则变上

限积分 $G(x)=\int_a^x f(t)\mathrm{d}t$ 是 $f(x)$ 的一个原函数,即

$$G'(x)=\frac{\mathrm{d}}{\mathrm{d}x}\int_a^x f(t)\mathrm{d}t=f(x).$$

证　直接依据导数的定义来证明.任给 x 的改变量 Δx,由于

$$\begin{aligned}\Delta G=G(x+\Delta x)-G(x)&=\int_a^{x+\Delta x}f(t)\mathrm{d}t-\int_a^x f(t)\mathrm{d}t\\&=\int_a^{x+\Delta x}f(t)\mathrm{d}t+\int_x^a f(t)\mathrm{d}t=\int_x^{x+\Delta x}f(t)\mathrm{d}t\\&=f(\xi)(x+\Delta x-x)=f(\xi)\Delta x,\end{aligned}$$ (应用定积分中值定理,ξ 在 x 与 $x+\Delta x$ 之间)

从而

$$G'(x)=\lim_{\Delta x\to 0}\frac{\Delta G}{\Delta x}=\lim_{\Delta x\to 0}f(\xi)=\lim_{\xi\to x}f(\xi)=f(x).$$

定理 2 说明,如果被积函数 $f(x)$ 连续,则它的变上限积分 $G(x)$ 就是它的一个原函数,即连续函数一定有原函数.因此,定理 2 也称为原函数存在定理.

例 1　设 $y=\int_0^x \sin t\mathrm{d}t$,求 $\frac{\mathrm{d}y}{\mathrm{d}x}$ 及 $\left.\frac{\mathrm{d}y}{\mathrm{d}x}\right|_{x=\frac{\pi}{4}}$.

解　由定理 2 知

$$\frac{\mathrm{d}y}{\mathrm{d}x}=\frac{\mathrm{d}}{\mathrm{d}x}\int_0^x \sin t\mathrm{d}t=\sin x,$$

$$\left.\frac{\mathrm{d}y}{\mathrm{d}x}\right|_{x=\frac{\pi}{4}}=\sin\frac{\pi}{4}=\frac{\sqrt{2}}{2}.$$

例 2　设 $I(x)=\int_x^1 t\mathrm{e}^{-t^2}\mathrm{d}t$,求 $I(x)$ 的导数.

解　因为 $I(x)=-\int_1^x t\mathrm{e}^{-t^2}\mathrm{d}t$,故由定理 2 得

$$I'(x)=-x\mathrm{e}^{-x^2}.$$

3.2.2　微积分学基本定理

有了以上准备,我们便可以介绍微积分学基本定理了.

定理 3　若函数 $f(x)$ 在区间 $[a,b]$ 上连续,$F(x)$ 是 $f(x)$ 的一个原函数,即

$$F'(x)=f(x),$$

则

$$\int_a^b f(x)\mathrm{d}x=F(b)-F(a)\xlongequal{\text{记作}}F(x)\Big|_a^b. \quad ①$$

此定理给出了求定积分的通用方法:只要能求出被积函数的一个原函数,则原函数在积分区间上两端点函数值之差,便是定积分之值(完全不用考虑黎曼和的极限!).

证　设 $F(x)$ 是 $f(x)$ 的一个原函数,由定理 2 知 $G(x)=\int_a^x f(t)\mathrm{d}t$ 也是 $f(x)$ 的一个原函数,由于同一个函数的两个原函数之间相差仅为一个常数,于是有等式

$$F(x)=G(x)+C.$$

在上式中令 $x=a$,注意到 $G(a)=\int_a^a f(t)\mathrm{d}t=0$,故得 $F(a)=C$.再令 $x=b$,得到

$$F(b)=G(b)+C=G(b)+F(a),$$

即

$$G(b)=F(b)-F(a).$$

显然,$G(b)=\int_a^b f(t)\mathrm{d}t=\int_a^b f(x)\mathrm{d}x$,因此,公式

$$\int_a^b f(x)\mathrm{d}x=F(b)-F(a)$$

成立.

称公式①为牛顿-莱布尼兹公式.

例 3 求 $\int_0^{\pi}\sin x\mathrm{d}x$.

解 由于 $-\cos x$ 是 $\sin x$ 的一个原函数,由定理 3 得

$$\int_0^{\pi}\sin x\mathrm{d}x=-\cos x\Big|_0^{\pi}=(-\cos\pi)-(-\cos 0)=2.$$

例 4 已知自由落体的速度 $v=gt$,重力加速度 g 为常数,求落体在时间区间 $[0,T_0]$内所下落的路程 s.

解 根据定积分的物理意义和定理 3,得

$$s=\int_0^{T_0}v(t)\mathrm{d}t=\int_0^{T_0}gt\mathrm{d}t=g\int_0^{T_0}t\mathrm{d}t=g\cdot\left(\frac{1}{2}t^2\right)\Big|_0^{T_0}$$

$$=\frac{1}{2}gT_0^2.\quad\left(\text{其中}\frac{1}{2}t^2\text{ 是 }t\text{ 的原函数}\right)$$

例 5 设 $f(x)=\begin{cases}1, & 0\leqslant x\leqslant 1,\\ \mathrm{e}^x, & 1<x\leqslant 3,\end{cases}$ 求 $\int_0^3 f(x)\mathrm{d}x$.

解 由于 $f(x)$是分段函数,应用定积分性质 2 分段处理,即

$$\int_0^3 f(x)\mathrm{d}x=\int_0^1 f(x)\mathrm{d}x+\int_1^3 f(x)\mathrm{d}x=\int_0^1\mathrm{d}x+\int_1^3\mathrm{e}^x\mathrm{d}x$$

$$=x\Big|_0^1+\mathrm{e}^x\Big|_1^3=1+\mathrm{e}^3-\mathrm{e}.$$

习题 3.2

1. 设 $F(x)=\int_0^x\sqrt{1+t^2}\mathrm{d}t$,求 $F'(x)$.

2. 求由参数方程 $x=\int_0^t\sin u\mathrm{d}u$,$y=\int_0^t\cos u\mathrm{d}u$ 表示的函数 y 对 x 的导数$\frac{\mathrm{d}y}{\mathrm{d}x}$.

3. 求下列定积分:

(1) $\int_0^1 x^2\mathrm{d}x$; (2) $\int_0^a(\mathrm{e}^x+1)\mathrm{d}x$; (3) $\int_0^t gx\mathrm{d}x$ (g 为常数).

4. 求下列定积分:

(1) 设 $f(x)=\begin{cases}x+1, & 0\leqslant x\leqslant 1,\\ 2e^{x}, & -1\leqslant x<0,\end{cases}$ 求 $\int_{-1}^{1}f(x)\mathrm{d}x$;

(2) $\int_{0}^{\pi}\sqrt{1-\sin^{2}x}\mathrm{d}x$.

参考答案

1. $\sqrt{1+x^{2}}$.

2. $\cot t$.

3. (1) $\frac{1}{3}$; (2) $e^{a}+a-1$; (3) $\frac{1}{2}gt^{2}$.

4. (1) $\frac{7}{2}-2e^{-1}$; (2) 2.

3.3 不定积分

成功地使用牛顿-莱布尼兹公式

$$\int_{a}^{b}f(x)\mathrm{d}x=F(b)-F(a)\quad (F'(x)=f(x))$$

的关键在于寻找 $f(x)$的原函数 $F(x)$. 对于像 e^{x},x^{2},$\sin x$,$\frac{1}{1+x^{2}}$这样的函数来说,只要熟悉求导公式便不难求得它们的原函数分别是 e^{x},$\frac{1}{3}x^{3}$,$-\cos x$,$\arctan x$ 等. 但对于稍稍变化的函数,例如,$e^{x}\sin x$,$x\arctan x$,$\frac{1}{1+\sqrt{x}}$,$\sin x^{2}$,$\frac{\sin x}{x}$等便不易看出原函数是什么. 为此,求原函数问题便是使用微积分学基本定理,从而是计算定积分的关键. 本节便系统地介绍计算函数的原函数的方法.

3.3.1 不定积分及其性质

一旦找到了 $f(x)$的一个原函数 $F(x)$,则可以证明 $F(x)+C$ (C为任意常数)便是 $f(x)$的全部原函数. 按照记号大师莱布尼兹的创造,将 $f(x)$的原函数全体记为

$$\int f(x)\mathrm{d}x.$$

记号 $\int f(x)\mathrm{d}x$ 一方面体现了函数 $f(x)$ 的作用,另一方面又与定积分记号 $\int_{a}^{b}f(x)\mathrm{d}x$ 相关联,其外在差别仅仅是没有积分区间. 通常称这一形式为 $f(x)$的不定积分(一旦把上、下限附上,即成为定积分).

按照莱布尼兹的规定,$f(x)$称为被积函数,是将要求其原函数的对象,x 称为积分

变量，$f(x)\mathrm{d}x$ 是被积表达式，而“d”是微分算符，“$\int$”是积分算符. 这两个算符有以下互逆性质：

定理 1 $\int \mathrm{d}F(x)=F(x)+C$, $\qquad \mathrm{d}\int f(x)\mathrm{d}x=f(x)\mathrm{d}x$,

或 $\int F'(x)\mathrm{d}x=F(x)+C$, $\qquad \left(\int f(x)\mathrm{d}x\right)'=f(x)$.

证 由记号 $\int f(x)\mathrm{d}x=F(x)+C$ 的含义知，此公式成立的充分必要条件是 $F'(x)=f(x)$. 由此不难验证以上各式的正确性.

例 1 $\left(\int 2x\mathrm{d}x\right)'=2x$, $\qquad \int (x^2)'\mathrm{d}x=x^2+C$,

$\mathrm{d}\int 2x\mathrm{d}x=2x\mathrm{d}x$, $\qquad \int \mathrm{d}x^2=x^2+C$.

3.3.2 积分法则与积分公式

由于原函数与导函数的联系，我们可以将求导规则与求导公式改造成积分规则与积分公式. 例如，由

$$(\mathrm{e}^x+x^2)'=(\mathrm{e}^x)'+(x^2)'=\mathrm{e}^x+2x$$

可知，e^x+2x 的原函数 e^x+x^2 是由 e^x 的原函数 e^x 与 $2x$ 的原函数 x^2 相加而成的，故推测一般的和函数 $f(x)+g(x)$ 的原函数应当也是由 $f(x)$ 的原函数 $F(x)$ 与 $g(x)$ 的原函数 $G(x)$ 相加而成的，即有如下性质.

性质 1 $\int (f(x)\pm g(x))\mathrm{d}x=\int f(x)\mathrm{d}x\pm\int g(x)\mathrm{d}x$.

类似地，考虑求导规则 $(kf(x))'=kf'(x)$，而得出对应的积分规则.

性质 2 $\int kf(x)\mathrm{d}x=k\int f(x)\mathrm{d}x$（$k$ 为常数）.

例 2 求 $\int (3\cos x+2\mathrm{e}^x)\mathrm{d}x$.

解 利用以上运算性质得

$$\text{原式}=3\int \cos x\mathrm{d}x+2\int \mathrm{e}^x\mathrm{d}x=3\sin x+C_1+2\mathrm{e}^x+C_2,$$

其中 C_1+C_2 仍为任意常数. 为简便起见，用一个任意常数即可，于是

$$\int (3\cos x+2\mathrm{e}^x)\mathrm{d}x=3\sin x+2\mathrm{e}^x+C.$$

根据定义可知，求不定积分相当于求导数的逆运算. 于是，将基本初等函数的导数公式进行适当的改造，便可获得基本初等函数的不定积分基本公式：

(1) $\int 0\mathrm{d}x=C$;

(2) $\int x^a \mathrm{d}x = \dfrac{1}{a+1}x^{a+1} + C\ (a \neq -1)$;

(3) $\int \dfrac{1}{x}\mathrm{d}x = \ln|x| + C$;

(4) $\int \mathrm{e}^x \mathrm{d}x = \mathrm{e}^x + C$;

(5) $\int a^x \mathrm{d}x = \dfrac{a^x}{\ln a} + C$;

(6) $\int \cos x \mathrm{d}x = \sin x + C$;

(7) $\int \sin x \mathrm{d}x = -\cos x + C$;

(8) $\int \sec^2 x \mathrm{d}x = \tan x + C$;

(9) $\int \csc^2 x \mathrm{d}x = -\cot x + C$;

(10) $\int \dfrac{1}{\sqrt{1-x^2}}\mathrm{d}x = \arcsin x + C = -\arccos x + C$;

(11) $\int \dfrac{1}{1+x^2}\mathrm{d}x = \arctan x + C = -\operatorname{arccot} x + C$.

例 3 求 $I = \int\left(1 + \dfrac{1}{x^2} + \dfrac{1}{\sqrt{x}}\right)\mathrm{d}x$.

解 此题的被积函数是三个幂函数之和,利用性质 1 及不定积分基本公式(2),得

$$I = \int \mathrm{d}x + \int x^{-2}\mathrm{d}x + \int x^{-\frac{1}{2}}\mathrm{d}x = x + \frac{x^{-2+1}}{-2+1} + \frac{x^{-\frac{1}{2}+1}}{-\frac{1}{2}+1} + C$$

$$= x - \frac{1}{x} + 2\sqrt{x} + C.$$

例 4 求 $I = \int \dfrac{x^2}{1+x^2}\mathrm{d}x$.

解 $I = \int \dfrac{x^2+1-1}{1+x^2}\mathrm{d}x = \int\left(1 - \dfrac{1}{1+x^2}\right)\mathrm{d}x = \int \mathrm{d}x - \int \dfrac{1}{1+x^2}\mathrm{d}x$

$= x - \arctan x + C$.

例 5 求以下不定积分:

(1) $\int \dfrac{\cos 2x}{\cos x - \sin x}\mathrm{d}x$; (2) $\int \tan^2 x \mathrm{d}x$; (3) $\int \sin^2 \dfrac{x}{2}\mathrm{d}x$.

解 (1) $\int \dfrac{\cos 2x}{\cos x - \sin x}\mathrm{d}x = \int \dfrac{\cos^2 x - \sin^2 x}{\cos x - \sin x}\mathrm{d}x = \int(\cos x + \sin x)\mathrm{d}x$

$$= \sin x - \cos x + C.$$

(2) $\int \tan^2 x\mathrm{d}x = \int \frac{\sin^2 x}{\cos^2 x}\mathrm{d}x = \int \frac{1-\cos^2 x}{\cos^2 x}\mathrm{d}x = \int \frac{1}{\cos^2 x}\mathrm{d}x - \int \mathrm{d}x = \tan x - x + C.$

(3) $\int \sin^2 \frac{x}{2}\mathrm{d}x = \int \frac{1-\cos x}{2}\mathrm{d}x = \frac{1}{2}\int \mathrm{d}x - \frac{1}{2}\int \cos x\mathrm{d}x = \frac{1}{2}x - \frac{1}{2}\sin x + C.$

以上各例都是利用积分的两个运算性质把一个较复杂的积分化成若干个可以套积分公式表的积分，这种方法称为**分项积分法**.

3.3.3 积分法

求函数的原函数和不定积分的方法称为积分法.

由于原函数的定义不是构造式的，故相比求导问题，求原函数问题显得比较困难. 原则上讲，连续函数的原函数都存在，但是却不一定总能求得出来. 在这方面，人们总结出许多有效的规则和方法，主要有分项积分法、凑微分法、换元法和分部积分法.

由于积分公式比较多，也由于许多积分的计算取决于被积函数的特点. 因此，掌握积分法需要进行较多的练习.

1. 凑微分法

凑微分法的基本想法是扩大积分表的应用范围，使之能计算更多的与积分表中的函数相类似的不定积分.

例如，积分表中的公式 $\int \mathrm{e}^x \mathrm{d}x = \mathrm{e}^x + C$，可否用来计算

$$\int \mathrm{e}^{3x}\mathrm{d}x,\quad \int x\mathrm{e}^{x^2}\mathrm{d}x,\quad \int \frac{1}{1+x^2}\mathrm{e}^{\arctan x}\mathrm{d}x?$$

利用微分运算 d 的运算规则，引进适当的积分变量 u，便可以计算以上积分. 解法如下：

$$\int \mathrm{e}^{3x}\mathrm{d}x = \frac{1}{3}\int \mathrm{e}^{3x}\mathrm{d}3x = \frac{1}{3}\int \mathrm{e}^u\mathrm{d}u = \frac{1}{3}\mathrm{e}^u + C == \frac{1}{3}\mathrm{e}^{3x} + C;\quad (\text{令 } u = 3x)$$

$$\int x\mathrm{e}^{x^2}\mathrm{d}x = \frac{1}{2}\int \mathrm{e}^{x^2}\mathrm{d}x^2 = \frac{1}{2}\int \mathrm{e}^u\mathrm{d}u = \frac{1}{2}\mathrm{e}^u + C == \frac{1}{2}\mathrm{e}^{x^2} + C;\quad (\text{令 } u = x^2)$$

$$\int \frac{1}{1+x^2}\mathrm{e}^{\arctan x}\mathrm{d}x = \int \mathrm{e}^{\arctan x}\mathrm{d}\arctan x = \int \mathrm{e}^u\mathrm{d}u$$

$$= \mathrm{e}^u + C = \mathrm{e}^{\arctan x} + C.\quad (\text{令 } u = \arctan x)$$

可以通过求导的方法验证以上计算的结果是正确的，解法的关键在于利用微分计算使所给积分归结为 $\int \mathrm{e}^u\mathrm{d}u\ (u = u(x))$，从而应用积分公式得出原函数，最后回代原变量 x. 从表面上看，变化过程主要是向微分号 d 的右边凑入适当的 $u(x)$，因而称此方法为凑微分法. 此方法的完整叙述如下.

定理 2(凑微分法) 设 $F(u)$ 是 $f(u)$ 的原函数，$u=\varphi(x)$ 可导，则 $F[\varphi(x)]$ 是 $f[\varphi(x)]\varphi'(x)$ 的原函数. 用积分记号表示便是

若 $\int f(x)\mathrm{d}x = F(x) + C$，则

$$\int f[\varphi(x)]\varphi'(x)\mathrm{d}x = \int f[\varphi(x)]\mathrm{d}\varphi(x) = F[\varphi(x)] + C.$$

证 令 $G(x) = F[\varphi(x)]$，根据复合函数求导法则，有

$$\frac{\mathrm{d}G(x)}{\mathrm{d}x} = \frac{\mathrm{d}F(u)}{\mathrm{d}u} \cdot \frac{\mathrm{d}u}{\mathrm{d}x} = F'(u) \cdot u'(x) = f[\varphi(x)]\varphi'(x),$$

故 $G(x)$ 是 $f[\varphi(x)]\varphi'(x)$ 的原函数，于是

$$\int f[\varphi(x)]\varphi'(x)\mathrm{d}x = F[\varphi(x)] + C.$$

由定理 2 知，将基本积分表公式中的变量 x 都换作 x 的函数 $u(x)$ 后，该公式仍成立.

例 6 求 $\int 2x\cos x^2 \mathrm{d}x$.

解 注意到基本积分表中有公式

$$\int \cos x \mathrm{d}x = \sin x + C,$$

将 x 换作 x 的函数 $u(x)$ 后，得到一个推广的公式

$$\int \cos u \mathrm{d}u = \sin u + C.$$

于是，

$$\int 2x\cos x^2 \mathrm{d}x = \int \cos x^2 (2x\mathrm{d}x) = \int \cos x^2 \mathrm{d}x^2 \quad (\text{令 } u = x^2)$$

$$= \int \cos u \mathrm{d}u = \sin u + C = \sin x^2 + C.$$

例 7 求 $\int x^2(x^3+1)^4 \mathrm{d}x$.

解
$$\int x^2(x^3+1)^4 \mathrm{d}x = \frac{1}{3}\int (x^3+1)^4(3x^2\mathrm{d}x) = \frac{1}{3}\int (x^3+1)^4 \mathrm{d}x^3$$

$$= \frac{1}{3}\int (x^3+1)^4 \mathrm{d}(x^3+1) \quad (\text{令 } u = x^3+1)$$

$$= \frac{1}{3}\int u^4 \mathrm{d}u = \frac{1}{3} \cdot \frac{1}{5}u^5 + C = \frac{1}{15}(x^3+1)^5 + C.$$

例 8 求 $\int \tan x \mathrm{d}x$.

解
$$\int \tan x \mathrm{d}x = \int \frac{\sin x}{\cos x}\mathrm{d}x = -\int \frac{\mathrm{d}\cos x}{\cos x} \quad (\text{令 } u = \cos x)$$

$$= -\int \frac{\mathrm{d}u}{u} = -\ln|u| + C = -\ln|\cos x| + C.$$

在凑微分时应注意微分中乘一常数与加一常数的区别，即

$$\mathrm{d}\varphi(x) = \frac{1}{k}\mathrm{d}k\varphi(x), \quad \mathrm{d}\varphi(x) = \mathrm{d}[\varphi(x) + k].$$

有些稍复杂的积分需先做适当的变形，才能看出中间变量 $u(x)$ 应当采取的形式，请看下面几例.

例 9 求 $\int \frac{1}{ax+b}\mathrm{d}x$.

解 $\int \frac{1}{ax+b}\mathrm{d}x = \int \frac{1}{ax+b}\cdot\frac{1}{a}\mathrm{d}(ax+b) = \frac{1}{a}\int\frac{1}{u}\mathrm{d}u = \frac{1}{a}\ln|u|+C$

$$=\frac{1}{a}\ln|ax+b|+C.$$

例 10 求 $\int \frac{1}{a^2+x^2}\mathrm{d}x\ (a\neq 0)$.

解 $\int \frac{1}{a^2+x^2}\mathrm{d}x = \frac{1}{a^2}\int\frac{\mathrm{d}x}{1+(\frac{x}{a})^2} = \frac{1}{a}\int\frac{1}{1+(\frac{x}{a})^2}\mathrm{d}\frac{x}{a} = \frac{1}{a}\int\frac{1}{1+u^2}\mathrm{d}u$

$$=\frac{1}{a}\arctan u + C = \frac{1}{a}\arctan\frac{x}{a}+C.$$

例 11 求 $\int \frac{x\mathrm{d}x}{\sqrt{a^2-x^2}}$.

解 $\int \frac{x\mathrm{d}x}{\sqrt{a^2-x^2}} = \int\frac{-\frac{1}{2}(-2x)\mathrm{d}x}{\sqrt{a^2-x^2}} = -\frac{1}{2}\int(a^2-x^2)^{-\frac{1}{2}}\mathrm{d}(a^2-x^2)$

$$=-\frac{1}{2}\int u^{-\frac{1}{2}}\mathrm{d}u = -\frac{1}{2}\cdot 2u^{\frac{1}{2}}+C = -\sqrt{a^2-x^2}+C.$$

计算熟练后，往往可不写出中间变量.

例 12 求 $\int \frac{\mathrm{d}x}{\mathrm{e}^x+\mathrm{e}^{-x}}$.

解 $\int \frac{\mathrm{d}x}{\mathrm{e}^x+\mathrm{e}^{-x}} = \int\frac{\mathrm{e}^x\mathrm{d}x}{\mathrm{e}^x(\mathrm{e}^x+\mathrm{e}^{-x})} = \int\frac{\mathrm{d}\mathrm{e}^x}{1+(\mathrm{e}^x)^2} = \arctan\mathrm{e}^x + C.$

例 13 求 $\int \frac{\mathrm{d}x}{x^2-4}$.

解 $\int \frac{\mathrm{d}x}{x^2-4} = \frac{1}{4}\int(\frac{1}{x-2}-\frac{1}{x+2})\mathrm{d}x = \frac{1}{4}\int\frac{\mathrm{d}(x-2)}{x-2} - \frac{1}{4}\int\frac{\mathrm{d}(x+2)}{x+2}$

$$=\frac{1}{4}\ln|x-2| - \frac{1}{4}\ln|x+2| = \frac{1}{4}\ln\left|\frac{x-2}{x+2}\right|+C.$$

例 14 求 $\int(ax+b)^m\mathrm{d}x\quad(m\neq -1)$.

解 原积分 $=\frac{1}{a}\int(ax+b)^m\mathrm{d}(ax+b) = \frac{1}{a(m+1)}(ax+b)^{m+1}+C.$

例 15 求 $\int\sin^2 x\mathrm{d}x$.

解 原积分$=\int\frac{1-\cos2x}{2}\mathrm{d}x=\frac{1}{2}\int\mathrm{d}x-\frac{1}{4}\int\cos2x\mathrm{d}(2x)=\frac{1}{2}x-\frac{1}{4}\sin2x+C.$

例 16 求$\int\frac{\arctan x}{1+x^2}\mathrm{d}x.$

解 原积分$=\int\arctan x\mathrm{d}\arctan x=\frac{1}{2}(\arctan x)^2+C.$

例 17 求$\int\frac{\ln x}{x\sqrt{1+(\ln x)^2}}\mathrm{d}x.$

解 原积分$=\int\frac{\ln x}{\sqrt{1+(\ln x)^2}}\mathrm{d}\ln x=\frac{1}{2}\int[1+(\ln x)^2]^{-\frac{1}{2}}\mathrm{d}(\ln x)^2$

$$=\frac{1}{2}\int[1+(\ln x)^2]^{-\frac{1}{2}}\mathrm{d}[1+(\ln x)^2]=[1+\ln^2x]^{\frac{1}{2}}+C.$$

2. 换元积分法

在凑微分法中,由于采用了合适的代换 $u=\varphi(x)$,并以它作为积分变量,从而套用基本积分公式算出.这一方法虽然不能总是奏效,但是引进新的积分变量来化简积分的思想倒是给我们以启发,因而有以下的换元积分法.

定理 3 设 $x=\varphi(t)$可导,且 $\varphi'(t)\neq0$,又 $f[\varphi(t)]\varphi'(t)$有原函数 $F(t)$,则

$$\int f(x)\mathrm{d}x=\int f[\varphi(t)]\varphi'(t)\mathrm{d}t=F(t)+C=F[\varphi^{-1}(x)]+C,$$

其中 $t=\varphi^{-1}(x)$是 $x=\varphi(t)$的反函数.

证 依不定积分的定义,只需证明$\{F[\varphi^{-1}(x)]\}'=f(x)$即可.

利用复合函数求导法则和反函数求导法则,及条件

$$F'(t)=f[\varphi(t)]\varphi'(t),$$

得

$$\{F[\varphi^{-1}(x)]\}'=\frac{\mathrm{d}F}{\mathrm{d}t}\cdot\frac{\mathrm{d}t}{\mathrm{d}x}=f[\varphi(t)]\varphi'(t)\cdot\frac{1}{\frac{\mathrm{d}x}{\mathrm{d}t}}$$

$$=f[\varphi(t)]\cdot\varphi'(t)\cdot\frac{1}{\varphi'(t)}$$

$$=f[\varphi(t)]=f(x),$$

故有

$$\int f(x)\mathrm{d}x=F[\varphi^{-1}(x)]+C.$$

例 18 求$\int\frac{\sin\sqrt{x}}{\sqrt{x}}\mathrm{d}x.$

解 此题可以用凑微分法求解,但用换元法消除根号可能更加自然,为此设$\sqrt{x}=t$,即 $x=t^2$,于是 $\mathrm{d}x=2t\mathrm{d}t$,那么

$$\int\frac{\sin\sqrt{x}}{\sqrt{x}}\mathrm{d}x=\int\frac{\sin t}{t}\cdot2t\mathrm{d}t=2\int\sin t\mathrm{d}t=-2\cos t+C=-2\cos\sqrt{x}+C.$$

3. 分部积分法

换元积分法是基于复合函数的求导法则推导而来,下面的分部积分法则是由乘积函数的求导法则转换而得.

将乘积求导法则

$$[u(x)v(x)]'=u(x)v'(x)+v(x)u'(x),$$

改写为

$$u(x)v'(x)=[u(x)v(x)]'-v(x)u'(x),$$

两边取不定积分,由不定积分性质便得到

$$\int u(x)v'(x)\mathrm{d}x = u(x)v(x)-\int v(x)u'(x)\mathrm{d}x,$$

或简写成

$$\int u\mathrm{d}v = uv-\int v\mathrm{d}u.$$

这就是分部积分公式.此公式说明,如果求$\int u(x)v'(x)\mathrm{d}x$较困难,而$\int v(x)u'(x)\mathrm{d}x$却容易求得,我们便采用此公式进行转换.分部积分公式主要用于乘积函数的积分.

例 19 求$\int x\cos x\mathrm{d}x$.

解 取$u(x)=x,v'(x)=\cos x$,则

$$\mathrm{d}u=\mathrm{d}x,\quad v=\sin x.$$

套用分部积分公式,得

$$\int x\cos x\mathrm{d}x = x\sin x-\int \sin x\mathrm{d}x = x\sin x+\cos x+C.$$

例 20 求$\int x\mathrm{e}^{-x}\mathrm{d}x$.

解 取$u(x)=x,v'(x)=\mathrm{e}^{-x}$,则

$$\mathrm{d}u=\mathrm{d}x,\quad v=-\mathrm{e}^{-x}.$$

套用分部积分公式,得

$$\int x\mathrm{e}^{-x}\mathrm{d}x=-x\mathrm{e}^{-x}+\int \mathrm{e}^{-x}\mathrm{d}x=-x\mathrm{e}^{-x}-\mathrm{e}^{-x}+C.$$

上述两例是将幂函数x视为$u(x)$,将$\cos x$和e^{-x}视为$v'(x)$,读者不妨交换一下,将$\cos x$和e^{-x}视为$u(x)$,将x视为$v'(x)$,结果会发现问题变得更为复杂.这说明使用分部积分法时,选取$u(x)$与$v'(x)$十分关键,选择不当可能陷入困境.

一般来说,在常见函数中,选择函数$u(x)$的基本次序为:反三角函数,对数函数,幂函数,指数函数,等等.

例 21 求$\int x\arctan x\mathrm{d}x$.

解 取$u(x)=\arctan x,v'(x)=x$,则$\mathrm{d}u=\frac{1}{1+x^2}\mathrm{d}x,v=\frac{1}{2}x^2$,于是

$$\int x\arctan x\mathrm{d}x = \frac{1}{2}x^2\arctan x - \int \frac{1}{2}x^2\frac{1}{1+x^2}\mathrm{d}x$$
$$= \frac{1}{2}x^2\arctan x - \frac{1}{2}\int\frac{x^2+1-1}{1+x^2}\mathrm{d}x$$
$$= \frac{1}{2}x^2\arctan x - \frac{1}{2}(x-\arctan x)+C.$$

例 22 求$\int\ln x\mathrm{d}x$.

解 取 $u(x)=\ln x$,则 $\mathrm{d}v=\mathrm{d}x,\mathrm{d}u=\frac{1}{x}\mathrm{d}x,v=x$,于是

$$\int\ln x\mathrm{d}x = x\ln x - \int x\cdot\frac{1}{x}\mathrm{d}x = x\ln x - x + C.$$

例 23 求 $I=\int\mathrm{e}^x\sin x\mathrm{d}x$.

解 $I=\int\sin x\mathrm{d}\mathrm{e}^x = \mathrm{e}^x\sin x - \int\mathrm{e}^x\mathrm{d}\sin x = \mathrm{e}^x\sin x - \int\mathrm{e}^x\cos x\mathrm{d}x$

$$= \mathrm{e}^x\sin x - \int\cos x\mathrm{d}\mathrm{e}^x = \mathrm{e}^x\sin x - \left(\mathrm{e}^x\cos x - \int\mathrm{e}^x\mathrm{d}\cos x\right)$$
$$= \mathrm{e}^x(\sin x-\cos x) - \int\mathrm{e}^x\sin x\mathrm{d}x = \mathrm{e}^x(\sin x - \cos x) - I.$$

解上述方程式,得

$$I=\int\mathrm{e}^x\sin x\mathrm{d}x = \frac{1}{2}\mathrm{e}^x(\sin x-\cos x)+C.$$

例 23 的求解过程中,用了两次分部积分公式后,右端又出现了原来的积分,最后用解代数方程的方法解得要求的积分,这种方法值得注意.

习题 3.3

1. 判断下列命题的正误:

(1) 0 的不定积分是 0; (2) 两个函数相同时,它们的不定积分也相同;

(3) $\int\mathrm{e}^{2x}\mathrm{d}x = \mathrm{e}^{2x}+C$; (4) $\int\mathrm{e}^{2x}\mathrm{d}x = \frac{1}{2}\mathrm{e}^{2x}+C$.

2. 设函数 $F(x)$满足 $F'(x)=(3x-5)(1-x)$,$F(1)=3$,求 $F(x)$.

3. 推导积分公式表中的公式(3).

4. 求下列不定积分:

(1) $\int(x^2-2x+3)\mathrm{d}x$; (2) $\int\sqrt[3]{x^2}\mathrm{d}x$;

(3) $\int x^{-3}\mathrm{d}x$; (4) $\int(2^x-3^x)^2\mathrm{d}x$;

(5) $\int\left(\sqrt{2}x^3-\mathrm{e}^x+3\sin x-\frac{5}{x}\right)\mathrm{d}x$; (6) $\int\frac{x^2-1}{x^2+1}\mathrm{d}x$;

(7) $\int \frac{1}{\sin^2 x\cos^2 x}\mathrm{d}x$；　(8) $\int \frac{\sqrt{1-x^2}-x}{x\sqrt{1-x^2}}\mathrm{d}x$.

5. 已知某曲线上任一点处的切线斜率与该点的横坐标成正比，又曲线经过点 $A(1,3)$，并且点 A 处曲线的切线倾角为 $45°$，求此曲线方程.

6. 某湖泊受到一种有害物质的污染. 设该有害物质的含量 m 与时间 t 的函数关系为 $m=A(t)$，据测定，污染物的增长速度为

$$A'(t)=\frac{3(t^{\frac{1}{4}}+3)^2}{4t^{\frac{3}{4}}}.$$

设 t 是以年为单位. 若时间 $t=0$ 时，该有害物质的含量为 27 单位. 求：(1) 函数 $A(t)$；(2) 16 年后该有害物质的含量 $A(16)$.

7. 求下列不定积分：

(1) $\int \mathrm{e}^{2x}\mathrm{d}x$；　(2) $\int 2x\sin x^2\mathrm{d}x$；

(3) $\int \sqrt{3x}\mathrm{d}x$；　(4) $\int \sqrt{2+3x}\mathrm{d}x$；

(5) $\int (1-x)^2\mathrm{d}x$；　(6) $\int x(1+2x^2)^2\mathrm{d}x$；

(7) $\int \frac{1}{2x-1}\mathrm{d}x$；　(8) $\int \frac{1}{\sqrt{4-x^2}}\mathrm{d}x$；

(9) $\int \frac{\mathrm{e}^x}{1+\mathrm{e}^x}\mathrm{d}x$；　(10) $\int \cos(3x+1)\mathrm{d}x$；

(11) $\int \cot x\mathrm{d}x$；　(12) $\int \frac{\sin x}{(1+\cos x)^3}\mathrm{d}x$；

(13) $\int \frac{1}{x\ln x}\mathrm{d}x$；　(14) $\int \frac{1}{3^x}\mathrm{d}x$.

8. 求下列不定积分：

(1) $\int \frac{1}{\sqrt{x}}\mathrm{e}^{3\sqrt{x}}\mathrm{d}x$；　(2) $\int x\sqrt{1-x}\mathrm{d}x$；

(3) $\int \frac{\mathrm{d}x}{1+\sqrt{2x}}$；　(4) $\int \sqrt{1-x^2}\mathrm{d}x$.

9. 用分部积分法求下列不定积分：

(1) $\int x\sin x\mathrm{d}x$；　(2) $\int \arcsin x\mathrm{d}x$；

(3) $\int x^2\ln x\mathrm{d}x$；　(4) $\int x\mathrm{e}^{-2x}\mathrm{d}x$.

参 考 答 案

1. (1) ×；(2) √；(3) ×；(4) √.

2. $-x^3+4x^2-5x+5$.

4. (1) $\frac{x^3}{3}-x^2+3x+C$；(2) $\frac{3}{5}x^{\frac{5}{3}}+C$；(3) $-\frac{1}{2x^2}+C$；

(4) $\frac{4^x}{\ln 4}-\frac{2}{\ln 6}6^x+\frac{9^x}{\ln 9}+C$; (5) $\frac{\sqrt{2}}{4}x^4-e^x-3\cos x-5\ln|x|+C$;

(6) $x-2\arctan x+C$; (7) $\tan x-\cot x+C$; (8) $\ln|x|-\arcsin x+C$.

5. $y=\frac{1}{2}x^2+\frac{5}{2}$.

6. (1) $A(t)=\int\frac{3(t^{\frac{1}{4}}+3)^2}{4t^{\frac{3}{4}}}dt=t^{\frac{3}{4}}+9t^{\frac{1}{2}}+27t^{\frac{1}{4}}+27$; (2) $A(16)=125$.

7. (1) $\frac{1}{2}e^{2x}+C$; (2) $-\cos x^2+C$; (3) $\frac{2}{9}(3x)^{\frac{3}{2}}+C$; (4) $\frac{2}{9}(2+3x)^{\frac{3}{2}}+C$;

(5) $-\frac{1}{3}(1-x)^3+C$; (6) $\frac{1}{12}(1+2x^2)^3+C$; (7) $\frac{1}{2}\ln|2x-1|+C$;

(8) $\arcsin\frac{x}{2}+C$; (9) $\ln(1+e^x)+C$; (10) $\frac{1}{3}\sin(3x+1)+C$;

(11) $\ln|\sin x|+C$; (12) $\frac{1}{2(1+\cos x)^2}+C$; (13) $\ln|\ln x|+C$; (14) $-\frac{1}{3^x\ln 3}+C$.

8. (1) $\frac{2}{3}e^{3\sqrt{x}}+C$; (2) $-\frac{2}{3}(1-x)^{\frac{3}{2}}+\frac{2}{5}(1-x)^{\frac{5}{2}}+C$;

(3) $\sqrt{2x}-\ln(1+\sqrt{2x})+C$; (4) $\frac{1}{2}\arcsin x+\frac{1}{2}x\sqrt{1-x^2}+C$.

9. (1) $-x\cos x+\sin x+C$; (2) $x\arcsin x+\sqrt{1-x^2}+C$;

(3) $\frac{1}{3}x^3\ln x-\frac{1}{9}x^3+C$; (4) $-\frac{1}{2}e^{-2x}\left(x+\frac{1}{2}\right)+C$.

3.4 定积分计算

有了微积分基本定理,并且学会了求原函数,定积分的计算问题本质上便已解决:首先求出积分的原函数,再代入上、下限求出积分值.但人们发现,有时候将这两个步骤同时进行,会使计算更加快捷.为此,我们将上面的积分法推广到定积分.

3.4.1 定积分的换元法

定理1 设函数 $f(x)$在区间$[a,b]$上连续,作变换 $x=\varphi(t)$ $(\alpha\leqslant t\leqslant\beta)$,如果

(1) $\varphi'(t)$在区间$[\alpha,\beta]$上连续;

(2) 当 t 从 α 变到 β 时,$\varphi(t)$从 $\varphi(\alpha)=a$ 单调地变到 $\varphi(\beta)=b$,

则有

$$\int_a^b f(x)dx=\int_\alpha^\beta f[\varphi(t)]\varphi'(t)dt.$$

证 设 $F(x)$是 $f(x)$的原函数,即 $F'(x)=f(x)$,于是

$$\frac{d}{dt}F(\varphi(t))=F'(\varphi(t))\cdot\varphi'(t),$$

即 $F(\varphi(t))$是 $f(\varphi(t))\varphi'(t)$的原函数.因此

$$\int_{\alpha}^{\beta} f(\varphi(t))\varphi'(t)\mathrm{d}t = F(\varphi(t))\Big|_{\alpha}^{\beta} = F(\varphi(\beta)) - F(\varphi(\alpha)).$$

而
$$\int_{a}^{b} f(x)\mathrm{d}x = F(b) - F(a) = F(\varphi(\beta)) - F(\varphi(\alpha)),$$

两式比较,便得定积分换元公式.

例 1 计算 $\int_0^4 \frac{1}{1+\sqrt{x}}\mathrm{d}x$.

解 令$\sqrt{x}=t$,即 $x=t^2(t\geqslant 0)$,于是 $\mathrm{d}x=2t\mathrm{d}t$. 又 x 从 0 变化到 4 时,t 从 0 变化到 2,从而

$$\int_0^4 \frac{\mathrm{d}x}{1+\sqrt{x}} = \int_0^2 \frac{1}{1+t}\cdot 2t\mathrm{d}t = 2\int_0^2 \frac{t+1-1}{1+t}\mathrm{d}t = 2\left[\int_0^2 \mathrm{d}t - \int_0^2 \frac{1}{1+t}\mathrm{d}t\right]$$
$$= 2\left[t\Big|_0^2 - \ln(1+t)\Big|_0^2\right] = 2(2-\ln 3).$$

例 2 计算 $\int_0^a \sqrt{a^2-x^2}\mathrm{d}x\ (a>0)$.

解 令 $x=a\sin t$,则 $\mathrm{d}x=\mathrm{d}(a\sin t)=a\cos t\mathrm{d}t$,且当 x 从 0 变化到 a 时,t 从 0 变化到 $\frac{\pi}{2}$,于是

$$\int_0^a \sqrt{a^2-x^2}\mathrm{d}x = \int_0^{\frac{\pi}{2}} a\cos t\cdot a\cos t\mathrm{d}t = a^2\int_0^{\frac{\pi}{2}}\cos^2 t\mathrm{d}t = a^2\int_0^{\frac{\pi}{2}}\frac{1+\cos 2t}{2}\mathrm{d}t$$
$$= \frac{a^2}{2}\left(t+\frac{\sin 2t}{2}\right)\Big|_0^{\frac{\pi}{2}} = \frac{1}{4}\pi a^2.$$

由以上例题,我们注意到在应用定积分换元法化简被积函数的同时,应当同步变更积分限,且之后无须再换回原来的积分变量.

定积分换元公式不仅可以用于计算积分值,还可以推导出一些重要的积分恒等式.

例 3 若 $f(t)$为偶函数,即 $f(-x)=f(x)$,试证:

$$\int_{-a}^{a} f(x)\mathrm{d}x = 2\int_0^a f(x)\mathrm{d}x.$$

证 $\int_{-a}^{a} f(x)\mathrm{d}x = \int_0^a f(x)\mathrm{d}x + \int_{-a}^{0} f(x)\mathrm{d}x \xlongequal{\text{记}} I_1 + I_2.$

I_2 中令 $x=-t$,则 $\mathrm{d}x=-\mathrm{d}t$,再换上、下限:$x=-a$ 换为 $t=a$,$x=0$ 换为 $t=0$,于是

$$I_2 = \int_a^0 f(-t)(-\mathrm{d}t) = -\int_a^0 f(t)\mathrm{d}t = \int_0^a f(t)\mathrm{d}t = I_1.$$

于是
$$\int_{-a}^{a} f(x)\mathrm{d}x = 2I_1 = 2\int_0^a f(x)\mathrm{d}x.$$

类似地可以证明,若 $f(x)$是奇函数,即 $f(x)=-f(-x)$,则它在对称区间上的积分为零:

$$\int_{-a}^{a} f(x)\mathrm{d}x = 0.$$

公式的几何意义如图 3.4.1 所示.

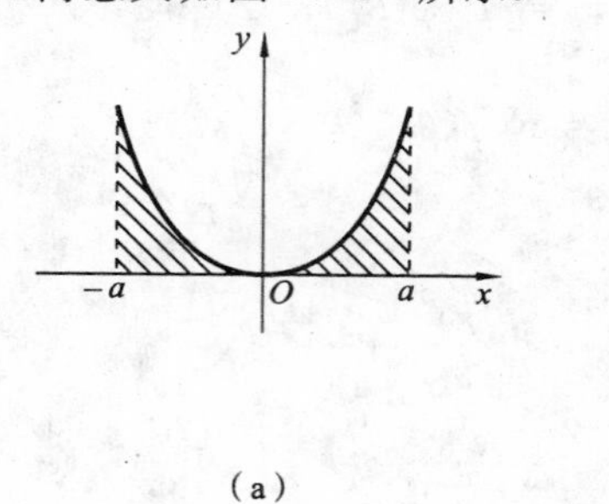

(a)

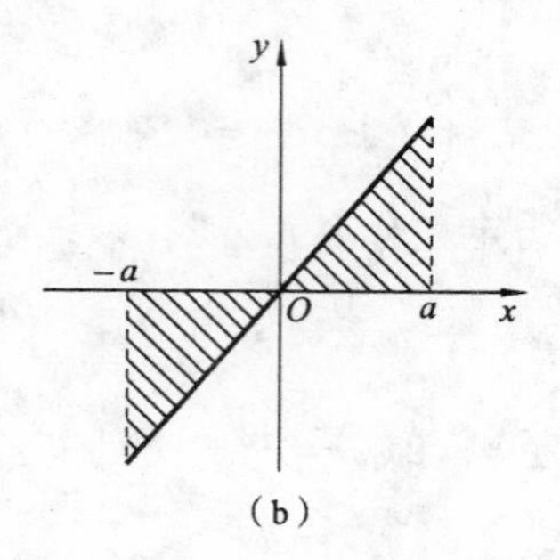

(b)

图 3.4.1

3.4.2 定积分的分部积分法

定理 2 设 $u(x)$,$v(x)$在区间$[a,b]$上具有连续导数 $u'(x)$,$v'(x)$,则

$$\int_a^b u(x)\mathrm{d}v(x) = u(x)v(x)\Big|_a^b - \int_a^b v(x)\mathrm{d}u(x).$$

证 由所设条件知,$u'v$ 与 $v'u$ 都在区间$[a,b]$上连续,因而它们都是可积的.在区间$[a,b]$上两边对 $\mathrm{d}(uv)=u\mathrm{d}v+v\mathrm{d}u$ 积分,得

$$\int_a^b \mathrm{d}(uv) = \int_a^b u\mathrm{d}v + \int_a^b v\mathrm{d}u.$$

依牛顿-莱布尼兹公式,得

$$uv\Big|_a^b = \int_a^b u\mathrm{d}v + \int_a^b v\mathrm{d}u,$$

移项便得.

运用此公式时,选取 u,v'的原则与不定积分的分部积分法中的选择原则一致.

例 4 计算 $\int_0^1 x\mathrm{e}^x\mathrm{d}x$.

解 视 $u=x$, $v'=\mathrm{e}^x$,则

$$\int_0^1 x\mathrm{e}^x\mathrm{d}x = \int_0^1 x\mathrm{d}\mathrm{e}^x = x\mathrm{e}^x\Big|_0^1 - \int_0^1 \mathrm{e}^x\mathrm{d}x = \mathrm{e} - \mathrm{e}^x\Big|_0^1 = \mathrm{e} - (\mathrm{e}-1) = 1.$$

例 5 计算 $\int_0^{\frac{\pi}{2}} x^2\cos x\mathrm{d}x$.

解 视 $u=x^2$,$v'=\cos x$,则

$$\int_0^{\frac{\pi}{2}} x^2\cos x\mathrm{d}x = \int_0^{\frac{\pi}{2}} x^2\mathrm{d}\sin x = x^2\sin x\Big|_0^{\frac{\pi}{2}} - \int_0^{\frac{\pi}{2}} \sin x\mathrm{d}x^2 = \frac{\pi^2}{4} - 2\int_0^{\frac{\pi}{2}} x\sin x\mathrm{d}x.$$

对后面的定积分再用一次定理 2 的公式,得

$$\begin{aligned}\int_0^{\frac{\pi}{2}} x^2\cos x\mathrm{d}x &= \frac{\pi^2}{4} + 2\int_0^{\frac{\pi}{2}} x\mathrm{d}\cos x = \frac{\pi^2}{4} + 2\left[x\cos x\Big|_0^{\frac{\pi}{2}} - \int_0^{\frac{\pi}{2}} \cos x\mathrm{d}x\right] \\ &= \frac{\pi^2}{4} + 2(-\sin x)\Big|_0^{\frac{\pi}{2}} = \frac{\pi^2}{4} - 2.\end{aligned}$$

例 6 计算 $\int_0^1 x\arctan x\mathrm{d}x$.

解 $$\int_0^1 x\arctan x\mathrm{d}x = \frac{1}{2}\int_0^1 \arctan x\mathrm{d}x^2 = \frac{1}{2}x^2\arctan x\Big|_0^1 - \frac{1}{2}\int_0^1 x^2\mathrm{d}\arctan x$$
$$= \frac{\pi}{8} - \frac{1}{2}\int_0^1 \frac{x^2}{1+x^2}\mathrm{d}x = \frac{\pi}{8} - \frac{1}{2}\int_0^1 \frac{x^2+1-1}{1+x^2}\mathrm{d}x$$
$$= \frac{\pi}{8} - \frac{1}{2}\left(\int_0^1 \mathrm{d}x - \int_0^1 \frac{\mathrm{d}x}{1+x^2}\right) = \frac{\pi}{8} - \frac{1}{2}\left(1 - \arctan x\Big|_0^1\right)$$
$$= \frac{\pi}{8} - \frac{1}{2}\left(1 - \frac{\pi}{4}\right) = \frac{\pi}{4} - \frac{1}{2}.$$

习题 3.4

1. 利用定积分的换元法计算下列积分：

(1) $\int_0^{\frac{\pi}{6}} 2\sin(-3x)\mathrm{d}x$；　(2) $\int_1^8 \sqrt{3x+1}\mathrm{d}x$；　(3) $\int_0^1 x\sqrt{4-3x}\mathrm{d}x$；　(4) $\int_0^1 \sqrt{1-x^2}\mathrm{d}x$.

2. 证明：若 $y=f(x)$ 为以 T 为周期的连续函数，则

$$\int_0^{nT} f(x)\mathrm{d}x = n\int_0^T f(x)\mathrm{d}x \quad (n \text{ 为自然数}).$$

3. 利用定积分的分部积分法计算下列积分：

(1) $\int_0^{\frac{\pi}{4}} x\sin x\mathrm{d}x$；　(2) $\int_1^{\mathrm{e}} x\ln x\mathrm{d}x$.

参 考 答 案

1. (1) $-\frac{2}{3}$；(2) 26；(3) $\frac{94}{135}$；(4) $\frac{\pi}{4}$.

3. (1) $\frac{\sqrt{2}}{2}\left(1-\frac{\pi}{4}\right)$；(2) $\frac{1}{4}(\mathrm{e}^2+1)$.

3.5 广义积分

在本节之前，我们所讨论的积分受着双重限制，一是积分区间必须是有限区间，否则积分定义中第一步“区间分成 n 个小区间”无法实现；二是被积函数必须有界，否则积分定义中第二步“每个小区间内任取一点 ξ_i，然后取 $f(\xi_i)\Delta x_i$”也无法实现. 但在实际问题中，往往会遇到不满足这些条件的情况，本节要突破这两方面的限制而推广原来的定积分概念，突破这两个限制的积分便称为广义积分. 原来意义上的积分被相对地称为常义积分.

从历史上追溯起来，广义积分的严格定义已经是 20 世纪的事了，研究广义积分的代表人物是法国数学家勒贝格(Lebesgue，1875—1941 年)，它是实变函数论的奠基人之一. 事实上早些时候就有相当一部分数学家研究过广义积分，例如 18 世纪首屈一指

的大科学家欧拉(Euler,1707—1783 年),曾计算出了大量的广义积分,关于不定积分作为原函数的概念也是欧拉所建立,欧拉是历史上对数学贡献最大的四位数学家之一,另三位是阿基米德、牛顿和高斯.

3.5.1 无穷限积分

我们首先考察一个几何问题,求由曲线 $y=\dfrac{1}{1+x^2}(x\geqslant 0)$,$y=0$,以及 $x=0$ 所围成的"无限曲边梯形"的面积 S(图 3.5.1 中阴影部分).

这个"无限曲边梯形"的面积不能用定积分直接表示,但若取 $b>0$,则由 $y=\dfrac{1}{1+x^2}$,$y=0$ 及 $x=0$,$x=b$ 所围成的"有限曲边梯形"的面积 $S(b)$便可表示为定积分:

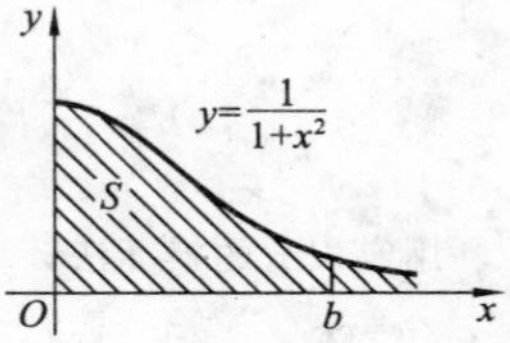

$$S(b)=\int_0^b \frac{1}{1+x^2}\mathrm{d}x=\arctan x\Big|_0^b=\arctan b.$$

图 3.5.1

由上式可见,随着 b 的增大 $S(b)$也增大,且当 $b\to+\infty$ 时,$S(b)\to\dfrac{\pi}{2}$. 于是可以认为,$\dfrac{\pi}{2}$就是所求的"无限曲边梯形"的面积 S,即

$$S=\lim_{b\to+\infty}\int_0^b \frac{1}{1+x^2}\mathrm{d}x=\lim_{b\to+\infty}\arctan b=\frac{\pi}{2}.$$

我们将 $\lim\limits_{b\to+\infty}\int_0^b \dfrac{1}{1+x^2}\mathrm{d}x$ 记为 $\int_0^{+\infty}\dfrac{1}{1+x^2}\mathrm{d}x$,称之为函数 $\dfrac{1}{1+x^2}$ 在无穷区间 $[0,+\infty)$上的广义积分.

下面给出这类积分的一般定义.

定义 1(无穷限积分) 设函数 $f(x)$在$[a,+\infty)$上有定义,并且对于任意实数 $b(b>a)$,$f(x)$在$[a,b]$上都可积. 称极限式

$$\lim_{b\to+\infty}\int_a^b f(x)\mathrm{d}x$$

为函数 $f(x)$ 在 $[a,+\infty)$ 上的无穷限广义积分,或简称为无穷积分,记为 $\int_a^{+\infty} f(x)\mathrm{d}x$,即

$$\int_a^{+\infty} f(x)\mathrm{d}x=\lim_{b\to+\infty}\int_a^b f(x)\mathrm{d}x.$$

如果极限 $\lim\limits_{b\to+\infty}\int_a^b f(x)\mathrm{d}x$ 存在,则说无穷积分是收敛的. 如果极限 $\lim\limits_{b\to+\infty}\int_0^b f(x)\mathrm{d}x$ 不存在,则说无穷积分是发散的. 这时 $\int_a^{+\infty} f(x)\mathrm{d}x$ 只是一个符号,而不是确定的数.

类似地,可以定义函数 $f(x)$在区间$(-\infty,b]$上的无穷积分为以下极限:

$$\int_{-\infty}^b f(x)\mathrm{d}x=\lim_{a\to-\infty}\int_a^b f(x)\mathrm{d}x.$$

而函数 $f(x)$ 在区间 $(-\infty,+\infty)$ 上的无穷积分则定义为以下极限式：

$$\int_{-\infty}^{+\infty} f(x)\,\mathrm{d}x = \int_{-\infty}^{x_0} f(x)\,\mathrm{d}x + \int_{x_0}^{+\infty} f(x)\,\mathrm{d}x = \lim_{a\to-\infty}\int_a^{x_0} f(x)\,\mathrm{d}x + \lim_{b\to+\infty}\int_{x_0}^{b} f(x)\,\mathrm{d}x,$$

其中 x_0 为任一实数，并且当等式右边的两个无穷积分都收敛时，才认为 $\int_{-\infty}^{+\infty} f(x)\,\mathrm{d}x$ 收敛.

例 1　求 $\int_{-\infty}^{0} \mathrm{e}^x\,\mathrm{d}x$.

解　$\int_{-\infty}^{0} \mathrm{e}^x\,\mathrm{d}x = \lim\limits_{a\to-\infty}\int_a^0 \mathrm{e}^x\,\mathrm{d}x = \lim\limits_{a\to-\infty} \mathrm{e}^x\Big|_a^0 = \lim\limits_{a\to-\infty}(\mathrm{e}^0-\mathrm{e}^a) = 1.$

为书写方便起见，计算过程往往写成

$$\int_{-a}^{0} \mathrm{e}^x\,\mathrm{d}x = \mathrm{e}^x\Big|_{-\infty}^{0} = \mathrm{e}^0 - \mathrm{e}^{-\infty} = 1.$$

例 2　讨论无穷积分 $\int_2^{+\infty}\frac{1}{x\ln x}\mathrm{d}x$ 的收敛性.

解　$\int_2^{+\infty}\frac{1}{x\ln x}\mathrm{d}x = \int_2^{+\infty}\frac{1}{\ln x}\mathrm{d}\ln x = [\ln|\ln x|]_2^{+\infty} = \ln\ln(+\infty) - \ln\ln 2 = +\infty,$

即 $\int_2^{+\infty}\frac{\mathrm{d}x}{x\ln x}$ 发散.

例 3　讨论 $\int_1^{+\infty}\frac{1}{x^p}\mathrm{d}x$ 的敛散性.

解　当 $p=1$ 时，

$$\int_1^{+\infty}\frac{1}{x^p}\mathrm{d}x = \int_1^{+\infty}\frac{1}{x}\mathrm{d}x = \ln x\Big|_1^{+\infty} = +\infty;$$

当 $p>1$ 时，

$$\int_1^{+\infty}\frac{1}{x^p}\mathrm{d}x = \frac{1}{1-p}x^{1-p}\Big|_1^{+\infty} = \frac{1}{p-1};$$

当 $p<1$ 时，

$$\int_1^{+\infty}\frac{1}{x^p}\mathrm{d}x = \frac{x^{1-p}}{1-p}\Big|_1^{+\infty} = +\infty.$$

综上所得，当 $p>1$ 时，此积分收敛；$p\leqslant 1$ 时，此积分发散.

3.5.2　无界函数的积分

先看下面的例子，再给出无界函数积分的定义.

求由曲线 $y=\frac{1}{\sqrt{x}}$ 和 $x=0$，$x=1$ 及 $y=0$ 三条直线所围成的"无穷曲边梯形"的面积 S(图 3.5.2).

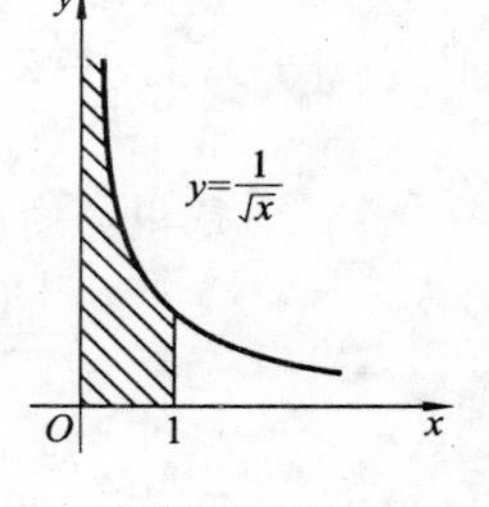

图 3.5.2

显然，函数 $y=\frac{1}{\sqrt{x}}$ 当 $x\to 0+0$ 时趋于 $+\infty$，即函数在区间[0,1]上是无界的，所以不能直接用定积分来计算它. 于是，我们效仿建立无穷积分过程中的方法，任取一个数 $a(0<a<1)$，则 $y=\frac{1}{\sqrt{x}}$ 在区间$[a,1]$上为有界连续函数，且

$$S(a)=\int_a^1\frac{1}{\sqrt{x}}\mathrm{d}x=2\sqrt{x}\Big|_a^1=2(1-\sqrt{a}).$$

随着 a 的变小，面积 $S(a)$ 变大，当 $a\to 0$ 时，就成了我们所要求的"无穷曲边梯形"的面积，即

$$S=\lim_{a\to 0^+}\int_a^1\frac{1}{\sqrt{x}}\mathrm{d}x=\lim_{a\to 0^+}2(1-\sqrt{a})=2.$$

我们将 $\lim\limits_{a\to 0^+}\int_a^1\frac{1}{\sqrt{x}}\mathrm{d}x$ 记为 $\int_0^1\frac{1}{\sqrt{x}}\mathrm{d}x$，称之为无界函数 $\frac{1}{\sqrt{x}}$ 在区间[0,1]上的广义积分.

下面给出这类积分的一般定义.

定义 2 设函数 $f(x)$ 在区间$(a,b]$上连续，且 $\lim\limits_{x\to a^+}f(x)=\infty$(此时，称点 $x=a$ 是积分的瑕点). 称极限式

$$\lim_{u\to a^+}\int_u^b f(x)\mathrm{d}x$$

为无界函数 $f(x)$ 在区间$[a,b]$上的广义积分，记作 $\int_a^b f(x)\mathrm{d}x$. 若此极限存在，则说该积分收敛，若上述极限不存在，则说该积分发散.

类似地，若 $f(x)$ 在区间$[a,b)$上连续，但 $\lim\limits_{x\to b^-}f(x)=\infty$，则定义

$$\int_a^b f(x)\mathrm{d}x=\lim_{v\to b^-}\int_a^v f(x)\mathrm{d}x.$$

如果瑕点 $x=c$ 在积分区间$[a,b]$的内部，则当且仅当以下两个广义积分

$$\int_a^c f(x)\mathrm{d}x,\quad \int_c^b f(x)\mathrm{d}x$$

都收敛时，才称广义积分 $\int_a^b f(x)\mathrm{d}x$ 收敛，其值是上述两个积分的和.

例 4 讨论 $\int_0^a\frac{\mathrm{d}x}{\sqrt{a^2-x^2}}\ (a>0)$ 的收敛性.

解 a 是积分的瑕点. 由于

$$\int_0^a\frac{\mathrm{d}x}{\sqrt{a^2-x^2}}=\lim_{u\to a^-}\int_0^u\frac{\mathrm{d}x}{\sqrt{a^2-x^2}}=\lim_{u\to a^-}\arcsin\frac{x}{a}\Big|_0^u=\frac{\pi}{2},$$

所以，$\int_0^a\frac{\mathrm{d}x}{\sqrt{a^2-x^2}}$ 是收敛的.

例 5　讨论$\int_{-1}^{1}\frac{1}{x}\mathrm{d}x$.

解　注意到 $x=0$ 为积分的瑕点，瑕点不是区间的端点，作分项处理：

$$\int_{-1}^{1}\frac{1}{x}\mathrm{d}x=\int_{-1}^{0}\frac{1}{x}\mathrm{d}x+\int_{0}^{1}\frac{1}{x}\mathrm{d}x.$$

由于
$$\int_{-1}^{0}\frac{1}{x}\mathrm{d}x=\lim_{u\to 0^-}[\ln|x|]_{-1}^{u}=-\infty,$$
这说明两个积分中至少有一个积分发散，故原积分发散.

对例 5，容易产生如下两种错误方法.

错误一：
$$\int_{-1}^{1}\frac{1}{x}\mathrm{d}x=\ln|x|\Big|_{-1}^{1}=0-0=0.$$
这种解法的错误在于没有发现在积分区间内部的瑕点 $x=0$，当做常义积分求解了.

错误二：
$$\int_{-1}^{1}\frac{1}{x}\mathrm{d}x=\int_{-1}^{0}\frac{1}{x}\mathrm{d}x+\int_{0}^{1}\frac{1}{x}\mathrm{d}x=\lim_{t\to 0^-}\ln|x|\Big|_{-1}^{t}+\lim_{t\to 0^+}\ln|x|\Big|_{t}^{1}$$
$$=\lim_{t\to 0}(\ln|t|-\ln|t|)=0.$$
这种解法的错误在于分成两个广义积分后，两个极限中使用了相同的变量 t，从而将同步变化的异号无穷大量抵消掉了．违背了定义中要求这两个广义积分必须分别讨论的规定.

例 6　讨论积分$\int_{0}^{1}\frac{1}{x^p}\mathrm{d}x\ (p>0)$的收敛性.

解　$x=0$ 是此积分的瑕点.

当 $p=1$ 时，
$$\int_{0}^{1}\frac{1}{x^p}\mathrm{d}x=\ln|x|\Big|_{0}^{1}=+\infty,$$
此时，该积分发散.

当 $p\neq 1$ 时，由于
$$\int_{0}^{1}\frac{1}{x^p}\mathrm{d}x=\lim_{u\to 0^+}\frac{1}{1-p}x^{1-p}\Big|_{u}^{1}=\frac{1}{1-p}-\frac{1}{1-p}\lim_{u\to 0^+}u^{1-p},$$
故当 $p<1$ 时，积分收敛；当 $p>1$ 时，积分发散.

习题 3.5

1. 广义积分是如何定义的？它是定积分的推广还是不定积分的推广？
2. 什么叫广义积分的收敛性和发散性？
3. 如何判断$\int_{-\infty}^{+\infty}f(x)\mathrm{d}x$的收敛与发散.
4. 求下列广义积分的值或指出其敛散性：

(1)$\int_{1}^{+\infty}\frac{1}{x^4}\mathrm{d}x$；　(2)$\int_{1}^{+\infty}\frac{1}{\sqrt{x}}\mathrm{d}x$；　(3)$\int_{0}^{1}\frac{x\mathrm{d}x}{\sqrt{1-x^2}}$；　(4)$\int_{0}^{2}\frac{\mathrm{d}x}{(1-x)^2}$.

参 考 答 案

4.（1）$\frac{1}{3}$；（2）发散；（3）1；（4）发散.

3.6 定积分的应用

导致定积分产生的背景问题是平面图形的面积的计算，在解决面积计算过程中起关键作用的是微元法思想. 本节将通过微元法思想建立定积分的应用.

从本章第一节定积分概念知道，定积分所要解决的问题是求非均匀分布的整体量. 由于在均匀分布情况下，此量可用一个乘积公式求得，于是，对非均匀分布情况，便采取“化整为零”，用均匀分布情况对应的量来近似不均匀的量，然后“求和取极限”求得该整体量的精确值. 换句话说，定积分解决问题的步骤是：分割、近似、求和、取极限.

如果每个实际问题的解决都按上述方法书写，未免过于机械且繁杂. 为简化过程而作如下处理：

先在区间$[a,b]$内任取一微小区间$[x,x+\mathrm{d}x]$，把所求量 A 在该小区间上所对应的部分量 ΔA 近似表达为 $\mathrm{d}x$ 的线性形式

$$\Delta A \approx f(x)\mathrm{d}x,$$

近似的含义是，$f(x)\mathrm{d}x$ 与 ΔA 之差是个关于 $\mathrm{d}x$ 的高阶无穷小，于是参照微分的定义，便有

$$\mathrm{d}A = f(x)\mathrm{d}x,$$

再在$[a,b]$上无限积累微元 $\mathrm{d}A$，即得所求

$$A = \int_a^b \mathrm{d}A = \int_a^b f(x)\mathrm{d}x.$$

这种先通过近似求得微元量，再通过积分得到整体量的方法叫做微元法. 下面我们利用微元法来求解一些问题.

3.6.1 定积分的几何应用

1. 平面图形的面积

如图 3.6.1 所示，设平面图形 D 由曲线 $y=f_1(x)$，$y=f_2(x)$（$f_2>f_1$）及直线 $x=a$，$x=b$ 围成，则 D 的面积 A 为

$$A = \int_a^b [f_2(x) - f_1(x)]\mathrm{d}x. \tag{①}$$

事实上，区间$[x,x+\Delta x]$上的面积微元为 $\mathrm{d}A=[f_2(x)-f_1(x)]\Delta x$ 或写成 $\mathrm{d}A=[f_2(x)-f_1(x)]\mathrm{d}x$. 将这些面积微元从 $x=a$ 到 $x=b$“加起来”(即积分)即得上述面积公式①.

由公式①可推得图 3.6.2 中图形 D_1 的面积 A_1 及图形 D_2 的面积 A_2 分别为

$$A_1 = \int_a^b [f(x) - 0]\mathrm{d}x = \int_a^b f(x)\mathrm{d}x; \qquad ②$$

$$A_2 = \int_a^b [0 - g(x)]\mathrm{d}x = -\int_a^b g(x)\mathrm{d}x. \qquad ③$$

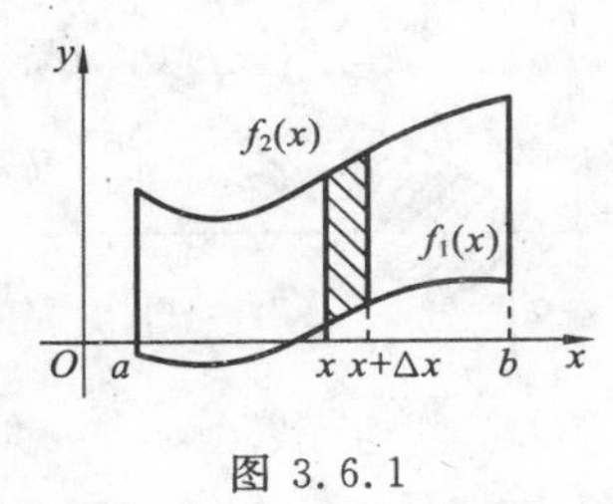

图 3.6.1

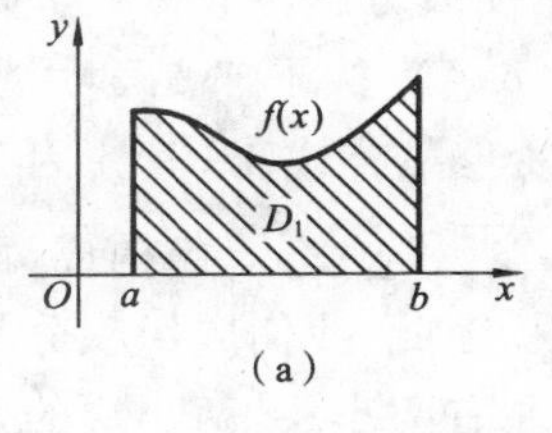

(a)

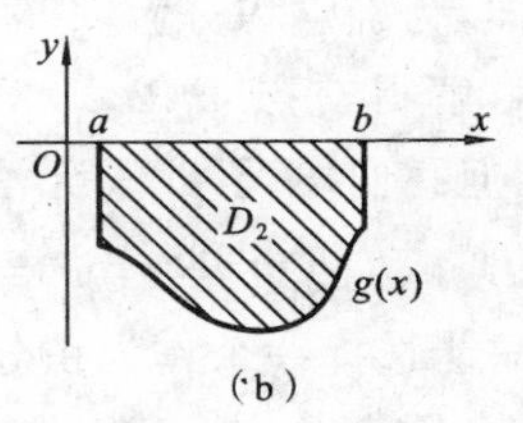

(b)

图 3.6.2

例 1　求区间$[0,2\pi]$上由正弦曲线 $y=\sin x$ 与 x 轴围成的图形的面积 A.

解　如图 3.6.3 所示，在$[0,\pi]$上，$\sin x \geqslant 0$，在$[\pi,2\pi]$上，$\sin x \leqslant 0$，故同时用公式②、③，得

$$A = \int_0^{\pi} \sin x\mathrm{d}x - \int_{\pi}^{2\pi} \sin x\mathrm{d}x = -\cos x\Big|_0^{\pi} + \cos x\Big|_{\pi}^{2\pi} = 2 + 2 = 4.$$

此题也可由图形的特点，先求出一拱的面积 $\int_0^{\pi} \sin x\mathrm{d}x$，然后乘以 2.

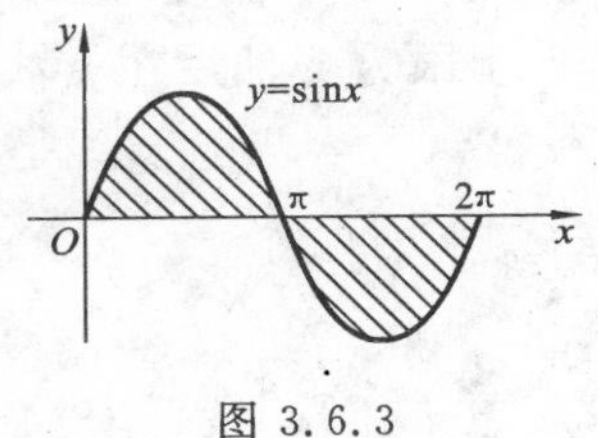

图 3.6.3

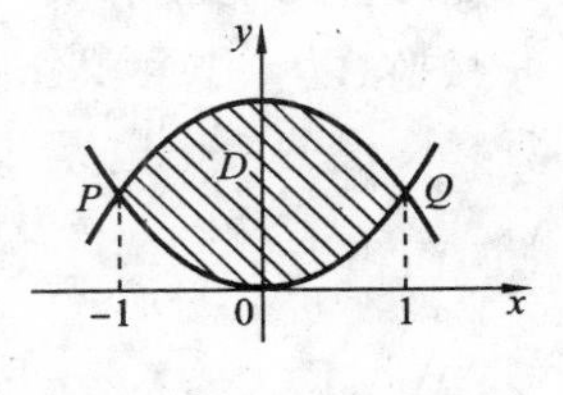

图 3.6.4

例 2　求由抛物线 $y=x^2$ 与 $y=2-x^2$ 所围图形 D 的面积 A.

解　先作图形 D(图 3.6.4)，积分区间由两抛物线的交点 P 和 Q 的横坐标确定，为此，联立两抛物线方程，即

$$\begin{cases} y = x^2, \\ y = 2 - x^2, \end{cases}$$

解得

$$x_1 = -1, \quad x_2 = 1,$$

即得交点坐标 $P(-1,1)$，$Q(1,1)$，利用公式①得

$$A = \int_{-1}^{1} (2 - x^2 - x^2)\mathrm{d}x = \int_{-1}^{1} (2 - 2x^2)\mathrm{d}x$$

$$= 2\int_{-1}^{1} (1 - x^2)\mathrm{d}x = 2\left(x - \frac{x^3}{3}\right)\Big|_{-1}^{1} = \frac{8}{3}.$$

此题也可运用图形的对称性计算，即有

$$A=2\int_0^1(2-x^2-x^2)\mathrm{d}x=4\left(x-\frac{x^3}{3}\right)\Big|_0^1=\frac{8}{3}.$$

例 3　求由曲线 $y^2=2x$ 与直线 $y=x-4$ 所围图形 D 的面积.

解　先作图形 D(图 3.6.5 中的阴影部分). 同例 2 一样,为确定积分区间,联立两曲线方程 $y^2=2x$ 与 $y=x-4$,解得交点 $P(2,-2)$,$Q(8,4)$. 接下来是套用公式①,但我们发现,此题无法直接套用公式①,其原因是图形 D 下方的边界线由 $y=-\sqrt{2x}$ 和 $y=x-4$ 构成,而我们只能选择一个作为积分下限. 因此,我们应用积分的可加性,用直线 $x=2$ 将 D 分成左右两小块. 两小块的下边界线分别是 $y=-\sqrt{2x}$ 和 $y=x-4$. 于是

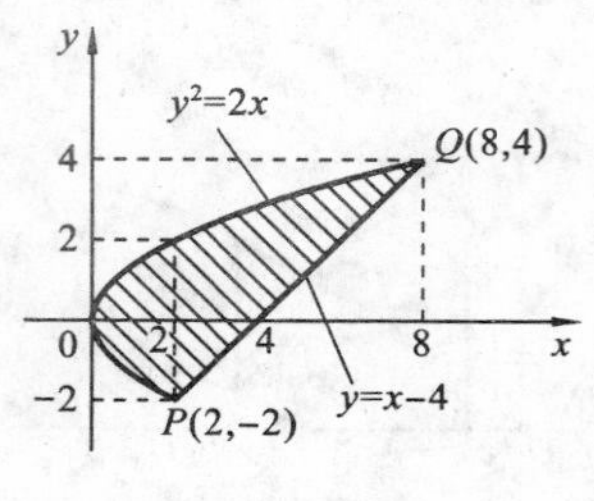

图 3.6.5

$$\begin{aligned}A&=\int_0^2[\sqrt{2x}-(-\sqrt{2x})]\mathrm{d}x+\int_2^8(\sqrt{2x}-x+4)\mathrm{d}x\\&=2\sqrt{2}\int_0^2x^{\frac{1}{2}}\mathrm{d}x+\int_2^8(\sqrt{2}x^{\frac{1}{2}}-x+4)\mathrm{d}x\\&=2\sqrt{2}\cdot\frac{2}{3}x^{\frac{3}{2}}\Big|_0^2+\left(\frac{2\sqrt{2}}{3}x^{\frac{3}{2}}-\frac{x^2}{2}+4x\right)\Big|_2^8=18.\end{aligned}$$

以上的处理显得比较麻烦,根据图形的特点,我们可以换一个角度考虑:将 x 与 y 的地位作一交换,以 y 作为积分变量,则积分下限为 -2,上限为 4. 然后在 y 轴上沿着 x 轴的方向观察图形的两个边界,则 D 的上边界线是直线 $x=y+4$,下边界线是曲线 $x=\frac{1}{2}y^2$,则 D 的面积为

$$A=\int_{-2}^4\left[(y+4)-\frac{1}{2}y^2\right]\mathrm{d}y=\left[\frac{1}{2}y^2+4y-\frac{1}{2}\cdot\frac{1}{3}y^3\right]_{-2}^4=18.$$

显然,第二种方法比第一种方法的计算量要小得多.

2. 几何体的体积

先考虑被称为旋转体的体积,这是一种很常见的立体,如球体、圆锥体、圆柱体等. 称一个平面图形 D 绕所在平面内某直线旋转而成的立体为旋转体,该直线称为旋转轴. 现设旋转体由区间 $[a,b]$ 上以连续曲线 $y=f(x)$ ($f(x)\geqslant 0$) 为曲边的梯形 D 绕 x 轴旋转而成(图3.6.6),求其体积 V.

选 x 为积分变量,用一组垂直于 x 轴的平面截此旋转体,截得的薄片的体积便是体积微元. 现考虑在微区间 $[x,x+\mathrm{d}x]$ 上对应的体积微元,其形状近似为一个以圆为底,高为 $\mathrm{d}x$ 的薄圆柱体,圆的半径为 $f(x)$,于是体积微元 $\mathrm{d}V=\pi f^2(x)\mathrm{d}x$,从而所求体积为

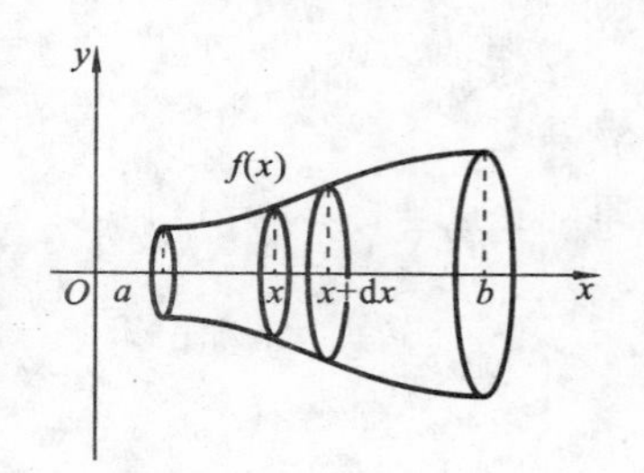

图 3.6.6

$$V=\int_a^b \mathrm{d}V=\int_a^b \pi f^2(x)\mathrm{d}x. \qquad ④$$

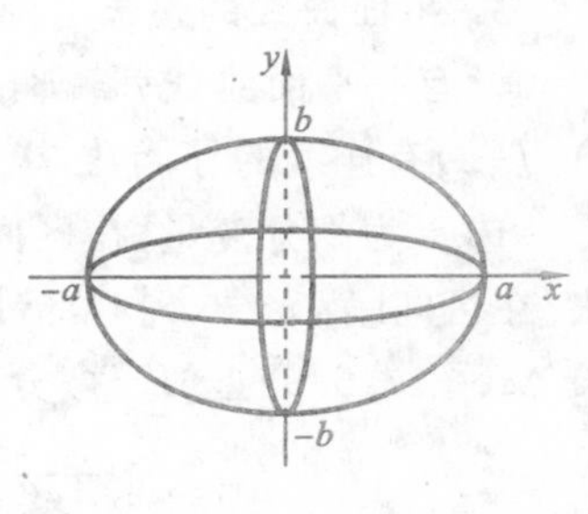

图 3.6.7

例 4 求椭圆

$$\frac{x^2}{a^2}+\frac{y^2}{b^2}=1$$

绕 x 轴旋转而得的旋转椭球的体积 V(图 3.6.7).

解 由椭圆方程$\frac{x^2}{a^2}+\frac{y^2}{b^2}=1$ 得 $y^2=b^2\left(1-\frac{x^2}{a^2}\right)$,用公式④得旋转椭球的体积为

$$\begin{aligned}V&=\pi\int_{-a}^{a} b^2\left(1-\frac{x^2}{a^2}\right)\mathrm{d}x=\pi b^2\int_{-a}^{a}\left(1-\frac{x^2}{a^2}\right)\mathrm{d}x\\&=\pi b^2\left(x-\frac{1}{a^2}\cdot\frac{1}{3}x^3\right)\Big|_{-a}^{a}=\frac{4}{3}\pi ab^2.\end{aligned}$$

特别地,当 $a=b$ 时,旋转体为球体,故球体体积为$\frac{4}{3}\pi a^3$.

公式④中被积函数 $\pi f^2(x)$恰是旋转体在 x 处的截面面积,因此,该公式可以解释为:旋转体的体积是以其截面面积作为被积函数的定积分. 这一看法抓住了事物的本质,因为一般的三维立体的体积计算公式也遵循这一规律.

以下考虑被称为平行截面体的体积. 设区间$[a,b]$是几何体 Ω 在 x 轴上的投影区间. $A(x)$是 x 处几何体 Ω 的截面面积,此截面垂直于 x 轴,且 $A(x)$为连续函数,则应用微元法,可类似地推出几何体 Ω 的体积为

$$V=\int_a^b A(x)\mathrm{d}x. \qquad ⑤$$

例 5 一平面经过半径为 R 的圆柱体的底圆中心,并与底面成角 α $\left(0<\alpha<\frac{\pi}{2}\right)$. 求截下部分楔形体 Ω 的体积(图 3.6.8).

解 Ω 在 x 轴上的投影区间是$[-R,R]$,在 x 处的横截面是一个直角三角形,其面积为

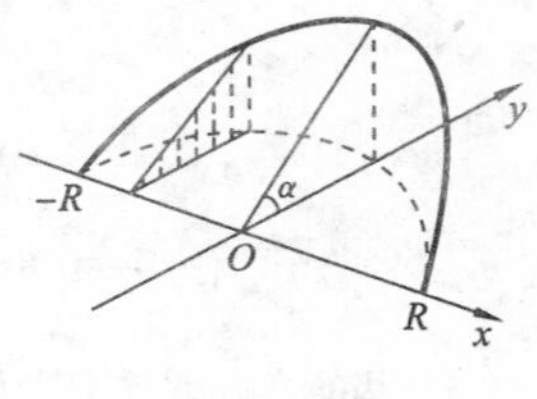

图 3.6.8

$$\begin{aligned}A(x)&=\frac{1}{2}\sqrt{R^2-x^2}\cdot\sqrt{R^2-x^2}\tan\alpha\\&=\frac{1}{2}(R^2-x^2)\tan\alpha,\end{aligned}$$

故由公式⑤得

$$\begin{aligned}V&=\int_{-R}^{R}A(x)\mathrm{d}x=\frac{1}{2}\tan\alpha\int_{-R}^{R}(R^2-x^2)\mathrm{d}x\\&=\frac{1}{2}\tan\alpha\left[R^2x-\frac{1}{3}x^3\right]_{-R}^{R}=\frac{2}{3}R^3\tan\alpha.\end{aligned}$$

3. 平面曲线的弧长

设有一平面曲线弧$\overset{\frown}{AB}$,曲线方程为 $y=f(x)(a\leqslant x\leqslant b)$,$f(x)$有连续的导函数,求弧段$\overset{\frown}{AB}$之长度 s.

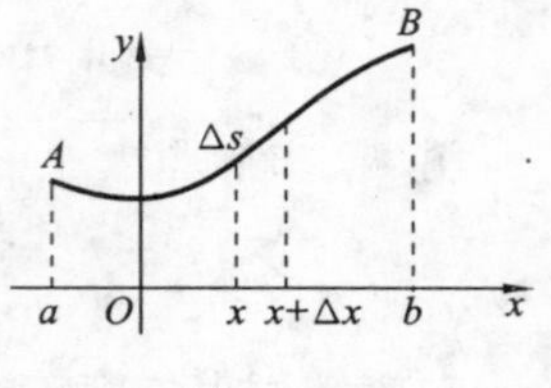

图 3.6.9

选 x 为积分变量,在区间$[a,b]$上考虑弧长 s. 采用微元法,在区间$[x,x+\Delta x]$上,借用微分三角形的观点,对应的弧长 Δs(图 3.6.9)近似于微分三角形的斜边长

$$\mathrm{d}s=\sqrt{\mathrm{d}x^2+\mathrm{d}y^2}=\sqrt{1+\left(\frac{\mathrm{d}y}{\mathrm{d}x}\right)^2}\,\mathrm{d}x=\sqrt{1+f'(x)^2}\,\mathrm{d}x,$$

积分之后便得到弧长公式

$$s=\int_a^b \mathrm{d}s=\int_a^b \sqrt{1+f'(x)^2}\,\mathrm{d}x. \qquad ⑥$$

例 6 求曲线段 $y=\frac{2}{3}x^{\frac{3}{2}}(0\leqslant x\leqslant 3)$的弧长 s.

解 因 $y'=x^{\frac{1}{2}}$,$\sqrt{1+y'^2}=\sqrt{1+x}$,故由式⑥得

$$s=\int_0^3\sqrt{1+x}\,\mathrm{d}x=\int_0^3(1+x)^{\frac{1}{2}}\mathrm{d}(1+x)=\frac{2}{3}(1+x)^{\frac{3}{2}}\Big|_0^3=\frac{14}{3}.$$

例 7 若曲线段$\overset{\frown}{AB}$的方程是参数式 $x=x(t)$,$y=y(t)$,$\alpha\leqslant t\leqslant\beta$,试证$\overset{\frown}{AB}$的长为

$$s=\int_\alpha^\beta \sqrt{x'(t)^2+y'(t)^2}\,\mathrm{d}t.$$

证 取 t 为积分变量,$t\in[\alpha,\beta]$,利用公式⑥中弧微分计算式以及参数方程的求导公式得

$$\begin{aligned}\mathrm{d}s&=\sqrt{1+y'(x)^2}\,\mathrm{d}x=\sqrt{1+\left[\frac{y'(t)}{x'(t)}\right]^2}\,\mathrm{d}x(t)\\&=\frac{1}{x'(t)}\sqrt{x'(t)^2+y'(t)^2}\,x'(t)\,\mathrm{d}t\\&=\sqrt{x'(t)^2+y'(t)^2}\,\mathrm{d}t,\quad t\in[\alpha,\beta].\end{aligned}$$

于是

$$s=\int_\alpha^\beta \mathrm{d}s=\int_\alpha^\beta\sqrt{x'(t)^2+y'(t)^2}\,\mathrm{d}t.$$

3.6.2 定积分的物理应用

这里的"物理应用"是泛指几何学之外的可以用微元法化成定积分来计算的实际问题,包括物理学、工程技术、经济管理以及其他社会科学中的许多问题. 读者可以从下面的例子中进一步体会微元法的易用性和有效性.

例 8 自地面垂直向上发射火箭,火箭质量为 m,求把火箭发射到距地面 h 处所做的功,并由此计算至少要多大的初速度才能使火箭脱离地球的引力范围?

解 先计算火箭所受到的力. 设地球半径为 R,质量为 M,取地球中心为坐标原点

(图 3.6.10),则在离地球中心 x 处,火箭所受的重力为

$$f(x)=G\frac{mM}{x^2},$$

其中 G 为引力系数(常量),为求得 G,取 $x=R$,此时有

$$G\frac{mM}{R^2}=mg,$$

于是 $G=\frac{gR^2}{M}$,故求得火箭在点 x 处的重力为

$$f(x)=\frac{mgR^2}{x^2}.$$

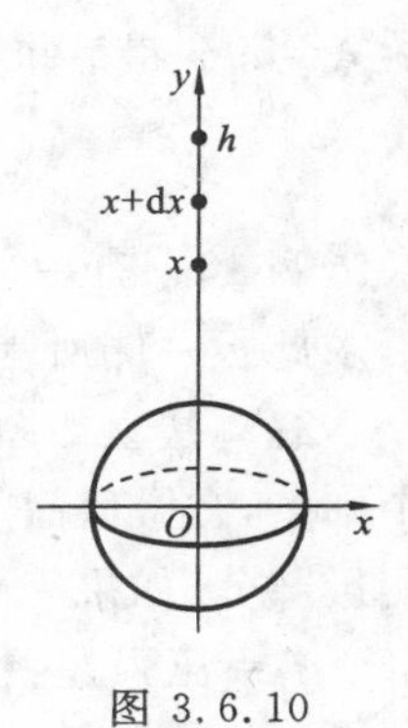

图 3.6.10

再用微元法计算克服重力所做的功.设火箭在 x 处向上移动了一个微距离 $\mathrm{d}x$,可以认为这期间火箭所受的重力变化很小,看做是常量 $f(x)$.根据功的计算式

$$\text{功}=\text{力}\cdot\text{位移},$$

得出移动火箭所做的功的微元为

$$\mathrm{d}W=\frac{mgR^2}{x^2}\mathrm{d}x,$$

于是,从地面发射火箭到距地面高度为 h 处,做功为

$$W_1=\int_R^{R+h}\frac{mgR^2}{x^2}\mathrm{d}x=-mgR^2\cdot\frac{1}{x}\bigg|_R^{R+h}=mgR^2\left(\frac{1}{R}-\frac{1}{R+h}\right).$$

若要脱离地球引力,可视为高度 $h\to+\infty$,则克服引力的做功为

$$W_2=\int_R^{+\infty}\frac{mgR^2}{x^2}\mathrm{d}x=-mgR^2\cdot\frac{1}{x}\bigg|_R^{+\infty}=mgR.$$

如果这一能量来自于初速度 v_0,则应有

$$mgR=\frac{1}{2}mv_0^2,$$

解得 $v_0=\sqrt{2Rg}$,把 $g=9.8\times10^{-3}\ \mathrm{km/s^2}$,$R=6371\ \mathrm{km}$ 代入 v_0,可得 $v_0=11.2\ \mathrm{km/s}$.即初速度为 11.2 km/s 以上时,可使火箭脱离地球引力,物理学中这一速度被称为第二宇宙速度.

例 9 设把一个弹簧在其弹性限度内从自然长度拉长 1 m 需做功 98 N · m,今将此弹簧从自然长度拉长 2 m(设仍在弹性限度内),问需做功多少?

解 由虎克定律知,拉力与位移成正比,设以 x 为位移,则有变力 $f(x)=kx$,于是在位移的微区间 $[x,x+\mathrm{d}x]$ 上,可以认为力是常量,从而求得功的微元

$$\mathrm{d}W=kx\mathrm{d}x.$$

在区间[0,1]上积分,便得

$$98=\int_0^1 kx\mathrm{d}x=k\cdot\frac{x^2}{2}\bigg|_0^1=\frac{k}{2},$$

故 $k=196$. 最后求得弹簧从自然长度拉长 2 m 时所做功的大小为

$$W=\int_0^2 196x\mathrm{d}x=98x^2\Big|_0^2=392\ (\mathrm{N\cdot m}).$$

例 10 有一半径为 R 的半圆形板垂直置于液体中,直径与液面平齐,液体密度为 μ,求此板一侧所受的液体压力.

解 建立如图 3.6.11 所示的坐标,将半圆形板切成若干个细条,在微区间 $[x,x+\mathrm{d}x]$ 上对应的细条为图 3.6.11 中的阴影部分. 如果一平面水平置于液体中,则它所受的压力为

$f=$ 压强 $\times$ 平面面积.

$=$ 液体密度 $\times g\times$ 平面离液面的距离 $\times$ 平面面积

其中 g 为重力加速度. 于是,此细条所受的液体压力为

$$\mathrm{d}f=\mu g\cdot x\cdot \text{细条面积}=\mu g\cdot x\cdot 2\sqrt{R^2-x^2}\,\mathrm{d}x,$$

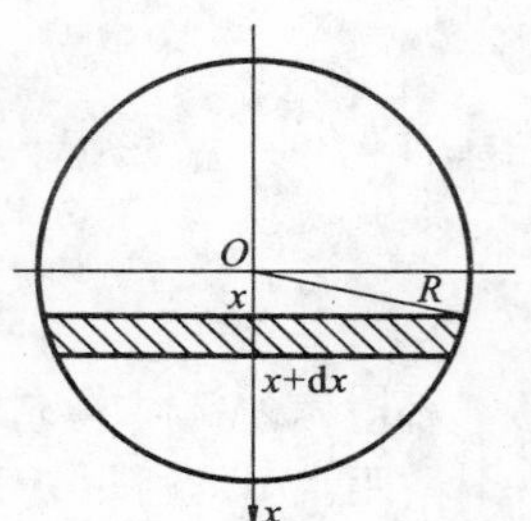

图 3.6.11

因此整个半圆形板一侧所受的液体压力为

$$f=\int_0^R 2\mu gx\sqrt{R^2-x^2}\,\mathrm{d}x=\mu g\left[\frac{2}{3}(R^2-x^2)^{\frac{3}{2}}\Big|_0^R\right]=\frac{2}{3}\mu gR^3.$$

习题 3.6

1. 求由曲线 $y=\sin x$, $y=\cos x$ 及 y 轴在区间 $\left[0,\frac{\pi}{4}\right]$ 上所围图形的面积.
2. 求由曲线 $y=\sqrt{x}$, $y=-\sin x$ 及 $x=\pi$ 所围图形的面积.
3. 求由曲线 $x=y^2$ 与 $x=y+2$ 所围区域的面积.
4. 由 $y=x^3$, $x=2$, $y=0$ 围成的图形绕 x 轴旋转,求出所得的旋转体的体积 V.

参 考 答 案

1. $\sqrt{2}-1$.
2. $\frac{2\pi}{3}\sqrt{\pi}+2$.
3. 4.5.
4. $\frac{128}{7}\pi$.

第4章 常微分方程初步

高等数学主要研究量与量之间的函数关系.函数关系有时候可以直接构建,有时候需要通过变量的导数或微分的方程来刻画,于是如何通过方程来求函数的表达式便很重要,这便产生了微分方程理论.微分方程理论是随着实际的需要而逐步发展完善起来的,也是微分学与积分学的综合应用.

4.1 基本概念

4.1.1 引例

例1 已知曲线上任一点 $P(x,y)$ 处的切线斜率为该点横坐标的2倍,且曲线过点 $(0,1)$,求此曲线方程.

解 设此曲线方程为 $y=f(x)$,则曲线上点 P 的切线斜率 $2x$ 是 $f(x)$ 的导数,于是得方程

$$y'=2x \quad \text{或} \quad \frac{\mathrm{d}y}{\mathrm{d}x}=2x. \qquad ①$$

这是一个含有未知函数导数的关系式,对式①两边同时作不定积分运算:

$$\int y'\mathrm{d}x=\int 2x\mathrm{d}x,$$

得

$$y=x^2+C. \qquad ②$$

这说明满足式①的函数是抛物线,有无穷多条(含一个任意常数),是哪一条呢?利用另一个条件,即所求曲线过点(0,1),代入式②,得

$$1=0^2+C,\text{即} \quad C=1,$$

于是所求曲线方程为 $y=x^2+1$.

例2 列车在平直线路上以 20 m/s 的速度行驶.开始制动,设制动时列车获得的加速度为 $-0.4\ \mathrm{m/s^2}$,问开始制动后多长时间列车才能停止?在这段时间内列车行驶了多少路程?

解 把列车刹车时的时刻记为 $t=0$,设制动后经过 t 秒时列车行驶了 $s(t)$,由加速度的物理意义可知

$$\frac{d^2 s(t)}{dt^2} = -0.4, \tag{③}$$

两边取积分，得

$$\frac{ds(t)}{dt} = \int(-0.4)dt = -0.4t + C.$$

两边再积分，得

$$s(t) = -0.2t^2 + C_1 t + C_2. \tag{④}$$

这里 C_1，C_2 都是任意常数，为了确定任意常数 C_1，C_2，我们再利用题中所隐含的另两个条件

$$s(0)=0, s'(0)=20. \tag{⑤}$$

将条件⑤代入式③、式④，即得 $C_1=20$，$C_2=0$. 因此得制动后列车的运动规律：

$$s(t) = -0.2t^2 + 20t.$$

由于列车刹住时的速度为0，即

$$s'(t) = -0.4t + 20 = 0,$$

求得 $t=50$ s，于是列车在刹车后50 s停住，制动后所滑的路程为

$$s(50) = (-0.2 \cdot 50^2 + 20 \cdot 50)\ \text{m} = 500\ \text{m}.$$

从以上两个例子中可以看到，在一定条件下，可以从含有未知函数的导数的方程中求出未知函数. 一般情形如何呢？为此我们引入微分方程的基本概念.

4.1.2 微分方程及其类型

含有未知函数的导数或微分的方程，称为**微分方程**. 未知函数是一元函数时，微分方程称为常微分方程；未知函数是多元函数时，称为偏微分方程. 本章只讨论常微分方程. 例1中的式①与例2中的式③都是常微分方程.

在微分方程中出现的导数的最高阶数称为微分方程的**阶**. 方程①是一阶方程，方程③是2阶方程.

如果有一函数能满足某微分方程，即把这个函数及其导数代入微分方程后，能使该方程成立，则称这个函数为该方程的**解**. 求微分方程的解是本章的主要任务.

如果微分方程中的解中含有任意常数，且相互独立的任意常数的个数与微分方程的阶数相同，则称该解为**通解**. 可以验证式②与式④分别为方程①与方程③的通解. 显然通解不是一个解而是一组解. 通解中的任意常数反映了微分方程所描述的这一类函数关系. 如果需要从中进一步确定某一个具体的函数，就还要给出一些条件. 这些条件通常描述的是运动开始时的状态或曲线在一点的状态，而被称为**初始条件**，如例1中曲线过点(0,1)，以及例2中的式⑤.

包含初始条件的微分方程问题称为定解问题. 利用初始条件确定通解中任意常数后所得出的解，称为微分方程的特解或定解. 例1中的解 $y=x^2+1$ 及例2中的解 $s(t)$

$=-0.2t^2+20t$ 分别是例1和例2的满足已给初始条件的特解.

例3　验证函数 $y=Ce^{\cos x}-\cos x-1$(C 为任意常数)是微分方程

$$y'+y\sin x=-\sin x\cos x$$

的通解,并求该方程满足初始条件 $y(0)=0$ 的特解.

解　将所给函数求导得

$$y'=-C\sin x e^{\cos x}+\sin x,$$

于是 $$y'+y\sin x=-C\sin x e^{\cos x}+\sin x+C\sin x e^{\cos x}-\sin x\cos x-\sin x,$$

即得 $$y'+y\sin x=-\sin x\cos x.$$

由此可知,这个含有一个任意常数的函数便是原方程的通解.将 $y(0)=0$ 代入通解,得

$$0=Ce^{\cos 0}-\cos 0-1,$$

求得 $C=\frac{2}{e}$,因此 $y=2e^{\cos x-1}-\cos x-1$ 为所求的特解.

如果微分方程中未知函数及其各阶导数的指数都是一次的,则称其为**线性微分方程**,否则称其为非线性微分方程.在微分方程理论中,线性微分方程显得特别重要.一方面,许多重要的定律(如牛顿第二定律、马尔萨斯人口模型)是使用线性微分方程描述的,另一方面,线性微分方程的求解问题解决得最好.相比之下,一般的非线性微分方程的解析解却很难得到.

习题 4.1

1. 什么叫微分方程?什么叫微分方程的阶?什么叫微分方程的通解以及特解?
2. 证明函数 $y=Ce^{-x}+x-1$ 是微分方程 $y'-x+y=0$ 的通解.
3. 指出下列微分方程的类型:

   (1) $(y')^2+2xy=x^2$;　　(2) $y''+2xy=x^2$;

   (3) $y'''=x^3$;　　(4) $y''+2xy+y^2=1$;

   (5) $y''+2y'-y=0$;　　(6) $y''-2y'-y=xe^x$.
4. 设定义域为$(0,+\infty)$的曲线上任一点的切线斜率与该点的横坐标成倒数关系,且曲线过点$(e,0)$,求此曲线方程.

参考答案

3. (1) 一阶非线性;　(2) 二阶线性;　(3) 三阶线性;　(4) 二阶非线性;　(5) 二阶线性;　(6) 二阶线性.
4. $y=\ln x-1$.

4.2　一阶微分方程

不同类型的微分方程,在解法上有很大差异.因此,在解微分方程之前,必须正确识

别方程的类型.所谓方程的类型主要指方程的阶,线性与非线性,变系数与常系数,齐次与非齐次等.

这里我们以方程的阶数为主线,介绍一阶微分方程、二阶微分方程中最基本的几种类型的求解方法.

本节介绍几类常见的一阶微分方程及其解法.

4.2.1 变量可分离的方程

如果一个一阶微分方程可写成如下形式:

$$f(x)\mathrm{d}x=g(y)\mathrm{d}y, \quad ①$$

则称此方程为变量可分离的方程,其中 $f(x)$、$g(y)$为连续函数.

在式①两边同时取积分即可得到这类方程的通解.

例 1 求以下微分方程的通解

$$\frac{\mathrm{d}y}{\mathrm{d}x}=-\frac{x}{y}.$$

解 先分离变量,化为变量分离的形式

$$y\mathrm{d}y=-x\mathrm{d}x,$$

两边取积分得

$$\int y\mathrm{d}y=-\int x\mathrm{d}x,$$

即

$$\frac{1}{2}y^2=-\frac{1}{2}x^2+C_1.$$

于是

$$x^2+y^2=C,$$

即为所求的通解,其中 $C=2C_1$ 为任意常数.

例 2 求微分方程

$$xy\mathrm{d}x+(x+1)\mathrm{d}y=0$$

的通解及满足初始条件 $y|_{x=0}=2$ 的特解.

解 移项化为变量分离的形式

$$\frac{x}{x+1}\mathrm{d}x=-\frac{\mathrm{d}y}{y},$$

两边取积分

$$\int\frac{x+1-1}{x+1}\mathrm{d}x=-\int\frac{\mathrm{d}y}{y},$$

即得

$$x-\ln|x+1|=-\ln|y|+C,$$

或写成

$$\ln\left|\frac{y}{x+1}\right|=C-x.$$

这便是方程的通解,将初始条件代入通解得 $C=\ln 2$,于是,满足所给初始条件的特解为

$$\ln\frac{y}{x+1}=\ln 2-x.$$

解出 y 得

$$y=2(x-1)\mathrm{e}^{-x}$$

由以上两例可见，在变量可分离的方程中，变量 x 和 y 是对称的，它既可以将 y 看做 x 的函数，也可以将 x 看做 y 的函数，因此，有时候它们的通解和特解可能是 x 和 y 的隐函数形式.

例 3　求 $(2x-y)\mathrm{d}y=(5x+4y)\mathrm{d}x$ 的通解.

解　原方程并非变量可分离，但却可以写成

$$\frac{\mathrm{d}y}{\mathrm{d}x}=\frac{5x+4y}{2x-y}=\frac{5+4\frac{y}{x}}{2-\frac{y}{x}},$$

于是可以考虑作变量代换来给方程化简，即令 $u=\frac{y}{x}$，以新函数变量 u 取代函数变量 y. 注意到，$y=ux$ 及 $\frac{\mathrm{d}y}{\mathrm{d}x}=u+x\frac{\mathrm{d}u}{\mathrm{d}x}$，并代入原方程，得

$$u+x\frac{\mathrm{d}u}{\mathrm{d}x}=\frac{5+4u}{2-u}.$$

整理后，再分离变量，得

$$\frac{(2-u)\mathrm{d}u}{u^2+2u+5}=\frac{\mathrm{d}x}{x},$$

积分后便得

$$-\left[\frac{1}{2}\ln(u^2+2u+5)-\frac{3}{2}\arctan\frac{u+1}{2}\right]=\ln x+C.$$

最后将 $u=\frac{y}{x}$ 代回，整理后得到原方程的通解为

$$\ln(y^2+2xy+5x^2)-3\arctan\frac{y+x}{2x}=C.$$

一般，若微分方程可表示为

$$\frac{\mathrm{d}y}{\mathrm{d}x}=f\left(\frac{y}{x}\right),$$

则称此方程为齐次型微分方程，它可通过上例中的代换 $u=\frac{y}{x}$ 化为可分离变量的方程.

4.2.2　线性微分方程

一阶线性微分方程的标准形式为

$$y'+P(x)y=Q(x). \quad ②$$

式②中的 $Q(x)$ 称为自由项，当 $Q(x)\equiv 0$ 时，式②称为线性齐次方程，否则称为线性非齐次方程.

先讨论线性齐次方程

$$\frac{\mathrm{d}y}{\mathrm{d}x}+P(x)y=0. \quad ③$$

事实上,式③属于可分离变量的方程.分离变量,得

$$\frac{dy}{y}=-P(x)dx,$$

两边积分得通解

$$\ln y=-\int P(x)dx+C_1,$$

即

$$y=Ce^{-\int P(x)dx}. \quad ④$$

下面我们在线性齐次方程通解④的基础上讨论线性非齐次方程②的解法.显然,式②是无法分离变量的.但考虑到方程③是方程②的特殊情况,其解函数的形式应类似,故可设方程②的解为

$$y=C(x)e^{-\int P(x)dx}. \quad ⑤$$

其中 $C(x)$ 为待定的函数.将式⑤代入原方程②,得

$$C'(x)e^{-\int P(x)dx}-P(x)C(x)e^{-\int P(x)dx}+P(x)C(x)e^{-\int P(x)dx}=Q(x),$$

即

$$C'(x)=Q(x)e^{\int P(x)dx},$$

积分得

$$C(x)=\int Q(x)e^{\int P(x)dx}dx+C.$$

将所求得的 $C(x)$ 代入式⑤,便得方程②的通解为

$$y=e^{-\int P(x)dx}\left[\int Q(x)e^{\int P(x)dx}dx+C\right]. \quad ⑥$$

注意,通解⑥中已经含有一个任意常数,因此,通解公式中的所有积分计算后都不必另加任意常数.

如果把通解⑥写成

$$y=Ce^{-\int P(x)dx}+e^{-\int P(x)dx}\int Q(x)e^{\int P(x)dx}dx, \quad ⑦$$

便可发现,通解 y 由两项构成,其中第一项是相应齐次方程的通解,第二项是非齐次方程②本身的一个特解(相当于通解⑥中取 $C=0$),这就是线性非齐次方程通解的结构.

例 4 求微分方程

$$x\frac{dy}{dx}+y=\cos x, \quad y\Big|_{x=\pi}=1.$$

解 首先将方程标准化,两边同除以 x 得

$$\frac{dy}{dx}+\frac{1}{x}y=\frac{\cos x}{x},$$

再套公式⑥,其中 $P=\frac{1}{x}$,$Q=\frac{\cos x}{x}$,故通解为

$$y=e^{-\int\frac{1}{x}dx}\left(\int\frac{\cos x}{x}\cdot e^{\int\frac{1}{x}dx}dx+C\right)=e^{-\ln x}\left(\int\frac{\cos x}{x}\cdot e^{\ln x}dx+C\right)$$

$$=\frac{1}{x}\left(\int\frac{\cos x}{x}\cdot x\,dx+C\right)=\frac{1}{x}(\sin x+C).$$

再将 $y|_{x=\pi}=1$ 代入通解，可定出 $C=\pi$，于是得出问题的解 $y=\frac{1}{x}(\sin x+C)$.

4.2.3　可降阶的二阶微分方程

二阶及二阶以上的微分方程称为高阶微分方程. 有些高阶微分方程可以通过变量代换化为一阶微分方程来解，这里我们介绍几种可以"降阶"的方程，主要考虑二阶微分方程，并通过实例说明其解法.

1. $y''=f(x)$ 型

这类方程可通过积分一次化为一阶微分方程，再积分便得通解，即

$$y'=\int f(x)\mathrm{d}x+C_1$$

及

$$y=\int\left[\int f(x)\mathrm{d}x\right]\mathrm{d}x+C_1x+C_2,$$

其中 C_1,C_2 为任意常数.

例 5　求微分方程 $y''=x+\cos x$ 的通解.

解　$y=\int\left[\int(x+\cos x)\mathrm{d}x\right]\mathrm{d}x+C_1x+C_2=\int\left(\frac{x^2}{2}+\sin x\right)\mathrm{d}x+C_1x+C_2$

$=\frac{x^3}{6}-\cos x+C_1x+C_2.$

2. $y''=f(x,y')$ 型

这类方程的特点是方程中未出现因变量 y，可通过变量代换 $y'(x)=p(x)$ 来降阶. 注意到 $y''=p'(x)$，方程便化为关于未知函数 $p(x)$ 的一阶微分方程

$$p'(x)=f(x,p(x)),$$

若能求得其解 $p(x)$，则对 $y'(x)=p(x)$ 再积分一次便得到原方程的解.

例 6　求微分方程 $y''-y'=\mathrm{e}^x$ 的通解.

解　令 $y'=p(x)$，则 $y''=p'(x)$，方程化为

$$p'-p=\mathrm{e}^x.$$

这是个一阶线性方程，由公式⑥得

$$p(x)=\mathrm{e}^{\int\mathrm{d}x}\left(\int\mathrm{e}^x\cdot\mathrm{e}^{-\int\mathrm{d}x}\mathrm{d}x+C_1\right)=\mathrm{e}^x(x+C_1),$$

即得

$$y'=\mathrm{e}^x(x+C_1).$$

再积分，便得原方程的通解为

$$y=\int\mathrm{e}^x(x+C_1)\mathrm{d}x=\mathrm{e}^x(x-1+C_1)+C_2.$$

3. $y''=f(y,y')$ 型

这类方程的特点是方程中未出现自变量 x，还是通过变量代换 $y'=p$ 来降阶. 但是，为了使降阶后的方程中不出现关于 x 的导数，我们还应将关于 x 的二阶导数 $\frac{\mathrm{d}^2y}{\mathrm{d}x^2}$ 用

p 及 p 关于 y 的导数$\frac{dp}{dy}$来表示.于是依复合函数求导法得

$$\frac{d^2y}{dx^2}=\frac{d}{dx}y'(x)=\frac{dp}{dx}=\frac{dp}{dy}\cdot\frac{dy}{dx}=p'p.$$

这样,原方程便化为关于未知函数 $p(y)$的一阶微分方程

$$p'p=f(y,p).$$

若能求得其解 $p(y)$,则对 $y'(x)=p$ 再积分一次便得到原方程的解.

例 7 求微分方程 $yy''=(y')^2$ 的通解.

解 令 $y'=p$,则 $y''=pp'$,原方程化为

$$yp\frac{dp}{dy}=p^2.$$

当 $p\neq0$ 时,有

$$y\frac{dp}{dy}=p,$$

分离变量得

$$\frac{dp}{p}=\frac{dy}{y},$$

两边积分得

$$\ln p=\ln y+\ln C_1\quad(C_1\neq0),$$

即

$$p=C_1y.$$

当 $p=0$ 时,原方程成立,故 $p=0$ 也是一个解.于是将关于 $p(y)$的解可统一写成以下形式:

$$p=C_1y.\quad(C_1\text{ 为任意常数})$$

再解$\frac{dy}{dx}=C_1y$,即得到原方程的通解为

$$\int\frac{dy}{y}=C_1\int dx,$$

亦即

$$\ln y=C_1x+C_2,\quad\text{或}\quad y=C_2e^{C_1x}.$$

习题 4.2

1. 变量可分离微分方程有何特点?试写出两个变量可分离的微分方程.
2. 什么叫线性微分方程?什么叫线性齐次微分方程及线性非齐次微分方程?
3. 三类可降阶的高阶微分方程各有什么特点?各用什么方法进行降阶?
4. 下列方程中哪些是线性的,哪些是非线性的?在线性方程中哪些是齐次的,哪些是非齐次的?

   (1) $x^3\frac{dy}{dx}+y=0$; (2) $\frac{dy}{dx}=x\sin y$; (3) $\frac{dy}{dx}-y^2-3=0$;

   (4) $\frac{dy}{dx}+2y+x=0$; (5) $2\frac{dy}{dx}+3y=e^{-\frac{3}{2}}x$; (6) $\cos^2x\frac{dy}{dx}+y=0$.

5. 求解下列微分方程:

   (1) $\frac{dy}{dx}=2xy$; (2) $\sqrt{1-y^2}=3x^2yy'$;

(3) $\dfrac{dy}{dx}-\dfrac{2y}{1+x}=(1+x)^{\frac{5}{2}}$；　(4) $y'+y=e^{-x}$.

6. 求满足已给初始条件的微分方程的特解：

(1) $y'=e^{2x-y}, y|_{x=0}=0$；　(2) $\dfrac{dy}{dx}+\dfrac{y}{x}=\dfrac{\sin x}{x}, y|_{x=\pi}=1$.

7. 求解下列各微分方程：

(1) $y''=x+\cos x$；　(2) $y''-y'=x$；　(3) $y'''=e^{2x}, y(1)=y'(1)=y''(1)=0$.

8. 求曲线方程 $y=f(x)$，已知 $y''=x$，曲线过点 $M(0,1)$ 且在 M 点与直线 $y=\dfrac{1}{2}x+1$ 相切.

参考答案

4. (1) 线性齐次；(2) 非线性；(3) 非线性；(4) 线性非齐次；(5) 线性非齐次；(6) 线性齐次.

5. (1) $y=Ce^{x^2}$；　(2) $\sqrt{1-y^2}-\dfrac{1}{3x}+C=0$；

(3) $y=(x+1)^2\left[\dfrac{2}{3}(x+1)^{\frac{3}{2}}+C\right]$；　(4) $y=(x+C)e^{-x}$.

6. (1) $e^y=\dfrac{1}{2}(e^{2x}+1)$；　(2) $y=\dfrac{1}{x}(\pi-1-\cos x)$.

7. (1) $\dfrac{x^3}{6}-\cos x+C_1x+C_2$；　(2) $y=C_1e^x-\dfrac{x^2}{2}-x+C$；

(3) $y=\dfrac{1}{8}e^{2x}-\dfrac{x^2}{4}e^2+\dfrac{x}{4}e^2-\dfrac{1}{8}e^2$.

8. $\dfrac{1}{6}x^3+\dfrac{1}{2}x+1$.

4.3　二阶线性微分方程

形如

$$y''+P(x)y'+Q(x)y=f(x) \qquad ①$$

的方程称为二阶线性微分方程，其中未知函数 y 以及它的一阶、二阶导数 y'、y'' 均以一次幂出现. 当 $f(x)\equiv 0$ 时，称①为齐次的；当 $f(x)\not\equiv 0$ 时，称①为非齐次的. 为了求解这类方程，我们需要先了解它的解的结构.

4.3.1　二阶线性微分方程解的结构

我们先讨论二阶齐次线性微分方程

$$y''+P(x)y'+Q(x)y=0 \qquad ②$$

的通解结构.

定理1(叠加原理)　如果 $y_1(x)$ 和 $y_2(x)$ 是方程②的两个解，则 $y=C_1y_1+C_2y_2$ 也是方程②的解，其中 C_1, C_2 是两个任意常数.

证 由于 $y_1(x), y_2(x)$ 均为方程②的解，所以

$$y''_1+P(x)y'_1+Q(x)y_1=0,$$
$$y''_2+P(x)y'_2+Q(x)y_2=0.$$

将 $y=C_1y_1+C_2y_2$ 代入方程②，并利用以上结果得

$$\begin{aligned}&(C_1y_1+C_2y_2)''+P(x)(C_1y_1+C_2y_2)'+Q(x)(C_1y_1+C_2y_2)\\&=C_1(y''_1+P(x)y'_1+Q(x)y_1)+C_2(y''_2+P(x)y'_2+Q(x)y_2)\\&=C_1\cdot 0+C_2\cdot 0=0.\end{aligned}$$

这说明 $y=C_1y_1+C_2y_2$ 是方程②的解.

注意，如果 $y_1/y_2=k$（k 为常数），则 $y_1=ky_2$，从而

$$y=C_1y_1+C_2y_2=(C_1k+C_2)y_2=Cy_2.$$

这说明此时 y 中实际上只含有一个任意常数，不能作为方程②的通解. 可见方程②的两个解 y_1 和 y_2 应当满足某些条件，它们的叠加才能作为方程②的通解. 这一条件便是它们不成比例，即以下定理.

定理 2 如果 $y_1(x), y_2(x)$ 是齐次方程②的两个解，并且 $y_1/y_2\neq$ 常数，则 $y=C_1y_1+C_2y_2$ 就是方程②的通解.

定理 2 通常称为齐次线性方程②的解的结构定理，满足定理 2 的 y_1, y_2 称为方程②的一个基本解系，证明从略.

例 1 验证 $y_1(x)=\sin x, y_2(x)=\cos x$ 是微分方程 $y''+y=0$ 的解，并写出其通解.

解 因为 $y'_1=\cos x, y''_1=-\sin x$，故 $y''_1+y_1=0$.

同理可得
$$y''_2+y_2=0.$$

因此 y_1, y_2 均为原方程的解. 又由于

$$\frac{y_1(x)}{y_2(x)}=\tan x\neq \text{常数},$$

即 y_1 与 y_2 是原方程的一个基本解系，因此其通解为 $y=C_1\sin x+C_2\cos x$.

下面介绍二阶线性非齐次方程通解的结构.

定理 3 如果 $y^*(x)$ 是非齐次方程①的任意一个特解，而 $\bar{y}=C_1y_1+C_2y_2$ 是相应齐次方程②的通解，则

$$y=\bar{y}+y^*=C_1y_1+C_2y_2+y^*$$

就是非齐次方程①的通解.

证 由于 y^* 是方程

$$y''+P(x)y'+Q(x)y=f(x)$$

的解，而 $C_1y_1+C_2y_2$ 是方程

$$y''+P(x)y'+Q(x)y=0$$

的解，所以，$y=C_1y_1+C_2y_2+y^*$ 是方程

$$y''+P(x)y'+Q(x)y=f(x)+0$$

的解.又由于 y 的表达式中含有两个相互独立的任意常数 C_1,C_2,所以,它是二阶线性非齐次方程①的通解.

由定理3知,求二阶线性非齐次方程通解的步骤是:先求出相应齐次方程的通解 $C_1y_1+C_2y_2$,再求出方程本身的一个特解 y^*,则它们的和就是所给方程的通解.

我们不妨回顾一阶线性非齐次方程通解的结构(见4.2节中公式⑦),不难发现,凡线性非齐次方程的通解都是由这样的两部分组成的,这种通解结构可向 n 阶线性非齐次方程推广.

4.3.2　二阶常系数线性微分方程

在二阶线性微分方程中,应用上更为多见的是系数为常数,即形如

$$y''+py'+qy=f(x) \quad ③$$

的方程,称为二阶常系数线性方程.对于变系数线性微分方程,虽然我们知道了其通解的结构,但在具体寻求基础解系时,还缺乏有效的一般方法.令人欣慰的是对于常系数线性方程,却有一套较完善的解法.下面便就齐次方程与非齐次方程分别讨论其求解方法.

1. 二阶常系数线性齐次微分方程

首先讨论方程③中 $f(x)\equiv 0$,即二阶常系数线性齐次方程

$$y''+py'+qy=0 \quad ④$$

的通解.

根据定理2,必须找出它的两个不成比例的解.首先,我们不妨对方程④略加分析,由于 p 和 q 均为常数,这意味着所求函数能与自己的一阶导数、二阶导数的适当组合为零,在我们所熟悉的函数中,只有指数函数以及三角函数中的正、余弦函数才具有这种可能性,于是,我们可以试设 $y=\mathrm{e}^{rx}$,则

$$y'=r\mathrm{e}^{rx},y''=r^2\mathrm{e}^{rx}.$$

将它们代入方程②,便得到

$$(r^2+pr+q)\mathrm{e}^{rx}=0.$$

由于 $\mathrm{e}^{rx}\neq 0$,故只有

$$r^2+pr+q=0. \quad ⑤$$

这说明只要 r 是方程⑤的根,e^{rx} 就是方程④的解.我们把代数方程⑤叫做微分方程④的特征方程.特征方程的根由公式

$$r_{1,2}=\frac{-p\pm\sqrt{p^2-4q}}{2}$$

求得,称求得的根 r_1,r_2 为方程④的特征根.下面我们根据特征根的不同情况来确定方程④的通解.

(1) 两个不同的实根 r_1,r_2.

此时方程④有解 $y_1=e^{r_1x}$ 与 $y_2=e^{r_2x}$,显然 $\frac{y_1}{y_2}=e^{(r_1-r_2)x}\neq$ 常数,所以微分方程④的通解为

$$y=C_1e^{r_1x}+C_2e^{r_2x},$$

其中 C_1、C_2 为任意常数.

(2) 两个相同的实根 r.

此时只得到解 $y_1=e^{rx}$. 为了求得另一个解 y_2,并保证 y_2 与 y_1 不成比例,可预设 $y_2=k(x)y_1$,将 y_2 代入原方程④,可得到一个解 $y_2=xe^{rx}$,即 $k(x)$ 可取 x. 于是,此时的方程④有通解

$$y=C_1e^{rx}+C_2xe^{rx}.$$

(3) 一对共轭复根 $r_1=\alpha+i\beta,r_2=\alpha-i\beta(\beta\neq0)$.

此时方程④有一个基本解组

$$y_1=e^{(\alpha+i\beta)x} \text{ 与 } y_2=e^{(\alpha-i\beta)x},$$

通解为

$$y=e^{\alpha}(C_1e^{i\beta x}+C_2e^{-i\beta x}).\tag{6}$$

这是复数形式的解,使用起来不太方便,为了得到实数形式的解,利用复数中的 Euler 公式

$$e^{i\beta x}=\cos\beta x+i\sin\beta x.$$

令

$$y_3=\frac{1}{2}(y_1+y_2)=\frac{1}{2}e^{\alpha x}(e^{i\beta x}+e^{-i\beta x})=e^{\alpha x}\cos\beta x,$$

$$y_4=\frac{1}{2i}(y_1-y_2)=\frac{1}{2i}e^{\alpha x}(e^{i\beta x}-e^{-i\beta x})=e^{\alpha x}\sin\beta x,$$

由解的叠加原理(定理 1)知,y_3,y_4 是方程④的两个解,且 $\frac{y_3}{y_4}\neq k$,于是,我们得到实数形式的通解:

$$y=e^{\alpha x}(C_1\cos\beta x+C_2\sin\beta x).$$

根据以上讨论,求二阶常系数线性齐次微分方程的通解,归结为计算其特征方程的特征根.

例 2 求微分方程 $y''+y'=0$ 的通解.

解 此方程的特征方程为

$$r^2+r=0,$$

解得特征根为 $r_1=0,r_2=-1$,于是原方程通解为

$$y=C_1e^{0x}+C_2e^{-x}=C_1+C_2e^{-x}.$$

例 3 求方程 $s''(t)+2s'(t)+s(t)=0$ 满足初始条件 $s|_{t=0}=4,s'|_{t=0}=-2$ 的特解.

解 特征方程为

$$r^2+2r+1=0,$$

解得特征根为 $r_1=r_2=-1$，于是方程通解为

$$s=e^{-t}(C_1t+C_2).$$

又 $s'=e^{-t}(C_1-C_1t-C_2)$，将初始条件代入 s 与 s'，得

$$C_2=4,\quad 及\quad -2=C_1-C_2.$$

再将 $C_2=4$ 及 $C_1=2$ 代入通解，便得满足所给初始条件的特解

$$s=(2t+4)e^{-t}.$$

例 4　求微分方程 $y''+2y'+5y=0$ 的通解.

解　特征方程为

$$r^2+2r+5=0,$$

解得

$$r_1=-1+2i,\quad r_2=-1-2i.$$

于是原方程的通解为

$$y=e^{-x}(C_1\cos 2x+C_2\sin 2x).$$

2. 二阶常系数线性非齐次微分方程

现在讨论方程③

$$y''+py'+qy=f(x)$$

的通解.根据定理 3 知，其关键在于找到该方程的一个特解 y^*，一般情况下，求 y^* 是比较困难的，但如果自由项 $f(x)$ 为 n 次多项式 $p_n(x)$，则 y^* 也是多项式函数，其结构如下：

(1) 若方程③中 $q\neq 0$，则 $y^*=\varphi_n(x)$；

(2) 若方程③中 $q=0,p\neq 0$，则 $y^*=x\varphi_n(x)$；

(3) 若方程③中 $q=0,p=0$，则 $y^*=x^2\varphi_n(x)$，

其中 $\varphi_n(x)$ 为次数与 $p_n(x)$ 相同的多项式，$\varphi_n(x)$ 的系数待定.

例 5　求微分方程 $y''+4y'+3y=x$ 的一个特解.

解　这是以一次多项式 x 为自由项的二阶常系数线性非齐次方程，且 $q\neq 0$，故可设

$$y^*=a_1x+a_0,$$

则

$$y^{*\prime}=a_1,\quad 及\quad y^{*\prime\prime}=0.$$

将 y^*，$y^{*\prime}$，$y^{*\prime\prime}$ 代入原方程，得

$$4a_1+3(a_1x+a_0)=x,$$

比较同次项系数，得

$$a_1=\frac{1}{3},\quad a_0=-\frac{4}{9},$$

于是原方程的一个特解为

$$y^*=\frac{1}{3}x-\frac{4}{9}.$$

例 6　求 $y''+y'=3x^2+1$ 的通解.

解　相应的齐次方程有特征方程

$$r^2+r=0,$$

解出特征根 $r_1=0,r_2=-1$,于是相应齐次方程有通解

$$\overline{y}=C_1+C_2\mathrm{e}^{-x}.$$

又根据原方程 $p\neq0,q=0$ 的特点,设

$$y^*=x(a_2x^2+a_1x+a_0),$$

则

$$y^{*\prime}=3a_2x^2+2a_1x+a_0,$$

$$y^{*\prime\prime}=6a_2x+2a_1.$$

将 $y^{*\prime},y_2^{*\prime\prime}$ 代入原方程,得

$$6a_2x+2a_1+3a_2x^2+2a_1x+a_0=3x^2+1.$$

比较两边系数,得

$$3a_2=3,\quad 6a_2+2a_1=0,\quad 2a_1+a_0=1,$$

解得

$$a_2=1,\quad a_1=-3,\quad a_0=7.$$

于是,有 $y^*=x(x^2-3x+7)$,即原方程的通解为

$$y=C_1+C_2\mathrm{e}^{-x}+x(x^2-3x+7).$$

4.3.3 微分方程的应用

本节介绍微分方程在人口模型问题中的应用,在叙述过程中,我们试图展示数学方法是如何对实际问题的解决产生作用的.马克思说过,一种科学只有在成功地运用数学时,才算达到完善的地步.而要成功地使用数学来解决问题,仅仅有数学知识是不够的,必须遵循背景问题的客观规律,建立起合适的数学模型,在得到问题的解答之后,还需要将结果放在背景问题中检验以便对模型予以调整.

1. 马尔萨斯(Malthus)人口模型

地球上的物种成千上万,小到细菌、病毒,大到草原、森林,都在自然的条件下不断繁衍进化,努力生存.一个基本问题是,这些物种的数量或规模的变化规律是什么?影响它们变化的因素是什么?

人们首先将人类本身作为研究对象,探求人口数量的变化规律.以下便介绍几位学者的探索历程与所使用的方法.英国经济学家马尔萨斯在对一百多年的人口统计资料进行分析的基础上,于 1798 年提出一个著名的人口增长模型:人口总量 N 的增长速度 $N'(t)$ 与现有的人口总数 $N(t)$ 成正比,即

$$N'(t)=rN,$$

其中 r 是人口的自然增长系数($r=$出生率$-$死亡率).

如果在开始($t=0$)时,人口总量是 N_0,则从定解问题

$$\frac{\mathrm{d}N}{\mathrm{d}t}=rN,\quad N(0)=N_0$$

中可以求出,人口总量的变化规律为 $N=N_0\mathrm{e}^{rt}$(图 4.3.1).

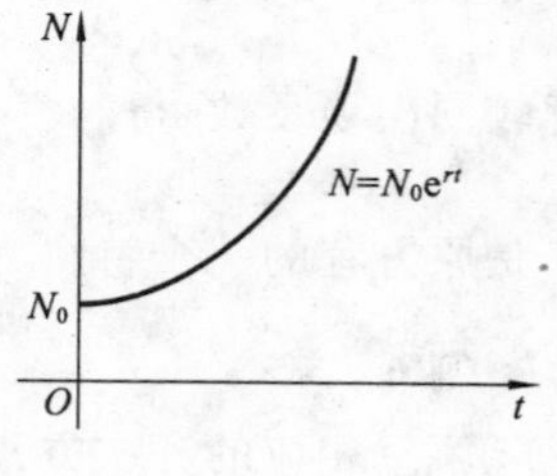

图 4.3.1

按照这个人口总量函数,人口的增长将按照指数函数飞

快地增长，按照 1961 年世界人口总数 3.06×10^9 作为出发点，人们发现，在 1961—1980 年这 20 年间的实际人口数据与理论值比较吻合. 但是按照此公式去推算 2562 年的人口总量，则得出的人口总量将是 1.02×10^{15}. 这个数字如此之大，以致若每个人占据 1 m^2 的位置，则地球的总表面积将被用光；进而，到 2597 年，人口总量使得我们只能让一人站在另外一人的肩膀上了.

由此可见，在地球上资源丰富，人口相对稀少之时，马尔萨斯的人口模型还是比较准确的. 而当人口增大到一定的时候，由于资源的缺乏，马尔萨斯的模型便不再适用了.

2. 弗尔豪斯(Verhulst)模型

荷兰的数学-生物学家弗尔豪斯于 1837 年提出了对马尔萨斯模型的修正方案，它考虑了自然资源的制约因素，所提出的人口增长方程为

$$N'(t)=rN-bN^2,$$

环境系数 b 相对于 r 来说是一个很小的数. 于是，当 N 不算很大时 rN 远比 bN^2 要大，故人口增长基本上按照马尔萨斯的方程，按指数函数单调增加；而当 N 大到一定程度时，bN^2 的值便开始起作用，它们使增长率 $N'(t)$ 降低，甚至可以使 $N'(t)$ 为负值（$bN^2>rN$ 时），人口总数量呈下降变化，以适应自然资源的不足.

我们不禁要问，在方程中增加一个 $-bN^2$ 项，就真的能使由方程求出来的函数 $N=N(t)$ 不再依指数形式增长吗？假若如此，那么它是按照什么方式变化呢？当时间无限延伸时，地球上的人口数 N 是无限增大，还是无限减小，或是在一个有限范围内周期变化或就趋向于一个常数呢？读者可以充分发表你的见解，发表你的观点固然容易，但要使人相信你的预言，就不太容易，必须使用大家都信赖的可靠方法——数学方法（推理或计算）.

为了求解弗尔豪斯方程，我们设在开始时人口数目为 N_0，则有定解问题

$$\begin{cases}N'(t)=rN-bN^2 \quad (b>0),\\ N(0)=N_0.\end{cases}$$

分离变量得

$$\frac{\mathrm{d}N}{rN-bN^2}=\mathrm{d}t,$$

两边积分，得

$$\int\frac{\mathrm{d}N}{rN-bN^2}=\int\mathrm{d}t.$$

注意到

$$\int\frac{1}{rN-bN^2}\mathrm{d}N=\frac{1}{r}\int\frac{r-bN+bN}{N(r-bN)}\mathrm{d}N=\frac{1}{r}\int\frac{1}{N}\mathrm{d}N+\frac{1}{r}\int\frac{b}{r-bN}\mathrm{d}N$$

$$=\frac{1}{r}(\ln N-\ln(r-bN))+C=\frac{1}{r}\ln\frac{N}{r-bN}+C,$$

故原方程的通解为

$$t=\frac{1}{r}\ln\frac{N}{r-bN}+C.$$

代入初始条件 $N(0)=N_0$，得出

$$C=-\frac{1}{r}\ln\frac{N_0}{r-bN_0},$$

故定解问题的唯一解函数 $N(t)$ 满足

$$t=\frac{1}{r}\left[\ln\frac{N}{r-bN}-\ln\frac{N_0}{r-bN_0}\right],$$

$$e^{rt}=\frac{N}{r-bN}\cdot\frac{r-bN_0}{N_0},$$

从中解得
$$N=\frac{N_0 r}{N_0 b+(r-bN_0)e^{-rt}}.$$

3. 弗尔豪斯模型的解释

以上计算过程比较辛苦,因此让我们来看看,得出的结果有什么意义. 利用数学软件,可以容易地得到函数 $N=N(t)$ 的图形(图 4.3.2). 我们结合图形来分析函数 $N(t)$ 的特性.

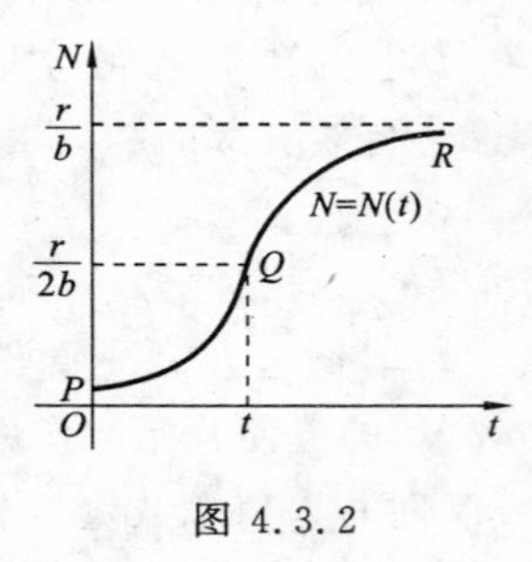

图 4.3.2

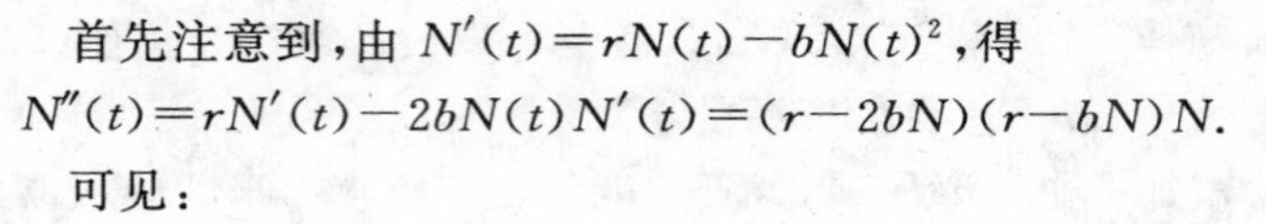

首先注意到,由 $N'(t)=rN(t)-bN(t)^2$,得

$$N''(t)=rN'(t)-2bN(t)N'(t)=(r-2bN)(r-bN)N.$$

可见:

(1) 当 $t\to+\infty$ 时,因为 $e^{-rt}\to 0$,故 $N(t)\to\frac{r}{b}$.(这便是未来的稳定人口数)

(2) 在 $N<\frac{r}{2b}$(曲线弧 PQ)时,$N''(t)>0$,$N'(t)$ 单调增加.

(3) 在 $N>\frac{r}{2b}$(曲线弧 QR)时,$N''(t)<0$,$N'(t)$ 单调减少.

这三个数学结果可以解释如下:

(1) 在弗尔豪斯模型下,随着时间的进行,$N(t)$ 的变化呈单调增加,最终将会达到一个固定数值 $\frac{r}{b}$,并且这个结果与目前地球上的人数 N_0 没有关系. 考虑到目前地球人口已达 60 亿,故 $\frac{r}{b}>60$ 亿. 可见,环境系数 b 小于自然增长系数 r 的 60 亿分之一,是个非常小的正数. 西方一些生态学家已经估计出 $r=0.029$,并结合历史资料预测出,地球上的总人口数最终趋于 $\frac{r}{b}=107.6$ 亿!

(2) 在人口数未达到极限规模 $\frac{r}{b}$ 的一半 $\frac{r}{2b}$ 之前,由于 $N'(t)$ 单调增加,地球总人口数的增长度呈加快态势,或者说,世界人口处于加速增长时期.

(3) 在人口数超过极限规模的一半之后,地球的人口数 $N(t)$ 仍然会继续增长,但由于 $N'(t)$ 单调递减,即增长率逐步减小,直到最后趋于零,使世界人口数趋于常数 $\frac{r}{b}$.

4. 数学推论的可信性

以上结论是否正确呢？这有待于历史的验证.非常有意思的是，既便得出的结果与实际很不相符，人们也不会指责数学家，而是怀疑生物学家的模型假设是否合理.从这个意义上看，数学家所做的事情只是可靠的推理与计算，如果你承认命题 A，则数学家由 A 可以推出命题 B. B 的正确与否，完全取决于 A 是否正确.因此，人们认为数学理论中不存在绝对的真理，它所做的事情是从几个公理或公设出发，推导出许多深刻的、丰富的、隐藏在事物之后的结果.假如，这些公理或公设不被人怀疑其正确性，则用数学方法得出的结果就一样可信，并被认为是真理了.

从以上的议论中再进一步，想一想，人们在社会生产活动中又是如何来进行说理，论证一个观点，一个结果的正确性呢？例如，法官常常讲，根据民法第几条第几款，判决如下……；医生则这样说，根据检查结果，对照大量的病例，我认为该病人所患的可能是……

这些推理方法与数学推理的共同点在于都是由一定的公设或公约(无可争辩)出发，来得出自己的结论.而不同的是，所得出的结论并不唯一或并不确定，甚至有时候不同的人得出的结果完全相反.于是人们在打官司时要聘请能言善辩的律师，看病时要找经验丰富的医师，但是一个数学结果的出现，无论出自哪位数学家之手都一样可信.只要正确，那便是唯一的.

习题 4.3

1. 求解下列二阶常系数线性齐次微分方程：

(1) $y''+y'-2y=0$；　(2) $y''-4y'=0$；　(3) $y''+y=0$；

(4) $y''+6y'+13y=0$；　(5) $y''-4y'+4y=0$.

2. 求 $y''-4y'+3y=0$，满足 $y(0)=6, y'(0)=10$ 的特解.

3. 求 $y''-3y'+2y=5$，满足 $y(0)=1, y'(0)=2$ 的特解.

参考答案

1. (1) $y=C_1e^{x}+C_2e^{-2x}$；　(2) $y=C_1+C_2e^{4x}$；　(3) $y=C_1\cos x+C_2\sin x$；

(4) $y=e^{-3x}(C_1\cos 2x+C_2\sin 2x)$；　(5) $y=(C_1+C_2x)e^{2x}$.

2. $y=4e^{x}+2e^{3x}$.

3. $y=-5e^{x}+\frac{7}{2}e^{2x}+\frac{5}{2}$.

第5章　线性代数初步

在初等数学中，我们已学过不少属于代数学的知识.人类早在蒙昧时代便形成了数的概念，并在3万年前有了手指记数、石子记数、结绳记数与刻痕记数的方法.大约在距今5000多年前，便出现了用字符记数的系统计数法.河谷文明时代所留下来的纸草书和泥版文书显示，在公元前20世纪，古代埃及的代数水平已经发展到较高水平.例如，人们已能够求解一般的一元一次方程及一元二次方程.但是，一元三次方程及一元四次方程则直到16世纪文艺复兴时期，才由意大利数学家卡尔丹及其学生费拉里得到了求根公式.而后，法国数学家韦达(1540—1603年)首先引入符号a,b,c及x,y来研究代数方程，由此代数学由一门解题术上升为一门科学理论.

在解决了一元三次、一元四次代数方程求根问题之后的两个半世纪内，人们寻求五次以上方程的求根公式的种种努力都没有成功.数学家拉格朗日在做出了艰辛的探索之后，在1770年发表论文指出，求解四次以下方程的方法对五次以上方程是不可能奏效的，进而推测五次以上方程没有公式解，遗憾的是他没能证明这一断言.

半个世纪之后，在1824年，年仅22岁的挪威数学家阿贝尔(1802—1829年)终于证明了拉格朗日所提出的结论：对一般情形，由系数$a_1,a_2,\cdots,a_n(n\geqslant 5)$所组成的任何根式都不是一元$n$次代数方程的根.而法国的年轻数学家伽罗瓦(1811—1832年)则指明了在一定条件下，某些特殊方程可以有根式形式的解，从而宣告经历了300年的求根难题彻底解决.

另一方面，在线性方程组的求解问题上，也经历了不平凡的发展过程.早在公元一世纪，人们一直用消元法求解三元一次方程组.直到17世纪后期，莱布尼兹、马克劳林等人才开始用系数行列式来表示方程组.到1750年，瑞士数学家克莱姆利用行列式方法得到了线性方程组在系数行列式非零时的求解公式——克莱姆法则.行列式概念首先由日本数学家关孝和(1642—1708年)提出，而对行列式进行系统研究的应当是法国数学家范德蒙(1735—1796年).一般的线性方程组求解问题则是在19世纪当矩阵方法出现之后才得到完全解决的.现在，高斯消元法是求解一般的线性方程组的有效而简便的工具.

在这一章中，我们将以求解线性方程组问题为主线索，介绍行列式、矩阵的基本概念，以及应用克莱姆法则与高斯消元法求解线性方程组的基本理论.

5.1 行列式与线性方程组

5.1.1 行列式的概念

行列式概念源于二、三元线性方程组的解法，我们从求解二元一次方程组出发，引入二阶行列式，得出用行列式表示线性方程组通解的公式.

考虑以 x_1,x_2 为未知数的二元线性方程组

$$\begin{cases} a_{11}x_1+a_{12}x_2=b_1, \\ a_{21}x_1+a_{22}x_2=b_2. \end{cases} \tag{①}$$

如果常数项 b_1,b_2 不同时为零，则称该方程组为非齐次的；如果 b_1,b_2 都为零，则称它是齐次的. 其中 $a_{ij}(i,j=1,2)$ 称为方程组①的系数.

如何求解方程组①呢？在初等数学中，我们是采用消元法完成的，比如说若要消去 x_2，便从一个方程中解出 x_2，代到另一个方程中得

$$(a_{11}a_{22}-a_{12}a_{21})x_1=b_1a_{22}-b_2a_{12}.$$

类似地，若要消去 x_1，则可得

$$(a_{11}a_{22}-a_{12}a_{21})x_2=b_2a_{11}-b_1a_{21}.$$

当 $a_{11}a_{22}-a_{12}a_{21}\neq 0$ 时，上面的两个式子可写成

$$x_1=\frac{b_1a_{22}-b_2a_{12}}{a_{11}a_{22}-a_{12}a_{21}},\quad x_2=\frac{b_2a_{11}-b_1a_{21}}{a_{11}a_{22}-a_{12}a_{21}}. \tag{②}$$

公式②便是方程组①的唯一解.

为了方便地记住公式②，人们引进以下记号

$$\begin{vmatrix} a_{11} & a_{12} \\ a_{21} & a_{22} \end{vmatrix}=a_{11}a_{22}-a_{12}a_{21},$$

称 $\begin{vmatrix} a_{11} & a_{12} \\ a_{21} & a_{22} \end{vmatrix}$ 为**二阶行列式**，其中横排叫**行**，竖排叫**列**，a_{ij} 表示位于第 i 行、第 j 列的那个**元**(**素**). 行列式的值是其元素按照一定法则运算出来的一个数. 如下图中的形象表示.

$$\begin{matrix} a_{11} & & a_{12} \\ & \times & \\ a_{21} & & a_{22} \end{matrix}$$

实线为主对角线，虚线为次对角线. 因此，二阶行列式的值是主对角线上的元素之积减去次对角线上的元素之积.

有了二阶行列式的概念，公式②中的分子和分母可分别记为

$$b_1a_{22}-b_2a_{12}=\begin{vmatrix} b_1 & a_{12} \\ b_2 & a_{22} \end{vmatrix}\xlongequal{\text{记作}}D_1,$$

$$b_2a_{11}-b_1a_{21}=\begin{vmatrix} a_{11} & b_1 \\ a_{21} & b_2 \end{vmatrix} \xlongequal{\text{记作}} D_2,$$

$$a_{11}a_{22}-a_{12}a_{21}=\begin{vmatrix} a_{11} & a_{12} \\ a_{21} & a_{22} \end{vmatrix} \xlongequal{\text{记作}} D.$$

于是方程组①的解便可以写成较简单的形式：

$$x_1=\frac{D_1}{D},\quad x_2=\frac{D_2}{D}\quad (D\neq 0). \tag{③}$$

由于 D 是由未知数 x_1,x_2 的系数组成的，故称之为方程组的**系数行列式**，D_1 是把系数行列式 D 的第一列(即方程组中 x_1 的系数)换成相应的常数项，D_2 是把系数行列式 D 的第二列(即方程组中 x_2 的系数)换成常数项.

有了公式③，我们便可以直接利用行列式来求解二元线性方程组，而无需对方程组进行消元推导.

例 1 求解方程组

$$\begin{cases} 3x=4+5y, \\ 2y=x+3. \end{cases}$$

解 首先将方程组写成式①的形式，称为标准化：

$$\begin{cases} 3x-5y=4, \\ x-2y=-3, \end{cases}$$

于是，有

$$D=\begin{vmatrix} 3 & -5 \\ 1 & -2 \end{vmatrix}=-6+5=-1,$$

$$D_1=\begin{vmatrix} 4 & -5 \\ -3 & -2 \end{vmatrix}=-8-15=-23,$$

$$D_2=\begin{vmatrix} 3 & 4 \\ 1 & -3 \end{vmatrix}=-9-4=-13.$$

利用公式③，立刻得到方程组的解为

$$x=\frac{D_1}{D}=23,\quad y=\frac{D_2}{D}=13.$$

公式③中要求作为分母的 $D\neq 0$，但是如果 $D=0$，方程组的解是否存在呢？为了便于理解，我们用平面解析几何的方法对这一问题进行分析.

为了与直角坐标系的变量一致，先将方程组①中的 x_1 以 x 代之，x_2 以 y 代之，则方程组

$$\begin{cases} a_{11}x+a_{12}y=b_1, \\ a_{21}x+a_{22}y=b_2 \end{cases}$$

便是平面上两直线方程的联立，其解就是两直线的交点坐标.

由方程表达式知，两直线的斜率分别为

$$k_1=-\frac{a_{11}}{a_{21}},\quad k_2=-\frac{a_{12}}{a_{22}},$$

由于

$$k_1=k_2\Leftrightarrow \frac{a_{11}}{a_{21}}=\frac{a_{12}}{a_{22}}\Leftrightarrow a_{11}a_{22}-a_{12}a_{21}=0\Leftrightarrow \begin{vmatrix} a_{11} & a_{12} \\ a_{21} & a_{22} \end{vmatrix}=0.$$

故当 $D=0$ 时，或者两直线平行，从而方程组无解；或者两直线重合，从而方程组有无穷多个解.

如果两直线既不平行又不重合，即两条直线有唯一的交点，则有 $k_1\neq k_2$（此时 $D\neq 0$）. 这说明二元一次方程组的系数行列式 D 不等于零时，方程组有唯一解，于是我们得到下列定理.

定理 1　方程组①有唯一解的充分必要条件是，它们的系数行列式不为零，其唯一解由公式③表示.

接下来，我们进一步研究三元线性方程组：

$$\begin{cases} a_{11}x_1+a_{12}x_2+a_{13}x_3=b_1, \\ a_{21}x_1+a_{22}x_2+a_{23}x_3=b_2, \\ a_{31}x_1+a_{32}x_2+a_{33}x_3=b_3. \end{cases} \quad ④$$

还是用消元法. 首先将前两个方程联立消去 x_3，再将后两个方程联立也消去 x_3，得到只含有 x_1,x_2 的两个二元线性方程，再从这两个方程中消去 x_2，则得到

$$Dx_1=D_1,$$

其中　$$D=a_{11}a_{22}a_{33}+a_{12}a_{23}a_{31}+a_{13}a_{21}a_{32}-a_{31}a_{22}a_{13}-a_{32}a_{23}a_{11}-a_{33}a_{21}a_{12}, \quad ⑤$$

$$D_1=b_1a_{22}a_{33}+b_3a_{12}a_{23}+b_2a_{32}a_{13}-b_3a_{22}a_{13}-a_{32}a_{23}b_1-a_{33}b_2a_{12}. \quad ⑥$$

仔细比较可以看出，D_1 是把 D 中 a_{11},a_{21},a_{31} 分别换成 b_1,b_2,b_3 的结果. 当系数 $D\neq 0$ 时，得出

$$x_1=\frac{D_1}{D}.$$

采用类似的消元手段，可以求出 $x_2=\frac{D_2}{D},x_3=\frac{D_3}{D}$（$D\neq 0$），这里的 D_2,D_3 是把 D 中的 a_{12},a_{22},a_{32} 及 a_{13},a_{23},a_{33} 分别换成 b_1,b_2,b_3 的结果.

同二元方程组的解一样，为了便于记忆，类似于二阶行列式，我们将式⑤的 D 的算式记作

$$\begin{vmatrix} a_{11} & a_{12} & a_{13} \\ a_{21} & a_{22} & a_{23} \\ a_{31} & a_{32} & a_{33} \end{vmatrix}, \quad ⑦$$

称之为**三阶行列式**，三阶行列式含有三行三列. 人们发现，式⑤可以用式⑦中的 9 个元素按照以下容易记住的对角线法则构成：

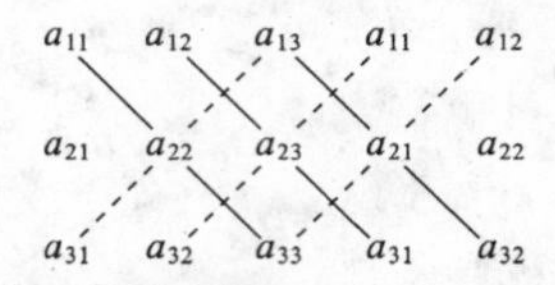

其中实线位置上三数之积前冠以正号,虚线位置上三数之积前冠以负号,它们的代数和便是 D 的值.

比较式⑥中 D_1 的算式,以及 D_2,D_3 的特点,我们得到

$$D_1=\begin{vmatrix} b_1 & a_{12} & a_{13} \\ b_2 & a_{22} & a_{23} \\ b_3 & a_{32} & a_{33} \end{vmatrix};\quad D_2=\begin{vmatrix} a_{11} & b_1 & a_{13} \\ a_{21} & b_2 & a_{23} \\ a_{31} & b_3 & a_{33} \end{vmatrix};\quad D_3=\begin{vmatrix} a_{11} & a_{12} & b_1 \\ a_{21} & a_{22} & b_2 \\ a_{31} & a_{32} & b_3 \end{vmatrix}.$$

有了三阶行列式的记法,我们便可以将方程组④当 $D\neq 0$ 时的唯一解表示为

$$x_1=\frac{D_1}{D},\quad x_2=\frac{D_2}{D},\quad x_3=\frac{D_3}{D}\quad (D\neq 0).\qquad ⑧$$

这样,求解方程组④的问题便可归结为求解三阶行列式问题.

例 2　求三阶行列式之值

$$D=\begin{vmatrix} 1 & 2 & 3 \\ 6 & 5 & 4 \\ 8 & 9 & 7 \end{vmatrix}.$$

解　由对角线法则,得

$$\begin{aligned} D &=1\cdot 5\cdot 7+2\cdot 4\cdot 8+3\cdot 6\cdot 9-3\cdot 5\cdot 8-2\cdot 6\cdot 7-1\cdot 4\cdot 9 \\ &=35+64+162-120-84-36=21. \end{aligned}$$

例 3　求解三元线性方程组

$$\begin{cases} 2x_1-4x_2+x_3=1, \\ x_1-5x_2+3x_3=2, \\ x_1-x_2+x_3=-1. \end{cases}$$

解　$D=\begin{vmatrix} 2 & -4 & 1 \\ 1 & -5 & 3 \\ 1 & -1 & 1 \end{vmatrix}=-10-12-1+5+4+6=-8,$

$$D_1=\begin{vmatrix} 1 & -4 & 1 \\ 2 & -5 & 3 \\ -1 & -1 & 1 \end{vmatrix}=11,\quad D_2=\begin{vmatrix} 2 & 1 & 1 \\ 1 & 2 & 3 \\ 1 & -1 & 1 \end{vmatrix}=9,\ D_3=\begin{vmatrix} 2 & -4 & 1 \\ 1 & -5 & 2 \\ 1 & -1 & -1 \end{vmatrix}=6,$$

于是得方程组的解为

$$x_1=-\frac{11}{8},\quad x_2=-\frac{9}{8},\quad x_3=-\frac{3}{4}.$$

可以期望,用二阶、三阶行列式来表示二元、三元线性方程组的解的方法能够推广

到求解 n 元线性方程组. 为此来介绍 n 阶行列式的定义.

设有 n^2 个数 $a_{ij}\,(i,j=1,2,\cdots,n)$，把它们排成 n 行、n 列，记成

$$\begin{vmatrix} a_{11} & a_{12} & \cdots & a_{1n} \\ a_{21} & a_{22} & \cdots & a_{2n} \\ \vdots & \vdots & & \vdots \\ a_{n1} & a_{n2} & \cdots & a_{nn} \end{vmatrix},$$

称之为 n **阶行列式**，简记为 $D_{n\times n}$ 或 D，a_{ij} 表示第 i 行、第 j 列的**数或元(素)**.

为了合理地定义 n 阶行列式的计算法则，使之与实际得到的线性方程组求解公式一致，我们先分析三阶行列式的计算特点.

由二阶行列式和三阶行列式的计算方法，人们发现以下关系：

$$\begin{vmatrix} a_{11} & a_{12} & a_{13} \\ a_{21} & a_{22} & a_{23} \\ a_{31} & a_{32} & a_{33} \end{vmatrix} = a_{11}\begin{vmatrix} a_{22} & a_{23} \\ a_{32} & a_{33} \end{vmatrix} - a_{12}\begin{vmatrix} a_{21} & a_{23} \\ a_{31} & a_{33} \end{vmatrix} + a_{13}\begin{vmatrix} a_{21} & a_{22} \\ a_{31} & a_{32} \end{vmatrix}, \qquad ⑨$$

就是用三阶行列式中某些元素形成的三个二阶行列式(称作子式)与某行元素的乘积的代数和来表达三阶行列式. 为寻找规律，进一步将式⑨记作

$$D = a_{11}A_{11} + a_{12}A_{12} + a_{13}A_{13}, \qquad ⑩$$

其中，A_{ij} 是将 D 中划去第 i 行和第 j 列后剩下的元素，按其相对位置形成的二阶行列式乘以符号 $(-1)^{i+j}$ 而成的算式，称为 a_{ij} 的**代数余子式**. 例如 a_{12} 对应的代数余子式为

$$A_{12} = (-1)^{1+2}\begin{vmatrix} a_{11} & a_{12} & a_{13} \\ a_{21} & a_{22} & a_{23} \\ a_{31} & a_{32} & a_{33} \end{vmatrix} = -\begin{vmatrix} a_{21} & a_{23} \\ a_{31} & a_{33} \end{vmatrix},$$

a_{22} 对应的代数余子式为

$$A_{22} = (-1)^{2+2}\begin{vmatrix} a_{11} & a_{12} & a_{13} \\ a_{21} & a_{22} & a_{23} \\ a_{31} & a_{32} & a_{33} \end{vmatrix} = \begin{vmatrix} a_{11} & a_{13} \\ a_{31} & a_{33} \end{vmatrix}.$$

类似地可定义 n 阶行列式中元素 a_{ij} 的代数余子式.

注意到式⑩中的 a_{ij} 均来自于第一行，因此称其为按第一行的展开公式. 类似地可以写出按照其他行或者列的展开公式.

式⑩表明三阶行列式可以用内部的一些二阶行列式来表述，于是就可考虑用内部的一些三阶行列式去定义四阶行列式. 那么四阶行列式可如下定义(按第一行展开)：

$$\begin{vmatrix} a_{11} & a_{12} & a_{13} & a_{14} \\ a_{21} & a_{22} & a_{23} & a_{24} \\ a_{31} & a_{32} & a_{33} & a_{34} \\ a_{41} & a_{42} & a_{43} & a_{44} \end{vmatrix} = a_{11}A_{11} + a_{12}A_{12} + a_{13}A_{13} + a_{14}A_{14}$$

$$=a_{11}\begin{vmatrix}a_{22}&a_{23}&a_{24}\\a_{32}&a_{33}&a_{34}\\a_{42}&a_{43}&a_{44}\end{vmatrix}-a_{12}\begin{vmatrix}a_{21}&a_{23}&a_{24}\\a_{31}&a_{33}&a_{34}\\a_{41}&a_{43}&a_{44}\end{vmatrix}+a_{13}\begin{vmatrix}a_{21}&a_{22}&a_{24}\\a_{31}&a_{32}&a_{34}\\a_{41}&a_{42}&a_{44}\end{vmatrix}$$

$$-a_{14}\begin{vmatrix}a_{21}&a_{22}&a_{23}\\a_{31}&a_{32}&a_{33}\\a_{41}&a_{42}&a_{43}\end{vmatrix}. \qquad ⑪$$

类似地可以给出 n 阶行列式的定义.必须指出,四阶以上的行列式按照对角线法则也可得到一个算式,但它与上述行列式定义不符.

例 4 计算四阶行列式

$$D=\begin{vmatrix}1&3&-2&4\\2&0&0&-3\\-1&2&1&0\\5&0&-1&2\end{vmatrix}.$$

解 由于第二行里有较多的 0,故按第二行展开的计算量较小.于是由式⑪得

$$D=2(-1)^{2+1}\begin{vmatrix}3&-2&4\\2&1&0\\0&-1&2\end{vmatrix}+0+0+(-3)(-1)^{2+4}\begin{vmatrix}1&3&-2\\-1&2&1\\5&0&-1\end{vmatrix}.$$

再将第一个三阶行列式按第二行展开,第二个三阶行列式按第三行展开,得

$$\begin{aligned}D=&-2\left[2(-1)^{2+1}\begin{vmatrix}-2&4\\-1&2\end{vmatrix}+(-1)^{2+2}\begin{vmatrix}3&4\\0&2\end{vmatrix}\right]\\&-3\left[5(-1)^{3+1}\begin{vmatrix}3&-2\\2&1\end{vmatrix}+(-1)(-1)^{3+3}\begin{vmatrix}1&3\\-1&2\end{vmatrix}\right]\\=&-2(0+6)-3(35-5)=-102.\end{aligned}$$

显然,当行列式某行或某列的元素全为 0 时,此行列式的值为 0.

5.1.2 行列式的性质

从以上可知,当行列式的阶数大于 3 时,计算就复杂多了.为此我们来介绍对行列式进行变形、化简的若干性质.为了使叙述简单起见,下面仅用三阶行列式来表述,而这些性质对于任意 n 阶行列式都成立.

性质 1 把行列式的行和列互换(次序不变),行列式的值不变,即

$$\begin{vmatrix}a_{11}&a_{12}&a_{13}\\a_{21}&a_{22}&a_{23}\\a_{31}&a_{32}&a_{33}\end{vmatrix}=\begin{vmatrix}a_{11}&a_{21}&a_{31}\\a_{12}&a_{22}&a_{32}\\a_{13}&a_{23}&a_{33}\end{vmatrix}.$$

由性质 1 可得,行列式的行与列是对等的,于是行列式的有关行(或列)的性质对于列(或行)也适用.

性质 2　两行(或列)互换,符号改变,如第二行与第三行互换,有

$$\begin{vmatrix} a_{11} & a_{12} & a_{13} \\ a_{21} & a_{22} & a_{23} \\ a_{31} & a_{32} & a_{33} \end{vmatrix} = -\begin{vmatrix} a_{11} & a_{12} & a_{13} \\ a_{31} & a_{32} & a_{33} \\ a_{21} & a_{22} & a_{23} \end{vmatrix}.$$

性质 3　某行(或列)的公因数,可以提到行列式外面. 例如

$$\begin{vmatrix} a_{11} & ka_{12} & a_{13} \\ a_{21} & ka_{22} & a_{23} \\ a_{31} & ka_{32} & a_{33} \end{vmatrix} = k\begin{vmatrix} a_{11} & a_{12} & a_{13} \\ a_{21} & a_{22} & a_{23} \\ a_{31} & a_{32} & a_{33} \end{vmatrix}.$$

性质 4　若有两行(或列)的元素成比例(特别地,两行元素相同),则行列式的值为零. 例如

$$\begin{vmatrix} a_{11} & a_{12} & a_{13} \\ ka_{11} & ka_{12} & ka_{13} \\ a_{31} & a_{32} & a_{33} \end{vmatrix} = 0.\quad \text{(第一行与第二行成比例)}$$

性质 5　某行(或列)加上另一行(或列)的常数倍,行列式的值不变. 例如

$$\begin{vmatrix} a_{11} & a_{12} & a_{13} \\ a_{21} & a_{22} & a_{23} \\ a_{31} & a_{32} & a_{33} \end{vmatrix} = \begin{vmatrix} a_{11} & a_{12} & a_{13}+ka_{11} \\ a_{21} & a_{22} & a_{23}+ka_{21} \\ a_{31} & a_{32} & a_{33}+ka_{31} \end{vmatrix}.$$

例 5　利用行列式的性质化简并计算行列式

$$D = \begin{vmatrix} 2 & -1 & 5 \\ 1 & 2 & -3 \\ 4 & -2 & 6 \end{vmatrix}.$$

解　$D \xlongequal[\text{提出来}]{\text{第三行因子 2}} 2\begin{vmatrix} 2 & -1 & 5 \\ 1 & 2 & -3 \\ 2 & -1 & 3 \end{vmatrix} \xlongequal[\text{加到第三行}]{\text{第一行乘}-1} 2\begin{vmatrix} 2 & -1 & 5 \\ 1 & 2 & -3 \\ 0 & 0 & -2 \end{vmatrix}$

$$= 2\cdot(-2)(-1)^{3+3}\begin{vmatrix} 2 & -1 \\ 1 & 2 \end{vmatrix} = -20.\quad \text{(按第三行展开)}$$

例 6　计算四阶对角形行列式(未写出的元素是 0)

$$(1)\ D = \begin{vmatrix} a & & & \\ & b & & \\ & & c & \\ & & & d \end{vmatrix};\quad (2)\ D = \begin{vmatrix} & & & a \\ & & b & \\ & c & & \\ d & & & \end{vmatrix}.$$

解　(1) 按第一行展开,然后对三阶行列式用对角线法则,得

$$D = a\begin{vmatrix} b & & \\ & c & \\ & & d \end{vmatrix} = abcd.$$

(2) 从第一行展开,注意 A_{14} 中的符号为 $(-1)^{1+4}=-1$,得

$$D=aA_{14}=-a\begin{vmatrix} & & b\\ & c & \\ d & & \end{vmatrix}=a(bcd)=abcd.$$

例 7　计算四阶行列式

$$D=\begin{vmatrix} 0 & a & 0 & 0\\ b & 0 & 0 & 0\\ 0 & 0 & c & 0\\ 0 & 0 & 0 & d \end{vmatrix}.$$

解　按第一行展开,得

$$D=a\cdot(-1)^{1+2}\begin{vmatrix} b & & \\ & c & \\ & & d \end{vmatrix}=-abcd.$$

例 8　证明 $D=\begin{vmatrix} 1 & 1 & 1\\ a & b & c\\ b+c & c+a & a+b \end{vmatrix}=0.$

证　将第二行加到第三行后,提出公因式 $a+b+c$,得

$$D=\begin{vmatrix} 1 & 1 & 1\\ a & b & c\\ a+b+c & a+b+c & a+b+c \end{vmatrix}=(a+b+c)\begin{vmatrix} 1 & 1 & 1\\ a & b & c\\ 1 & 1 & 1 \end{vmatrix},$$

由性质 4 知,$D=0$.

5.1.3　克莱姆法则

以下我们介绍 n 元线性方程组

$$\begin{cases} a_{11}x_1+a_{12}x_2+\cdots+a_{1n}x_n=b_1,\\ a_{21}x_1+a_{22}x_2+\cdots+a_{2n}x_n=b_2,\\ \quad\vdots\\ a_{n1}x_1+a_{n2}x_2+\cdots+a_{nn}x_n=b_n \end{cases} \qquad ⑫$$

的求解公式——克莱姆法则,该法则如下.

定理 2　当系数 a_{ij} $(1\leqslant i,j\leqslant n)$ 构成的 n 阶行列式 $D\neq 0$ 时,方程⑫有唯一的一组解:

$$x_1=\frac{D_1}{D},\quad x_2=\frac{D_2}{D},\quad \cdots,\quad x_n=\frac{D_n}{D},$$

其中,D_i 是把 D 中第 i 列元素用式⑫右边的一列数 $b_1,b_2,\cdots,b_n$ 替换后的 n 阶行列式.

证　以下只推导 $x_1=\dfrac{D_1}{D}$,其他公式的推导是类似的.

考虑系数行列式

$$D=\begin{vmatrix} a_{11} & a_{12} & \cdots & a_{1n} \\ a_{21} & a_{22} & \cdots & a_{2n} \\ \vdots & \vdots & & \vdots \\ a_{n1} & a_{n2} & \cdots & a_{nn} \end{vmatrix}$$

的第一列的元素 $a_{11},a_{21},\cdots,a_{n1}$ 的 n 个代数余子式

$$A_{11},A_{21},\cdots,A_{n1},$$

依次用 A_{i1} 去乘式⑫的第 i 个方程两边($1\leqslant i\leqslant n$),得

$$\begin{cases} a_{11}A_{11}x_1+a_{12}A_{11}x_2+\cdots+a_{1n}A_{11}x_n=b_1A_{11}, \\ a_{21}A_{21}x_1+a_{22}A_{21}x_2+\cdots+a_{2n}A_{21}x_n=b_2A_{21}, \\ \vdots \\ a_{n1}A_{n1}x_1+a_{n2}A_{n1}x_2+\cdots+a_{nn}A_{n1}x_n=b_nA_{n1}. \end{cases} \tag{13}$$

将这 n 个方程相加,并依照因子 $x_1,x_2,\cdots,x_n$ 集项,得

$$\left(\sum_{t=1}^{n}a_{t1}A_{t1}\right)x_1+\left(\sum_{t=1}^{n}a_{t2}A_{t1}\right)x_2+\cdots+\left(\sum_{t=1}^{n}a_{tn}A_{t1}\right)x_n=\sum_{t=1}^{n}b_tA_{t1}. \tag{14}$$

由于

$$D\xlongequal[\text{展开}]{\text{按第一列}}a_{11}A_{11}+a_{21}A_{21}+\cdots+a_{n1}A_{n1}=\sum_{t=1}^{n}a_{t1}A_{t1},$$

$$0\xlongequal[\text{完全相同}]{\text{第一、二列}}\begin{vmatrix} a_{12} & a_{12} & \cdots & a_{1n} \\ a_{22} & a_{22} & \cdots & a_{2n} \\ \vdots & \vdots & & \vdots \\ a_{n2} & a_{n2} & \cdots & a_{nn} \end{vmatrix}\xlongequal[\text{展开}]{\text{按第一列}}a_{12}A_{11}+a_{22}A_{21}+\cdots+a_{n2}A_{n1}=\sum_{t=1}^{n}a_{t2}A_{t1},$$

故式⑭中 x_1 的系数为 D,x_2 的系数为 0. 类似地说明 $x_i(i=3,4,\cdots,n)$的系数为零,并且

$$\sum_{t=1}^{n}b_tA_{t1}=b_1A_{11}+b_2A_{21}+\cdots+b_nA_{n1}=\begin{vmatrix} b_1 & a_{12} & \cdots & a_{1n} \\ b_2 & a_{22} & \cdots & a_{2n} \\ \vdots & \vdots & & \vdots \\ b_n & a_{n2} & \cdots & a_{nn} \end{vmatrix}=D_1,$$

故式⑭化简为

$$Dx_1=D_1.$$

在 $D\neq 0$ 时,即得到 $x_1=D_1/D$,证毕.

当 $D=0$ 时,方程组⑫的解是否存在呢?由以上的算式知,此时若 $D_i(1\leqslant i\leqslant n)$中有一个不等于零,便会出现矛盾关系而导致方程组⑫无解;而当 D_i 全等于零时解的存

在性问题比较复杂,将在 5.3 节中系统讨论.

当方程组⑫中的 $b_1,b_2,\cdots,b_n$ 全为零时,称方程组为**齐次线性方程组**,否则称为**非齐次线性方程组**.

直接代入可知,齐次线性方程组至少有一组零解

$$x_1=0,\ x_2=0,\ \cdots,\ x_n=0,$$

当 $D\neq0$ 时,由定理 2 知,齐次线性方程组只有零解;而当 $D=0$ 时,可以证明齐次线性方程组有非零解(见 5.3 节).

例 9 设齐次方程组

$$\begin{cases}ax_1+x_2+x_3=0,\\x_1+ax_2-x_3=0,\\2x_1-x_2+x_3=0\end{cases}$$

有非零解,求 a 的值.

解 利用行列式的运算法则计算系数行列式:

$$D=\begin{vmatrix}a&1&1\\1&a&-1\\2&-1&1\end{vmatrix}=(a+1)\begin{vmatrix}1&1&0\\1&a&-1\\2&-1&1\end{vmatrix}=(a+1)\begin{vmatrix}1&0&0\\1&a-1&-1\\2&-3&1\end{vmatrix}$$

$$=(a+1)\begin{vmatrix}a-1&-1\\-3&-1\end{vmatrix}=(a+1)(a-4).$$

齐次方程组有非零解表明解不唯一,于是由定理 2 知,只有当 $D=0$,即 $a=-1,4$ 时,方程组才可能有非零解.

习题 5.1

1. 依据例 6 说明对角线法则不适合四阶行列式的当前定义.

2. $\begin{vmatrix}a&0&0\\0&a&0\\0&0&a\end{vmatrix}$ 与 $\begin{vmatrix}0&0&a\\0&a&0\\a&0&0\end{vmatrix}$ 相等吗?它们有何关系?

3. 设 $\begin{vmatrix}a_1&a_2&a_3\\b_1&b_2&b_3\\c_1&c_2&c_3\end{vmatrix}=5$,则

$$\begin{vmatrix}b_1&b_2&b_3\\a_1&a_2&a_3\\c_1&c_2&c_3\end{vmatrix},\quad\begin{vmatrix}b_1&b_2&b_3\\c_1&c_2&c_3\\a_1&a_2&a_3\end{vmatrix},\quad\begin{vmatrix}a_1&a_2&a_3\\a_1&a_2&a_3\\c_1&c_2&c_3\end{vmatrix},$$

$$k\begin{vmatrix}a_1&a_2&a_3\\b_1&b_2&b_3\\c_1&c_2&c_3\end{vmatrix}\ (k\neq0),\quad\begin{vmatrix}ka_1&ka_2&ka_3\\kb_1&kb_2&kb_3\\kc_1&kc_2&kc_3\end{vmatrix}\ (k\neq0).$$

各等于多少?

4. 计算下列行列式:

(1) $\begin{vmatrix} 2 & 3 \\ -1 & 4 \end{vmatrix}$;　(2) $\begin{vmatrix} a-b & b \\ -b & a+b \end{vmatrix}$;　(3) $\begin{vmatrix} \cos\theta & -\sin\theta \\ \sin\theta & \cos\theta \end{vmatrix}$;

(4) $\begin{vmatrix} 0 & 3 & 0 \\ -1 & 4 & 7 \\ 2 & -2 & 1 \end{vmatrix}$;　(5) $\begin{vmatrix} 1 & 0 & 2 \\ 1 & \cos^2\theta & \sin^2\theta \\ 0 & \sin^2\theta & \cos^2\theta \end{vmatrix}$;　(6) $\begin{vmatrix} 3 & 4 & -1 & 2 \\ 0 & 1 & 0 & 0 \\ 5 & 0 & -3 & 1 \\ -2 & 1 & 2 & 1 \end{vmatrix}$.

5. 求解下列线性方程组:

(1) $\begin{cases} 3x_1-5x_2=13, \\ 2x_1+7x_2=81; \end{cases}$　(2) $\begin{cases} 4x-3y=1, \\ 3x-8y=-1; \end{cases}$

(3) $\begin{cases} 5x_1-x_2-x_3=0, \\ x_1+2x_2+3x_3=14, \\ 4x_1+3x_2+2x_3=16; \end{cases}$　(4) $\begin{cases} x+y-z=1, \\ x+2y+2z=2, \\ 3x+3y=3. \end{cases}$

6. 证明下列各等式成立:

(1) $\begin{vmatrix} a_{11} & a_{12} & a_{13} & a_{14} \\ 0 & a_{22} & a_{23} & a_{24} \\ 0 & 0 & a_{33} & a_{34} \\ 0 & 0 & 0 & a_{44} \end{vmatrix}=a_{11}a_{22}a_{33}a_{44}$;　(2) $\begin{vmatrix} a_{11} & a_{12} & 0 & 0 \\ a_{21} & a_{22} & 0 & 0 \\ 0 & 0 & a_{33} & a_{34} \\ 0 & 0 & a_{43} & a_{44} \end{vmatrix}=\begin{vmatrix} a_{11} & a_{12} \\ a_{21} & a_{22} \end{vmatrix}\begin{vmatrix} a_{33} & a_{34} \\ a_{43} & a_{44} \end{vmatrix}$;

(3) $\begin{vmatrix} 0 & 1 & 0 & \cdots & 0 \\ 0 & 0 & 2 & \cdots & 0 \\ \vdots & \vdots & \vdots & & \vdots \\ 0 & 0 & 0 & \cdots & n-1 \\ n & 0 & 0 & \cdots & 0 \end{vmatrix}=(-1)^{n+1}n!$.

参考答案

2. 不相等.　3. -5;5;0;$5k$;$5k^3$.

4. (1) 11;(2) a^2;(3) 1;(4) 45;(5) 1;(6) 0.

5. (1) $x_1=16, x_2=7$;(2) $x=\frac{11}{23}, y=\frac{7}{23}$;(3) $x_1=1, x_2=2, x_3=3$;(4) $x=0, y=1, z=0$.

5.2 矩　阵

当线性方程组中未知数个数与方程个数不相同时,矩阵方法便是研究其解的有力工具.我们首先给出矩阵及其运算的定义,然后讨论矩阵运算的性质以及与线性方程组的联系.

5.2.1 矩阵的概念

定义　设有 $m\times n$ 个数,把它们排成一个具有 m 行、n 列的矩形阵列,并以括号括

之,即

$$\begin{pmatrix} a_{11} & a_{12} & \cdots & a_{1n} \\ a_{21} & a_{22} & \cdots & a_{2n} \\ \vdots & \vdots & & \vdots \\ a_{m1} & a_{m2} & \cdots & a_{mn} \end{pmatrix} \qquad ①$$

称为 $m\times n$(阶)矩阵,用 a_{ij} 表示第 i 行、第 j 列的元(素),矩阵①有时简记作

$$\mathbf{A}=\mathbf{A}_{m\times n}=(a_{ij}).$$

矩阵可用来记录有一定位置特点的数据库.

例 1 从 m 个煤矿甲$_1$,甲$_2$,…,甲$_m$ 向 n 个工厂乙$_1$,乙$_2$,…,乙$_n$ 提供煤. a_{ij} 是煤矿甲$_i$ 运往工厂乙$_j$ 的煤量,以下表格的数据矩阵表示了这些煤矿向各个工厂所送煤量的信息.

运煤量 工厂 / 煤矿	乙$_1$	乙$_2$	…	乙$_n$
甲$_1$	a_{11}	a_{12}	…	a_{1n}
甲$_2$	a_{21}	a_{22}	…	a_{2n}
⋮	⋮	⋮		⋮
甲$_m$	a_{m1}	a_{m2}	…	a_{mn}

我们先来认识几种特殊的矩阵.

当矩阵 $\mathbf{A}$ 中所有的元素均为零时,则称 $\mathbf{A}$ 为零矩阵,记作 $\mathbf{0}$.

当矩阵 $\mathbf{A}$ 的行数与列数相等,即 $m=n$ 时,称

$$\mathbf{A}=\begin{pmatrix} a_{11} & a_{12} & \cdots & a_{1n} \\ a_{21} & a_{22} & \cdots & a_{2n} \\ \vdots & \vdots & & \vdots \\ a_{n1} & a_{n2} & \cdots & a_{nn} \end{pmatrix}$$

为 **n 阶矩阵**或 **n 阶方阵**,其中 $a_{11},a_{22},\cdots,a_{nn}$ 称为主对角元,它们所处的位置称为方阵 $\mathbf{A}$ 的**主对角线**;同理,$a_{1n},a_{2(n-1)},a_{3(n-2)},\cdots,a_{n1}$ 所在的位置称为**次对角线**. 如果方阵中主对角线上的元素 a_{ii} 都为 1,而其他元素 $a_{ij}=0(i\neq j)$,则称此 n 阶方阵为**单位矩阵**,记作 $\boldsymbol{I}$,即

$$\boldsymbol{I}=\begin{pmatrix} 1 & 0 & \cdots & 0 \\ 0 & 1 & \cdots & 0 \\ \vdots & \vdots & & \vdots \\ 0 & 0 & \cdots & 1 \end{pmatrix}.$$

说到 n 阶方阵,容易使人联想起 n 阶行列式,但千万不要混淆:n 阶行列式表示的

是一个数，这个数是依据行列式规则用其中的 n^2 个数计算出来的．而 n 阶矩阵则是由 $n\times n$ 个数按一定规律排列成的一个数据表格，因此行列式与矩阵不是同一个概念．

若矩阵 $\boldsymbol{A}$ 的行数 $m=1$，即

$$\boldsymbol{A}=(a_1,a_2,\cdots,a_n),$$

则称此 $1\times n$ 阶矩阵 $\boldsymbol{A}$ 为**行矩阵（或行向量）**．类似地，一个 $n\times 1$ 阶矩阵

$$\boldsymbol{A}=\begin{pmatrix}a_1\\a_2\\\vdots\\a_n\end{pmatrix}$$

被称为**列矩阵（或列向量）**．

设有两个同阶的矩阵 $\boldsymbol{A}$ 和 $\boldsymbol{B}$，仅当它们位于同一行列位置上的元都相等时，才称矩阵 $\boldsymbol{A}$ 和 $\boldsymbol{B}$ 相等，记为 $\boldsymbol{A}=\boldsymbol{B}$；否则矩阵 $\boldsymbol{A}$ 与 $\boldsymbol{B}$ 不相等，记为 $\boldsymbol{A}\neq\boldsymbol{B}$．

如果将矩阵 $\boldsymbol{A}$ 的全部行改为列，同时全部列改为行，保持次序不变，则所形成的矩阵称为原矩阵 $\boldsymbol{A}$ 的**转置矩阵**，记为 $\boldsymbol{A}^{\mathrm{T}}$．例如矩阵①的转置矩阵为

$$\boldsymbol{A}^{\mathrm{T}}=\begin{pmatrix}a_{11}&a_{21}&\cdots&a_{m1}\\a_{12}&a_{22}&\cdots&a_{m2}\\\vdots&\vdots&&\vdots\\a_{1n}&a_{2n}&\cdots&a_{mn}\end{pmatrix}.$$

由此可知，如果矩阵 $\boldsymbol{A}$ 是一个 $m\times n$ 矩阵，那么其转置矩阵 $\boldsymbol{A}^{\mathrm{T}}$ 则是一个 $n\times m$ 矩阵，例如

$$\boldsymbol{A}=\begin{pmatrix}1&-3&5\\4&2&1\end{pmatrix}$$

的转置矩阵为

$$\boldsymbol{A}^{\mathrm{T}}=\begin{pmatrix}1&4\\-3&2\\5&1\end{pmatrix}.$$

如果我们在 $m\times n$ 矩阵 $\boldsymbol{A}$ 中取出 k 个行、k 个列，则由这些行和列相交处的元素按原有位置次序构成的一个 k 阶行列式（注意，是行列式而不是矩阵）称为矩阵 $\boldsymbol{A}$ 的 **k 阶子式**，例如，矩阵

$$\boldsymbol{A}=\begin{pmatrix}1&-2&3\\4&5&6\end{pmatrix}.$$

是 2×3 阶矩阵，它的一阶子式由其中某一个元素组成，因此共有六个一阶子式，它们的值分别是

$$|1|=1,\quad |-2|=-2,\quad |3|=3,$$
$$|4|=4,\quad |5|=5,\quad |-6|=-6.$$

注意不要把一阶行列式的记号与数的绝对值弄混. 而 $\boldsymbol{A}$ 的二阶子式共有三个,即

$$\begin{vmatrix}1 & -2\\4 & 5\end{vmatrix}=13,\quad \begin{vmatrix}1 & 3\\4 & -6\end{vmatrix}=-18,\quad \begin{vmatrix}-2 & 3\\5 & -6\end{vmatrix}=-3.$$

特别地,对于 n 阶方阵,它只有一个 n 阶子式,称这个子式为**矩阵行列式**. 方阵 $\boldsymbol{A}$ 的行列式记为 $|\boldsymbol{A}|$. 例如三阶矩阵

$$\boldsymbol{A}=\begin{pmatrix}1 & 3 & 0\\2 & 4 & -1\\2 & -2 & 1\end{pmatrix}$$

的矩阵行列式为

$$|\boldsymbol{A}|=\begin{vmatrix}1 & 3 & 0\\2 & 4 & -1\\2 & -2 & 1\end{vmatrix}.$$

5.2.2 矩阵的运算

1. 矩阵的和及差

设矩阵 $\boldsymbol{A}$ 与 $\boldsymbol{B}$ 都是 $m\times n$ 矩阵,$\boldsymbol{A}=(a_{ij})$,$\boldsymbol{B}=(b_{ij})$,我们定义 $\boldsymbol{A}\pm\boldsymbol{B}=(a_{ij}\pm b_{ij})$ 为矩阵 $\boldsymbol{A}$ 与 $\boldsymbol{B}$ 的和及差,例如

$$\begin{pmatrix}1 & 2 & 3\\4 & 5 & 6\end{pmatrix}\pm\begin{pmatrix}a & b & c\\x & y & z\end{pmatrix}=\begin{pmatrix}1\pm a & 2\pm b & 3\pm c\\4\pm x & 5\pm y & 6\pm z\end{pmatrix}.$$

由上述定义可知,如果两个矩阵的行数或列数不相同,则二者不可相加减,即只有同型矩阵才可以相加减.

例 2　某百货公司 1 月份卖出 500 台彩电、450 台 DVD、250 台功放,2 月份卖出 706 台彩电、521 台 DVD、270 台功放,3 月份卖出 170 台彩电、150 台 DVD、105 台功放. 试用矩阵表示每个月上述三种商品的售货情况以及一季度总的售货情况.

解　每个月的售货情况分别为

$$\boldsymbol{A}=(500\quad 450\quad 250),$$
$$\boldsymbol{B}=(706\quad 521\quad 270),$$
$$\boldsymbol{C}=(170\quad 150\quad 105).$$

一季度总的售货情况为

$$\begin{aligned}\boldsymbol{A}+\boldsymbol{B}+\boldsymbol{C}&=(500+706+170\quad 450+521+150\quad 250+270+105)\\&=(1376\quad 1121\quad 625).\end{aligned}$$

由定义可推得矩阵的加法满足下列性质:

1°　交换律　$\boldsymbol{A}+\boldsymbol{B}=\boldsymbol{B}+\boldsymbol{A}$;

2°　结合律　$(\boldsymbol{A}+\boldsymbol{B})+\boldsymbol{C}=\boldsymbol{A}+(\boldsymbol{B}+\boldsymbol{C})$;

3°　$\boldsymbol{A}+\boldsymbol{0}=\boldsymbol{A}$.

2. 数乘矩阵

设 k 为实数，$\boldsymbol{A}=(a_{ij})$为 $m\times n$ 矩阵，我们用 $k\boldsymbol{A}$ 表示 k 与 $\boldsymbol{A}$ 的乘积，定义为

$$k\boldsymbol{A}=(ka_{ij}).\quad (k\text{ 乘以 }\boldsymbol{A}\text{ 中的每个元素})$$

例 3　某大学数学系有湖北籍学生 80 位，湖南籍学生 60 位，江西籍学生 35 位，经济系有湖北籍、湖南籍、江西籍学生正好是数学系的两倍，试用矩阵表示此情况.

解　数学系：　　　　　　　　经济系：

$$\boldsymbol{A}=\begin{pmatrix}80\\60\\35\end{pmatrix},\qquad 2\boldsymbol{A}=\begin{pmatrix}160\\120\\70\end{pmatrix}.$$

由定义可得数与矩阵之积满足下列性质.

设 c、k 为实数，$\boldsymbol{A}$、$\boldsymbol{B}$ 为矩阵，则有：

1°　结合律　　$c(k\boldsymbol{A})=(ck\boldsymbol{A})$；

2°　分配律　　$(c+k)\boldsymbol{A}=c\boldsymbol{A}+k\boldsymbol{A}$；

$$k(\boldsymbol{A}+\boldsymbol{B})=k\boldsymbol{A}+k\boldsymbol{B}.$$

例 4　$3\left[\begin{pmatrix}2&-1&3\\1&3&2\end{pmatrix}+\begin{pmatrix}1&4&-1\\2&1&4\end{pmatrix}\right]$

$$=\begin{pmatrix}6&-3&9\\3&9&6\end{pmatrix}+\begin{pmatrix}3&12&-3\\6&3&12\end{pmatrix}=\begin{pmatrix}9&9&6\\9&12&18\end{pmatrix}.$$

例 5　$2\begin{pmatrix}2&7&9\\-1&2&1\\0&4&2\end{pmatrix}=\begin{pmatrix}4&14&18\\-2&4&2\\0&8&4\end{pmatrix}.$

3. 矩阵乘法

设 $\boldsymbol{A}=(a_{ik})$是 $m\times q$ 矩阵，$\boldsymbol{B}=(b_{kj})$是 $q\times n$ 矩阵，即 $\boldsymbol{A}$ 的列数等于 $\boldsymbol{B}$ 的行数，在此条件下我们用 $\boldsymbol{AB}$ 表示 $\boldsymbol{A}$ 与 $\boldsymbol{B}$ 的乘积，$\boldsymbol{AB}=(c_{ij})$是一个 $m\times n$ 矩阵，其中

$$c_{ij}=a_{i1}b_{1j}+a_{i2}b_{2j}+\cdots+a_{ik}b_{kj}+\cdots+a_{iq}b_{qj}=\sum_{k=1}^{q}a_{ik}b_{kj}\ (1\leqslant i\leqslant m,1\leqslant j\leqslant n).$$

即 c_{ij} 是矩阵 $\boldsymbol{A}$ 的第 i 行中各元分别与矩阵 $\boldsymbol{B}$ 的第 j 列中各相应元的乘积的和.

例 6　设 $\boldsymbol{A}=(a_1,a_2,a_3)$，$\boldsymbol{B}=\begin{pmatrix}b_1\\b_2\\b_3\end{pmatrix}$，求 $\boldsymbol{AB}$ 及 $\boldsymbol{BA}$.

解

$$\boldsymbol{AB}=(a_1,a_2,a_3)\begin{pmatrix}b_1\\b_2\\b_3\end{pmatrix}=(a_1b_1+a_2b_2+a_3b_3),$$

$$\boldsymbol{BA}=\begin{pmatrix}b_1\\b_2\\b_3\end{pmatrix}(a_1,a_2,a_3)=\begin{pmatrix}b_1a_1&b_1a_2&b_1a_3\\b_2a_1&b_2a_2&b_2a_3\\b_3a_1&b_3a_2&b_3a_3\end{pmatrix}.$$

注意到矩阵 $\boldsymbol{A}$ 是 1×3 矩阵,$\boldsymbol{B}$ 是 3×1 矩阵,于是 $\boldsymbol{AB}$ 是 1×1 矩阵,即 $\boldsymbol{AB}$ 中只有一个元;而 $\boldsymbol{BA}$ 却是 3×3 矩阵,它有 9 个元.

由定义知,当 $\boldsymbol{A}$ 的列数等于 $\boldsymbol{B}$ 的行数时,乘积 $\boldsymbol{AB}$ 才有意义.矩阵 $\boldsymbol{AB}$ 的行数与 $\boldsymbol{A}$ 的行数相同,列数与 $\boldsymbol{B}$ 的列数相同.可见,并非任意两个矩阵都能相乘.即使 $\boldsymbol{AB}$ 有意义,$\boldsymbol{BA}$ 也不一定有意义.而且即使 $\boldsymbol{AB}$ 与 $\boldsymbol{BA}$ 都有意义,二者也不一定相等.与数的乘法相比较,矩阵的乘法运算具有如下性质:

1° 一般不满足交换律,即

$$\boldsymbol{AB}\neq\boldsymbol{BA}.$$

2° 满足结合律,即

$$\boldsymbol{A}(\boldsymbol{BC})=(\boldsymbol{AB})\boldsymbol{C}.$$

3° 满足分配律,即

$$\boldsymbol{A}(\boldsymbol{B}+\boldsymbol{C})=\boldsymbol{AB}+\boldsymbol{AC},\quad(\boldsymbol{A}+\boldsymbol{B})\boldsymbol{C}=\boldsymbol{AC}+\boldsymbol{BC}.$$

4° $\boldsymbol{AI}=\boldsymbol{IA}=\boldsymbol{A}$ (要求可乘)

例 7 设

$$\boldsymbol{A}=\begin{pmatrix}2&-1\\6&-3\end{pmatrix},\quad\boldsymbol{B}=\begin{pmatrix}1&4\\2&8\end{pmatrix},\quad\boldsymbol{C}=\begin{pmatrix}2&3\\4&6\end{pmatrix}.$$

(1) 证明 $\boldsymbol{AB}=\boldsymbol{0}$; (2) 证明 $\boldsymbol{AB}=\boldsymbol{AC}$.

证 (1) $\boldsymbol{AB}=\begin{pmatrix}2&-1\\6&-3\end{pmatrix}\begin{pmatrix}1&4\\2&8\end{pmatrix}=\begin{pmatrix}2-2&8-8\\6-6&24-24\end{pmatrix}=\begin{pmatrix}0&0\\0&0\end{pmatrix}=\boldsymbol{0}.$

(2) $\boldsymbol{AC}=\begin{pmatrix}2&-1\\6&-3\end{pmatrix}\begin{pmatrix}2&3\\4&6\end{pmatrix}=\begin{pmatrix}4-4&6-6\\12-12&18-18\end{pmatrix}=\boldsymbol{0}.$

$\boldsymbol{AB}$ 与 $\boldsymbol{AC}$ 均为 2×2 的零矩阵,因此 $\boldsymbol{AB}=\boldsymbol{AC}$.

由例 6 可知,$\boldsymbol{AB}=\boldsymbol{0}$ 时可能 $\boldsymbol{A}\neq\boldsymbol{0},\boldsymbol{B}\neq\boldsymbol{0}$,因此 $\boldsymbol{AB}=\boldsymbol{AC},\boldsymbol{A}\neq\boldsymbol{0}$ 时可能 $\boldsymbol{B}\neq\boldsymbol{C}$,即矩阵乘法不满足消去律,这一点也是与实数乘积不相同的.

例 8 某商场的服装从甲、乙两厂进货,一月份从每个厂购得童装 800 套、女装 500 套、男装 300 套;二月份又从每个厂家购得童装 650 套、女装 450 套、男装 200 套.甲厂童装每套 50 元、女装每套 150 元、男装每套 220 元;乙厂童装每套 45 元、女装每套 180 元、男装每套 245 元,试用矩阵乘法表示两个月应付两个厂家的总费用.

解 $\boldsymbol{A}$ 为服装数量矩阵、$\boldsymbol{B}$ 为服装价格矩阵,即取

$$\boldsymbol{A}=\begin{pmatrix}800&500&300\\650&450&200\end{pmatrix},\quad\boldsymbol{B}=\begin{bmatrix}50&45\\150&180\\220&245\end{bmatrix}.$$

$$\boldsymbol{AB}=\begin{pmatrix}800&500&300\\650&450&200\end{pmatrix}\begin{bmatrix}50&45\\150&180\\220&245\end{bmatrix}=\begin{matrix}\text{甲}&\text{乙}\\\begin{pmatrix}207000&203460\\144000&159250\end{pmatrix}\end{matrix}\begin{matrix}\text{一月}\\\text{二月}\end{matrix}$$

4. 逆矩阵

设$\boldsymbol{A}$,$\boldsymbol{B}$均为$n\times n$方阵,$\boldsymbol{I}$为n阶单位矩阵,如果$\boldsymbol{A}$,$\boldsymbol{B}$满足

$$\boldsymbol{AB}=\boldsymbol{BA}=\boldsymbol{I},$$

则称$\boldsymbol{A}$为$\boldsymbol{B}$的**逆矩阵**,或$\boldsymbol{B}$为$\boldsymbol{A}$的逆矩阵.矩阵$\boldsymbol{A}$的逆矩阵记为$\boldsymbol{A}^{-1}$.如果$\boldsymbol{A}$的逆矩阵存在,则称$\boldsymbol{A}$是可逆的.

有关逆矩阵的基本性质如下:

1° 矩阵$\boldsymbol{A}$可逆的充分必要条件是$\boldsymbol{A}$对应的行列式$|\boldsymbol{A}|\neq 0$.

2° 若矩阵$\boldsymbol{A}$可逆,则逆矩阵唯一.

3° 若矩阵$\boldsymbol{A}$可逆,则逆矩阵的计算式为

$$\boldsymbol{A}^{-1}=\frac{1}{|\boldsymbol{A}|}\begin{pmatrix} A_{11} & A_{21} & \cdots & A_{n1} \\ A_{12} & A_{22} & \cdots & A_{n2} \\ \vdots & \vdots & & \vdots \\ A_{1n} & A_{2n} & \cdots & A_{nn} \end{pmatrix},$$

其中A_{ij}为元素a_{ij}的代数余子式.

例 9 求$\boldsymbol{A}=\begin{pmatrix} a & b \\ c & d \end{pmatrix}$的逆矩阵,其中$D=\begin{vmatrix} a & b \\ c & d \end{vmatrix}\neq 0$.

解 因为
$$|\boldsymbol{A}|=\begin{vmatrix} a & b \\ c & d \end{vmatrix}=D,$$

$$A_{11}=(-1)^{1+1}d,\quad A_{12}=(-1)^{1+2}c,\quad A_{21}=(-1)^{2+1}b,\quad A_{22}=(-1)^{2+2}a,$$

于是
$$\boldsymbol{A}^{-1}=\frac{1}{D}\begin{pmatrix} A_{11} & A_{21} \\ A_{12} & A_{22} \end{pmatrix}=\frac{1}{D}\begin{pmatrix} d & -b \\ -c & a \end{pmatrix}.$$

注 二阶逆矩阵中的$\begin{pmatrix} d & -b \\ -c & a \end{pmatrix}$可以看作是将$\boldsymbol{A}$的主对角线上的元素$a$,$d$换位,将次对角线上的元素$b$,$c$改变符号而来.

如
$$\begin{pmatrix} 1 & 2 \\ 3 & 4 \end{pmatrix}^{-1}=\frac{1}{-2}\begin{pmatrix} 4 & -2 \\ -3 & 1 \end{pmatrix}=\begin{pmatrix} -2 & 1 \\ \frac{3}{2} & -\frac{1}{2} \end{pmatrix},$$

可以验证

$$\begin{pmatrix} 1 & 2 \\ 3 & 4 \end{pmatrix}\begin{pmatrix} -2 & 1 \\ \frac{3}{2} & -\frac{1}{2} \end{pmatrix}=\begin{pmatrix} 1\cdot(-2)+2\cdot\frac{3}{2} & 1\cdot 1+2\cdot\frac{-1}{2} \\ 3\cdot(-2)+4\cdot\frac{3}{2} & 3\cdot 1+4\cdot\frac{-1}{2} \end{pmatrix}=\begin{pmatrix} 1 & 0 \\ 0 & 1 \end{pmatrix}.$$

例 10 求$\boldsymbol{A}=\begin{pmatrix} 1 & 0 & 1 \\ 2 & 1 & 0 \\ -3 & 2 & -5 \end{pmatrix}$的逆矩阵.

解　由$|\boldsymbol{A}|=\begin{vmatrix}1&0&1\\2&1&0\\-3&2&-5\end{vmatrix}=2\neq 0$知$\boldsymbol{A}$可逆.

$$A_{11}=\begin{vmatrix}1&0\\2&-5\end{vmatrix}=-5,\quad A_{12}=-\begin{vmatrix}2&0\\-3&-5\end{vmatrix}=10,\quad A_{13}=\begin{vmatrix}2&1\\-3&2\end{vmatrix}=7,$$

$$A_{21}=-\begin{vmatrix}0&1\\2&-5\end{vmatrix}=2,\quad A_{22}=\begin{vmatrix}1&1\\-3&-5\end{vmatrix}=-2,\quad A_{23}=-\begin{vmatrix}1&0\\-3&2\end{vmatrix}=-2,$$

$$A_{31}=\begin{vmatrix}0&1\\1&0\end{vmatrix}=-1,\quad A_{32}=-\begin{vmatrix}1&1\\2&0\end{vmatrix}=2,\quad A_{33}=\begin{vmatrix}1&0\\2&1\end{vmatrix}=1,$$

故
$$\boldsymbol{A}^{-1}=\frac{1}{2}\begin{pmatrix}-5&2&-1\\10&-2&2\\7&-2&1\end{pmatrix}=\begin{pmatrix}-\frac{5}{2}&1&-\frac{1}{2}\\5&-1&1\\\frac{7}{2}&-1&\frac{1}{2}\end{pmatrix}.$$

下面建立矩阵与线性方程组的联系.

5.2.3　逆矩阵法求解线性方程组

对一般的线性方程组(方程个数与未知数个数不一定相同)

$$\begin{cases}a_{11}x_1+a_{12}x_2+\cdots+a_{1n}x_n=b_1,\\a_{21}x_1+a_{22}x_2+\cdots+a_{2n}x_n=b_2,\\\quad\vdots\\a_{m1}x_1+a_{m2}x_2+\cdots+a_{mn}x_n=b_m,\end{cases}$$

若记
$$\boldsymbol{A}=\begin{pmatrix}a_{11}&a_{12}&\cdots&a_{1n}\\a_{21}&a_{22}&\cdots&a_{2n}\\\vdots&\vdots&&\vdots\\a_{m1}&a_{m2}&\cdots&a_{mn}\end{pmatrix},\quad \boldsymbol{X}=\begin{pmatrix}x_1\\x_2\\\vdots\\x_n\end{pmatrix},\quad \boldsymbol{B}=\begin{pmatrix}b_1\\b_2\\\vdots\\b_m\end{pmatrix},$$

则依照矩阵的乘法运算法则和矩阵相等的定义,此线性方程组可以表示为以下矩阵方程:

$$\boldsymbol{AX}=\boldsymbol{B},$$

即
$$\begin{pmatrix}a_{11}&a_{12}&\cdots&a_{1n}\\a_{21}&a_{22}&\cdots&a_{2n}\\\vdots&\vdots&&\vdots\\a_{m1}&a_{m2}&\cdots&a_{mn}\end{pmatrix}\begin{pmatrix}x_1\\x_2\\\vdots\\x_n\end{pmatrix}=\begin{pmatrix}b_1\\b_2\\\vdots\\b_m\end{pmatrix}.$$

因此,若$\boldsymbol{A}$为可逆方阵,则等式两边左乘$\boldsymbol{A}^{-1}$,得

$$\boldsymbol{A}^{-1}\boldsymbol{AX}=\boldsymbol{A}^{-1}\boldsymbol{B},$$

故
$$\boldsymbol{IX}=\boldsymbol{A}^{-1}\boldsymbol{B},$$

于是
$$X=A^{-1}B,$$
即当 A 可逆(相当于 $|A|\neq 0$ 时),线性方程组有唯一的一组解 $X=A^{-1}B$.

例 11 用求逆矩阵的方法解线性方程组
$$\begin{cases}2x+3y=1,\\4x+5y=6.\end{cases}$$

解 所给的方程组表示成矩阵形式为
$$\begin{pmatrix}2&3\\4&5\end{pmatrix}\begin{pmatrix}x\\y\end{pmatrix}=\begin{pmatrix}1\\6\end{pmatrix}.$$

由例 9 知,系数矩阵 A 的逆矩阵为
$$A^{-1}=-\frac{1}{2}\begin{pmatrix}5&-3\\-4&2\end{pmatrix}=\begin{pmatrix}-\frac{5}{2}&\frac{3}{2}\\2&-1\end{pmatrix}.$$
因此,方程组的解为
$$\begin{pmatrix}x\\y\end{pmatrix}=A^{-1}B=\begin{pmatrix}-\frac{5}{2}&\frac{3}{2}\\2&-1\end{pmatrix}\begin{pmatrix}1\\6\end{pmatrix}=\begin{pmatrix}\frac{13}{2}\\-4\end{pmatrix},$$
即 $x=\frac{13}{2}$, $y=-4$ 为方程组的唯一解.

例 12 用逆矩阵法求解线性方程组
$$\begin{cases}x_1+2x_2+3x_3=-7,\\2x_1-x_2+2x_3=-8,\\x_1+3x_2=7.\end{cases}$$

解 令
$$A=\begin{pmatrix}1&2&3\\2&-1&2\\1&3&0\end{pmatrix},\quad X=\begin{pmatrix}x_1\\x_2\\x_3\end{pmatrix},\quad B=\begin{pmatrix}-7\\-8\\7\end{pmatrix},$$
则原方程组为 $AX=B$. 其系数行列式
$$|A|=\begin{vmatrix}1&2&3\\2&-1&2\\1&3&0\end{vmatrix}=19\neq 0.$$
因此,A^{-1} 存在,且可以参照例 10 的方法算出
$$A^{-1}=\frac{1}{19}\begin{pmatrix}-6&9&7\\2&-3&4\\7&-1&-5\end{pmatrix},$$
于是
$$\begin{pmatrix}x_1\\x_2\\x_3\end{pmatrix}=\frac{1}{19}\begin{pmatrix}-6&9&7\\2&-3&4\\7&-1&-5\end{pmatrix}\begin{pmatrix}-7\\-8\\7\end{pmatrix}=\begin{pmatrix}1\\2\\-4\end{pmatrix},$$
故方程组的解为 $x_1=1$, $x_2=2$, $x_3=-4$.

习题 5.2

1. 什么叫矩阵？它与行列式有何区别？

2. 话剧团 A_1，每周去剧场 B_1,B_2,B_3 演出次数分别为 4 次，1 次和 3 次，歌舞团 A_2 每周去剧场 B_1,B_2,B_3 演出次数分别为 0 次，2 次和 2 次，试用矩阵表示它们的演出次数.

3. $m\times n$ 矩阵中的 m,n 各表示什么？什么叫一个矩阵的转置矩阵？如何表示转置矩阵？

4. 什么叫 n 阶方阵？什么叫方阵的主对角线？什么叫单位矩阵？

5. 什么叫一个矩阵的逆矩阵？矩阵可逆的充要条件是什么？

6. 设 $\boldsymbol{A}=\begin{pmatrix}2&1&0\\1&1&2\\1&2&1\end{pmatrix}$，$\boldsymbol{B}=\begin{pmatrix}3&1&2\\3&-2&1\\-3&1&-1\end{pmatrix}$，求 $\boldsymbol{A}+\boldsymbol{B}$，$2\boldsymbol{A}+3\boldsymbol{B}$，$\boldsymbol{A}-\frac{1}{2}\boldsymbol{B}$，$\boldsymbol{A}^{\mathrm{T}}$，$\boldsymbol{B}^{\mathrm{T}}$.

7. 已知 $\boldsymbol{A}+\boldsymbol{B}=(2,1,5,2,0)$，$\boldsymbol{A}-\boldsymbol{B}=(3,0,1,-1,4)$，求矩阵 $\boldsymbol{A},\boldsymbol{B}$.

8. 设 $\boldsymbol{A}=\begin{pmatrix}2-2y&0\\-2&0\end{pmatrix}$，$\boldsymbol{B}=\begin{pmatrix}3&0\\-2&x+y\end{pmatrix}$，且 $\boldsymbol{A}=\boldsymbol{B}$，求 x,y.

9. 设 $\boldsymbol{A}=\begin{pmatrix}2\\3\\-4\end{pmatrix}$，$\boldsymbol{B}=(2,-1,1)$ 求 $\boldsymbol{AB},\boldsymbol{BA}$.

10. 设 $\boldsymbol{A}=\begin{pmatrix}2&4\\-3&-6\end{pmatrix}$，　$\boldsymbol{B}=\begin{pmatrix}-2&4\\1&-2\end{pmatrix}$，　求 $\boldsymbol{AB},\boldsymbol{BA}$.

11. 某工厂用同一原料制造三种产品 a、b、c，各单位产品所需原料和所用工时由矩阵

$$\begin{matrix} & a\quad b\quad c & \\ \boldsymbol{A}= & \begin{pmatrix}4&5&8\\3&4&6\end{pmatrix} & \begin{matrix}\text{原料(kg)}\\\text{工时(h)}\end{matrix}\end{matrix}$$

表示，而原料单价和单位工时的费用由矩阵

$$\begin{matrix} & \text{原料}\quad\text{工时} & \\ \boldsymbol{B}= & (15\qquad 40) & \text{单价}\end{matrix}$$

表示，试用矩阵之积表示产品的单位成本.

12. 求下列矩阵的逆矩阵：

(1) $\boldsymbol{A}=\begin{pmatrix}1&2\\-1&3\end{pmatrix}$；　　(2) $\boldsymbol{B}=\begin{pmatrix}2&1&0\\-1&1&3\\3&-1&5\end{pmatrix}$.

13. 用求矩阵之逆的方法解线性方程组：

(1) $\begin{cases}2x-y=4,\\8x+y=1;\end{cases}$　　(2) $\begin{cases}3x+6y+z=0,\\3x-3y+2z=2,\\6x+9y+2z=1.\end{cases}$

参考答案

2.

	B_1	B_2	B_2
A_1	4	1	3
A_2	0	2	2

$$\begin{pmatrix}4 & 1 & 3\\0 & 2 & 2\end{pmatrix}.$$

7. $\boldsymbol{A}=\left(\frac{5}{2},\frac{1}{2},3,\frac{1}{2},2\right)$；$\boldsymbol{B}=\left(-\frac{1}{2},\frac{1}{2},2,\frac{3}{2},-2\right)$.

8. $x=\frac{1}{2}$；$y=-\frac{1}{2}$.

9. $\boldsymbol{AB}=\begin{bmatrix}4 & -2 & 2\\6 & -3 & 3\\-8 & 4 & -4\end{bmatrix}$；$\boldsymbol{BA}=(-3)$.

10. $\boldsymbol{AB}=\begin{pmatrix}0 & 0\\0 & 0\end{pmatrix}=\boldsymbol{0}$；　$\boldsymbol{BA}=\begin{pmatrix}-16 & -32\\8 & 16\end{pmatrix}$.

11. $\boldsymbol{BA}=(15\quad 40)\begin{pmatrix}4 & 5 & 8\\3 & 4 & 6\end{pmatrix}=(180\quad 235\quad 360)$.

12. (1) $\boldsymbol{A}^{-1}=\begin{bmatrix}\frac{3}{5} & -\frac{2}{5}\\\frac{1}{5} & \frac{1}{5}\end{bmatrix}$；　(2) $\boldsymbol{B}^{-1}=\begin{bmatrix}\frac{4}{15} & -\frac{1}{6} & \frac{1}{10}\\\frac{7}{15} & \frac{1}{3} & -\frac{1}{5}\\-\frac{1}{15} & \frac{1}{6} & -\frac{1}{10}\end{bmatrix}$.

13. (1) $x=\frac{1}{2},y=-3$；　(2) $x=1,y=-\frac{1}{3},z=1$.

5.3　线性方程组

以上针对一类特殊的线性方程组(方程的个数与未知数的个数相等，而且系数行列式不为零)给出了求解公式. 但在许多问题中，所涉及的线性方程组中方程个数与未知数的个数不一定相同，有时方程的个数虽与未知数的个数相等，但系数行列式却等于零. 因此有必要对一般的线性方程组作进一步讨论.

人们总结出，在寻找线性方程组的解的过程中，常常对线性方程组进行下列三种变换，称为初等变换。

(1) 互换线性方程组中某两个方程的位置；

(2) 用一个非零常数去乘以某一方程；

(3) 把某一方程的常数倍加到另一方程上去.

重要的是，经过这三种变换而得到的新的方程组和原方程同解，并且这三种变换实质上可以通过对系数及常数项所构成矩阵进行类似的变换来实现.

为了分析线性方程组中是否有相互矛盾的方程，以及确定独立而有效的方程的个数，先要介绍矩阵的秩的概念.

5.3.1　矩阵的秩

观察下列方程组：

$$\begin{cases}2x_1-x_2+3x_3=1,\\x_1+2x_2-x_3=2,\\3x_1+x_2+2x_3=3.\end{cases}$$

注意到，把第一个方程与第二个方程相加，得到的结果却是第三个方程. 所以，若一组解 x_1,x_2,x_3 适合前两个方程，则它们也适合第三个方程. 所以在方程组中第三个方程是多余的方程，可以从方程组中划去而不影响求解. 但是前两个方程无法通过初等变换而再减少. 这是什么原因呢？通过计算得知，这个方程组的系数行列式为零并且存在不为零的二阶子式，会不会与此相关？为了说明这个问题，先来介绍矩阵的秩。

定义　(1) 设 $\boldsymbol{A}$ 是 m 行 n 列的矩阵，正整数 r 满足 $1\leqslant r\leqslant m$ 以及 n. 在 $\boldsymbol{A}$ 中任取 r 个行，r 个列，将交叉处的 r^2 个元素按原位置顺序排列出来的 r 阶行列式叫 $\boldsymbol{A}$ 的 r 阶子式. (2) 若矩阵 $\boldsymbol{A}$ 中至少有一个 r 阶的子式不为零，且所有高于 r 阶的子式都为零，则称 r 为矩阵 $\boldsymbol{A}$ 的**秩**，记作 $r_{\boldsymbol{A}}$ 或 $r(\boldsymbol{A})$.

例 1　求矩阵

$$\boldsymbol{A}=\begin{pmatrix}1&2&2&11\\1&-3&-3&-14\\3&1&1&8\end{pmatrix}$$

的秩.

解　矩阵 $\boldsymbol{A}$ 共有四个三阶子式：

$$\begin{vmatrix}1&2&2\\1&-3&-3\\3&1&1\end{vmatrix},\quad\begin{vmatrix}1&2&11\\1&-3&-14\\3&1&8\end{vmatrix},$$

$$\begin{vmatrix}1&2&11\\1&-3&-14\\3&1&8\end{vmatrix},\quad\begin{vmatrix}2&2&11\\-3&-3&-14\\1&1&8\end{vmatrix}.$$

通过计算可知，上述四个三阶子式都为零，但 $\boldsymbol{A}$ 中至少有一个二阶子式不为零，如

$$\begin{vmatrix}1&2\\1&-3\end{vmatrix}\neq0,$$

所以 $r_{\boldsymbol{A}}=2$.

从本质上讲，方程组 $\boldsymbol{AX}=\boldsymbol{B}$ 中的矩阵的秩表明了该方程组中独立的有效方程的个数，因此其意义重大. 但是从例 1 看出，直接依定义通过行列式计算来确定矩阵的秩非常麻烦. 为此，下面我们介绍确定矩阵秩的简单方法. 这一方法是基于行列式的性质而

得到的以下性质.

性质 1　一个矩阵的某一行(列)乘以一个不为零的数,此矩阵的秩不变.

性质 2　将矩阵的任意两行(列)位置互换,此矩阵的秩不变.

性质 3　矩阵的某行(列)的 k 倍加到另一行(列)的对应元素上去,此矩阵的秩不变.

称针对行(列)的以上三种矩阵变换为矩阵的**行(列)初等变换**.

例 2　求矩阵

$$\boldsymbol{A}=\begin{pmatrix} 0 & 2 & -4 \\ -1 & -4 & 5 \\ 3 & 1 & 7 \\ 0 & 5 & -10 \\ 2 & 2 & 0 \end{pmatrix}$$

的秩.

解　分别将第二行乘以 3 及 2 加到第 3 行及第 5 行,得(用箭头表示变换关系)

$$\boldsymbol{A}\to\begin{pmatrix} 0 & 2 & -4 \\ -1 & -4 & 5 \\ 0 & -11 & 22 \\ 0 & 5 & -10 \\ 0 & -6 & 10 \end{pmatrix},$$

再将第一行乘以 3 加到第 5 行,得

$$\boldsymbol{A}\to\begin{pmatrix} 0 & 2 & -4 \\ -1 & -4 & 5 \\ 0 & -11 & 22 \\ 0 & 5 & -10 \\ 0 & 0 & -2 \end{pmatrix}.$$

由第 2,4,5 行构成的三阶子式

$$\begin{vmatrix} -1 & -4 & 5 \\ 0 & 5 & -10 \\ 0 & 0 & -2 \end{vmatrix}=10\neq 0,$$

故 $r_A\geqslant 3$,又由于 $\boldsymbol{A}$ 中不可能有 4 阶子式,故 $r_A=3$.

例 3　求矩阵

$$\boldsymbol{A}=\begin{pmatrix} 1 & 2 & 2 & 11 \\ 1 & -3 & -3 & -14 \\ 3 & 1 & 1 & 8 \end{pmatrix}$$

的秩.

解 分别将第一行乘-1加到第二行上,乘以-3加到第三行,得

$$\boldsymbol{A}\to\begin{pmatrix}1&2&2&11\\0&-5&-5&-25\\0&-5&-5&-25\end{pmatrix},$$

第二行乘-1加到第三行,得

$$\boldsymbol{A}\to\begin{pmatrix}1&2&2&11\\0&-5&-5&-25\\0&0&0&0\end{pmatrix}.$$

显然,此矩阵的所有三阶子式都为零,而

$$\begin{vmatrix}1&2\\0&-5\end{vmatrix}=-5\neq0,$$

所以,原矩阵的秩为$r_{\boldsymbol{A}}=2$.

5.3.2 非齐次线性方程组的解

考虑非齐次线性方程组

$$\begin{cases}a_{11}x_1+a_{12}x_2+\cdots+a_{1n}x_n=b_1,\\a_{21}x_1+a_{22}x_2+\cdots+a_{2n}x_n=b_2,\\\quad\vdots\\a_{m1}x_1+a_{m2}x_2+\cdots+a_{mn}x_n=b_m.\end{cases}\qquad①$$

记

$$\boldsymbol{A}=\begin{pmatrix}a_{11}&a_{12}&\cdots&a_{1n}\\a_{21}&a_{22}&\cdots&a_{2n}\\\vdots&\vdots&&\vdots\\a_{m1}&a_{m2}&\cdots&a_{mn}\end{pmatrix},\quad\widetilde{\boldsymbol{A}}=\left(\begin{array}{cccc:c}a_{11}&a_{12}&\cdots&a_{1n}&b_1\\a_{21}&a_{22}&\cdots&a_{2n}&b_2\\\vdots&\vdots&&\vdots&\vdots\\a_{m1}&a_{m2}&\cdots&a_{mn}&b_n\end{array}\right),\quad\boldsymbol{B}=\begin{pmatrix}b_1\\b_2\\\vdots\\b_m\end{pmatrix}$$

分别称$\boldsymbol{A}$和$\widetilde{\boldsymbol{A}}$为方程组①的**系数矩阵**和**增广矩阵**

利用矩阵的秩,便可以得到线性方程组

$$\boldsymbol{AX}=\boldsymbol{B}$$

的解的存在性定理.其证明略去.

定理1 (存在定理)设非齐次线性方程组①的系数矩阵及增广矩阵的秩分别为$r_{\boldsymbol{A}}$及$r_{\widetilde{\boldsymbol{A}}}$,则有

(1) 方程组①有解的充分必要条件是$r_{\boldsymbol{A}}=r_{\widetilde{\boldsymbol{A}}}$.

(2) 当$r_{\boldsymbol{A}}=r_{\widetilde{\boldsymbol{A}}}=n$(未知数个数)时,方程组①有唯一解.

(3) 当$r_{\boldsymbol{A}}=r_{\widetilde{\boldsymbol{A}}}<n$时,方程组有无穷组解.

例4 求解方程组

$$\begin{cases} x_1-2x_2+3x_3-x_4+2x_5=2, \\ 3x_1-x_2+5x_3-3x_4-x_5=6, \\ 2x_1+x_2+2x_3-2x_4-3x_5=8. \end{cases}$$

解　对增广矩阵进行行初等变换，有

$$\widetilde{\boldsymbol{A}}=\left(\begin{array}{ccccc:c} 1 & -2 & 3 & -1 & 2 & 2 \\ 3 & -1 & 5 & -3 & -1 & 6 \\ 2 & 1 & 2 & -2 & -3 & 8 \end{array}\right) \quad \text{（虚线右边为非齐次项}\boldsymbol{B}\text{）}$$

$$\xrightarrow[\text{加在第二行上}]{\text{第一行乘}-3}\left(\begin{array}{ccccc:c} 1 & -2 & 3 & -1 & 2 & 2 \\ 0 & 5 & -4 & 0 & -7 & 0 \\ 2 & 1 & 2 & -2 & -3 & 8 \end{array}\right)$$

$$\xrightarrow[\text{加在第三行上}]{\text{第一行乘}-2}\left(\begin{array}{ccccc:c} 1 & -2 & -3 & -1 & 2 & 2 \\ 0 & 5 & -4 & 0 & -7 & 0 \\ 0 & 5 & -4 & 0 & -7 & 4 \end{array}\right)$$

$$\xrightarrow[\text{加在第三行上}]{\text{第二行乘}-1}\left(\begin{array}{ccccc:c} 1 & -2 & -3 & -1 & 2 & 2 \\ 0 & 5 & -4 & 0 & -7 & 0 \\ 0 & 0 & 0 & 0 & 0 & 4 \end{array}\right)=\boldsymbol{C}.$$

由于以上变形不改变矩阵的秩，由最后的矩阵 $\boldsymbol{C}$ 可见 $r_{\widetilde{A}}=r_C=3$，并且还可从矩阵 $\boldsymbol{C}$ 看到方程组的系数矩阵 $\boldsymbol{A}$ 变换为

$$\begin{pmatrix} 1 & -2 & -3 & -1 & 2 \\ 0 & 5 & -4 & 0 & -7 \\ 0 & 0 & 0 & 0 & 0 \end{pmatrix},$$

于是可得 $r_A=2$. 由于 $r_A\neq r_{\widetilde{A}}$，由定理1得知，此方程组无解.

例5　求解方程组

$$\begin{cases} x_1+2x_2-3x_3=13, \\ 2x_1+3x_2+x_3=4, \\ 3x_1-x_2+2x_3=-1, \\ x_1-x_2+3x_3=-8. \end{cases}$$

解　对增广矩阵进行初等变换：

$$\widetilde{\boldsymbol{A}}=\left(\begin{array}{ccc:c} 1 & 2 & -3 & 13 \\ 2 & 3 & 1 & 4 \\ 3 & -1 & 2 & -1 \\ 1 & -1 & 3 & -8 \end{array}\right)\xrightarrow[-2,-3,-1\text{加到第二,三,四行}]{\text{第一行分别乘以}}\left(\begin{array}{ccc:c} 1 & 2 & -3 & 13 \\ 0 & -1 & 7 & -22 \\ 0 & -7 & 11 & -40 \\ 0 & -3 & 6 & -21 \end{array}\right)$$

$$\xrightarrow[-7,-3\text{加到第三,四行}]{\text{第二行分别乘以}}\left(\begin{array}{ccc:c} 1 & 2 & -3 & 13 \\ 0 & -1 & 7 & -22 \\ 0 & 0 & -38 & 114 \\ 0 & 0 & -15 & 45 \end{array}\right)\xrightarrow[\text{第四行除以}-15]{\text{第三行除以}-38}\left(\begin{array}{ccc:c} 1 & 2 & -3 & 13 \\ 0 & -1 & 7 & -22 \\ 0 & 0 & 1 & -3 \\ 0 & 0 & 1 & -3 \end{array}\right)$$

$=\boldsymbol{C}$,

由矩阵 $\boldsymbol{C}$ 可得,$r_A=r_{\tilde{A}}=3$,于是方程组有唯一的解.为了求得方程组的解,可以将 $\boldsymbol{C}$ 恢复为与原方程组同解的线性方程组

$$\begin{cases} x_1+2x_2-3x_3=13 \\ \quad -x_2+7x_3=-22 \\ \qquad\qquad x_3=-3 \end{cases}$$

也可以继续对矩阵 $\boldsymbol{C}$ 化简:

$$\boldsymbol{C}\xrightarrow[\text{第三行乘以}-7\text{加到第二行}]{\text{第三行乘以}3\text{加到第一行}}\begin{pmatrix}1 & 2 & 0 & \vdots & 4\\ 0 & -1 & 0 & \vdots & -1\\ 0 & 0 & 1 & \vdots & -3\\ 0 & 0 & 0 & \vdots & 0\end{pmatrix}\xrightarrow[\text{第二行乘以}-1]{\text{第二行乘以}2\text{加到第一行}}\begin{pmatrix}1 & 0 & 0 & \vdots & 2\\ 0 & 1 & 0 & \vdots & 1\\ 0 & 0 & 1 & \vdots & -3\\ 0 & 0 & 0 & \vdots & 0\end{pmatrix},$$

最后的矩阵对应的方程为

$$\begin{cases} x_1+0x_2+0x_3=2, \\ 0+x_2+0x_3=1, \\ 0+0+x_3=-3, \end{cases}$$

于是最终方程组的解 $x_1=2,x_2=1,x_3=-3$ 便是原方程组的解.

例 6　求解方程组:

$$\begin{cases} x_1-x_2+x_3-x_4=1, \\ x_1-x_2-x_3+x_4=0, \\ x_1-x_2-2x_3+2x_4=-\dfrac{1}{2}. \end{cases}$$

解　$$\tilde{\boldsymbol{A}}=\begin{pmatrix}1 & -1 & 1 & -1 & \vdots & 1\\ 1 & -1 & -1 & 1 & \vdots & 0\\ 1 & -1 & -2 & 2 & \vdots & -\dfrac{1}{2}\end{pmatrix}\xrightarrow[\text{第一行乘以}-1\text{加到第三行}]{\text{第一行乘以}-1\text{加到第二行}}\begin{pmatrix}1 & -1 & 1 & -1 & \vdots & 1\\ 0 & 0 & -2 & 2 & \vdots & -1\\ 0 & 0 & -3 & 3 & \vdots & -\dfrac{3}{2}\end{pmatrix}$$

$$\xrightarrow[\text{第三行乘以}-\frac{1}{3}]{\text{第二行乘以}-\frac{1}{2}}\begin{pmatrix}1 & -1 & 1 & -1 & \vdots & 1\\ 0 & 0 & 1 & -1 & \vdots & \dfrac{1}{2}\\ 0 & 0 & 1 & -1 & \vdots & \dfrac{1}{2}\end{pmatrix}$$

$$\xrightarrow{\text{第二行乘以}-1\text{加到第三行}}\begin{pmatrix}1 & -1 & 1 & -1 & \vdots & 1\\ 0 & 0 & 1 & -1 & \vdots & \dfrac{1}{2}\\ 0 & 0 & 0 & 0 & \vdots & 0\end{pmatrix}=\boldsymbol{C},$$

由矩阵 $\boldsymbol{C}$ 可得,$r_A=r_{\tilde{A}}=2$,所以方程组有解,又因为有四个未知量,即 $r=2<n=4$,所以方程组有无穷多个解,并且,根据增广矩阵变换后的矩阵 $\boldsymbol{C}$ 可知,原方程组可表示为同

解方程组

$$\begin{cases} x_1 - x_2 + x_3 - x_4 = 1, \\ x_3 - x_4 = \dfrac{1}{2}, \end{cases}$$

其中 x_2, x_3 的系数行列式

$$\begin{vmatrix} -1 & 1 \\ 0 & 1 \end{vmatrix} = -1 \neq 0,$$

即此方程组可写成

$$\begin{cases} -x_2 + x_3 = 1 - x_1 + x_4, \\ x_3 = \dfrac{1}{2} + x_4, \end{cases}$$

其中 x_1, x_4 可以独立地取任意实数,我们不妨设 $x_1 = c_1, x_4 = c_2$,则原方程组的全部解或通解为

$$x_1 = c_1,\quad x_2 = c_1 - \frac{1}{2},\quad x_3 = \frac{1}{2} + c_2,\quad x_4 = c_2.\quad (c_1, c_2 \text{ 为任意实数})$$

5.3.3　齐次线性方程组的解

n 个未知量 m 个方程的齐次线性方程组的一般形式为

$$\begin{cases} a_{11}x_1 + a_{12}x_2 + \cdots + a_{1n}x_n = 0, \\ a_{21}x_1 + a_{22}x_2 + \cdots + a_{2n}x_n = 0, \\ \vdots \\ a_{m1}x_1 + a_{m2}x_2 + \cdots + a_{mn}x_n = 0. \end{cases} \qquad ②$$

方程组②的特点是系数矩阵 $\mathbf{A}$ 与增广矩阵 $\widetilde{\mathbf{A}}$ 有相同的秩,因此齐次线性方程组总是有解.显然 $x_1 = x_2 = \cdots = x_n = 0$ 就是方程组②的一组解,称为零解.此外,还可能有非零解.

由于齐次线性方程组②是方程组①在常数项都为零的特殊情况,因此定理1的内容也可推广到这里应用:

定理2　设方程组②中,$r_A = r$,则有

(1)当 $r = n$ 时,方程组②只有零解;

(2)当 $r < n$ 时,方程组②有无穷多组解.

例7　解方程组

$$\begin{cases} x_1 - x_2 + 3x_3 = 0, \\ x_1 + x_2 - 2x_3 = 0, \\ 3x_1 + x_2 - x_3 = 0, \\ x_1 - 3x_2 + 8x_3 = 0. \end{cases}$$

解　$$\boldsymbol{A}=\begin{pmatrix}1&-1&3\\1&1&-2\\3&1&-1\\1&-3&8\end{pmatrix}\xrightarrow[\text{倍加到第二,三,四行}]{\text{分别将第一行的}-1,-3,-1}\begin{pmatrix}1&-1&3\\0&2&-5\\0&4&-10\\0&-2&5\end{pmatrix}$$

$$\xrightarrow[-2,1\text{ 倍加到第三,四行}]{\text{分别将第二行的}}\begin{pmatrix}1&-1&3\\0&2&-5\\0&0&0\\0&0&0\end{pmatrix}=\boldsymbol{C}.$$

由 $\boldsymbol{C}$ 可知,$r_A=2<3$. 所以根据定理 2,该方程组有无穷多个非零解. 根据矩阵 $\boldsymbol{C}$ 的前两行作为系数矩阵写出化简后的方程组

$$\begin{cases}x_1-x_2+3x_3=0,\\ \quad 2x_2-5x_3=0\end{cases}$$

它与原方程组同解. 因为 x_1,x_2 的系数行列式

$$\begin{vmatrix}1&-1\\0&2\end{vmatrix}\neq 0,$$

于是方程组可写成

$$\begin{cases}x_1-x_2=-3x_3,\\ \quad 2x_2=5x_3,\end{cases}$$

其中 x_3 可独立地取任意值. 不妨令 $x_3=c$,便可求得原方程组的通解为

$$x_1=-\frac{1}{2}c,\quad x_2=\frac{5}{2}c,\quad x_3=c,$$

其中 c 为任意常数.

对于 n 个未知数及 n 个方程的齐次线性方程组

$$\begin{cases}a_{11}x_1+a_{12}x_2+\cdots+a_{1n}x_n=0,\\ a_{21}x_1+a_{22}x_2+\cdots+a_{2n}x_n=0,\\ \vdots\\ a_{n1}x_1+a_{n2}x_n+\cdots+a_{nn}x_n=0,\end{cases}\qquad ③$$

由定理 2 可以推出以下结果:

定理 3　方程组③有非零解的充要条件是它的系数行列式等于零,即

$$|\boldsymbol{A}|=\begin{vmatrix}a_{11}&a_{12}&\cdots&a_{1n}\\a_{21}&a_{22}&\cdots&a_{2n}\\\vdots&\vdots&&\vdots\\a_{n1}&a_{n2}&\cdots&a_{nn}\end{vmatrix}=0.$$

例 8　设方程组

$$\begin{cases}x+2y+3z=mx,\\2x+y+3z=my,\\3x+3y+6z=mz\end{cases}$$

有非零解，求 m 的值.

解　将方程组改写成标准的齐次形式

$$\begin{cases}(1-m)x+2y+3z=0,\\2x+(1-m)y+3z=0,\\3x+3y+(6-m)z=0.\end{cases}$$

依定理3，它有非零解的充要条件为

$$|\mathbf{A}|=\begin{vmatrix}1-m & 2 & 3\\2 & 1-m & 3\\3 & 3 & 6-m\end{vmatrix}=0.$$

将行列式 $|\mathbf{A}|$ 展开计算并化简，得

$$-m(m+1)(m-9)=0,$$

故该方程组有非零解时 m 的值为

$$m=0\quad 或\quad m=-1\quad 或\quad m=9.$$

习题 5.3

1. 求下列矩阵的秩：

(1) $\begin{pmatrix}2 & 1 & 0 & 0\\4 & 1 & 4 & 0\\1 & 0 & 2 & 0\end{pmatrix}$；　　(2) $\begin{pmatrix}1 & 2 & 3 & 4\\3 & 5 & 4 & 1\\2 & 1 & 3 & 4\\-1 & 6 & 1 & -3\end{pmatrix}$.

2. 讨论下列方程组解的存在性和唯一性：

(1) $\begin{cases}x_1-x_2+x_3=1,\\x_2+x_3=0,\\2x_1+x_2+12x_3=0;\end{cases}$　　(2) $\begin{cases}2x_1-x_2+x_3-2x_4=1,\\-x_1+x_2+2x_3+x_4=0,\\x_1-x_2-2x_3-2x_4=-\dfrac{1}{2};\end{cases}$　　(3) $\begin{cases}3x_1+x_2+2x_3=0,\\-x_2+x_3=0,\\3x_1+3x_3=3.\end{cases}$

3. 求解下列线性方程组：

(1) $\begin{cases}3x_1-2x_2+x_3=13,\\2x_1+3x_2+x_3=1,\\2x_1+x_2+3x_3=11;\end{cases}$　　(2) $\begin{cases}x_1+x_2+x_3+x_4=0,\\x_1+2x_2+3x_3+4x_4=0,\\x_1+3x_2+6x_3+10x_4=0,\\x_1+4x_2+10x_3+20x_4=0;\end{cases}$

(3) $\begin{cases}x_1+x_2-x_3+2x_4=3,\\2x_1+x_2-3x_4=1,\\-4x_1-2x_2+6x_4=-2.\end{cases}$

4. 设方程组

$$\begin{cases}\lambda x_1+x_2+x_3=0,\\ x_1+\lambda x_2+x_3=0,\\ 3x_1-x_2+x_3=0\end{cases}$$

有非零解,求 λ 的值.

参 考 答 案

1. (1) 2；(2) 3.

2. (1) 有唯一解；(2) 有无穷多解；(3) 无解.

3. (1) $x_1=2$，$x_2=-2$，$x_3=3$；(2) $x_1=x_2=x_3=x_4=0$；
   (3) $x_1=-2-c_1+5c_2$，$x_2=5+2c_1-7c_2$，$x_3=c_1$，$x_4=c_2$.

4. $\lambda=1$.

附录1 解题方法归纳

第1章

1. 如何确定函数的定义域

确定函数的定义域归结于遵循以下规则求解不等式.

常见初等函数定义域规则	
$y=1/u(x)$,	取 $u(x)\neq 0$
$y=\sqrt[n]{u(x)}$ (n 为偶数),	取 $u(x)\geqslant 0$
$y=\ln u(x)$,	取 $u(x)>0$
$y=\arcsin u(x)$,	取 $\lvert u(x)\rvert\leqslant 1$
$y=\arccos u(x)$,	取 $\lvert u(x)\rvert\leqslant 1$

当函数 $f(x)$ 是由 $u(x)$,$v(x)$ 经四则运算表示时,其定义域为 $u(x)$,$v(x)$ 的定义域之交集,其中除法再要求分母非零;当函数 $f(x)$ 是由 $u(x)$,$v(x)$ 复合而成时,按照复合方式来确定定义域.例如,$f(x)=u(v(x))$ 的定义域为

$$D_f=\{x:x\in v(x)\text{的定义域,且 }v(x)\text{落入函数 }u(x)\text{的定义域内}\}.$$

求解含绝对值的不等式时需要用以下定义和基本性质(其中符号"⇔"表示等价关系):

(1) $|u|=\begin{cases}u, & u\geqslant 0,\\ -u, & u<0;\end{cases}$

(2) $\sqrt{u^2}=|u|$, $|-u|=|u|$, $|uv|=|u|\,|v|$, $|u/v|=|u|/|v|$;

(3) $|u|=a\Leftrightarrow u=-a$ 或 $u=a$ $(a\geqslant 0)$;

(4) $|u|<a\Leftrightarrow -a<u<a$, $|u|\leqslant a\Leftrightarrow -a\leqslant u\leqslant a$ $(a>0)$;

(5) $|u|>a\Leftrightarrow u<-a$ 或 $u>a$, $|u|\geqslant a\Leftrightarrow u\leqslant -a$ 或 $u\geqslant a(a\geqslant 0)$.

2. 如何确定函数的奇偶性

判定函数的奇偶性可依据其定义或基本性质.

定义 设函数 $f(x)$ 的定义域 D_f 关于原点对称,如果其图形关于原点对称,即

$f(-x)=-f(x), x\in D_f$,则称它为奇函数;如果其图形关于 y 轴对称,即 $f(-x)=f(x), x\in D_f$,则称它为偶函数.

依据定义,定义域不关于原点对称的函数既非奇函数也非偶函数;例如 $y=\sqrt{x}$ 和$y=\ln x$.

性质 以下结论可以用于判定函数是否具备奇偶性:

(1) 两个偶函数的四则运算还是偶函数;

(2) 两个奇函数之和与差是奇函数,两个奇函数之积与商是偶函数;

(3) 奇函数与偶函数的积与商是奇函数;

(4) 对任意函数 $h(x)(-a<x<a)$, $h(x)+h(-x)$为偶函数;

(5) 对任意函数 $h(x)(-a<x<a)$, $h(x)-h(-x)$为奇函数;

(6) 函数 $f(x)$与复合函数 $f(ax)(a\neq 0)$有相同的奇偶性.

3. 如何确定函数的单调性

依据定义判别有时比较复杂,而利用导函数的符号判别则比较容易(参见第 2 章).以下运算性质可以利用.

性质 两个单调增(减)函数之和还是单调增(减)函数;两个非负单调增(减)函数之积还是单调增(减)函数.

在表述单调性时务必指明单调区间,例如,函数 $y=(x-1)^2$ 在区间$(-\infty,1)$上严格单调减,在区间$(1,+\infty)$上严格单调增.

4. 如何确定函数的周期性

定义 若存在正数 T,对定义域中的任一点 x 恒满足 $f(x+T)=f(x)$,则称 $f(x)$ 是以 T 为周期的周期函数,称正数 T 为该函数的周期,最小的周期叫基本周期.

性质 若 $f(x)$的周期是 $T, a\neq 0$,则 $af(x)+b$ 还是以 T 为周期的函数;而 $f(ax+b)$则是以 $T/|a|$为周期的函数.

例如,$\sin x$ 是以 $T=2\pi$ 为周期的,因此,$\sin 3x$ 以 $T=2\pi/3$ 为周期.

5. 如何计算函数的反函数

存在性 严格单调的函数必存在反函数,且其反函数还是严格单调函数.

求反函数 将 $y=f(x)$中的自变量 x 解出来,便可以得到其反函数 $x=f^{-1}(y)$;公式 $x=f^{-1}(y)$也可以写成 $y=f^{-1}(x)$.

反函数的图形 在同一个坐标系中,函数 $y=f(x)$的图形与其反函数 $y=f^{-1}(x)$的图形关于直线 $y=x$ 对称;函数 $y=f(x)$的图形与函数 $x=f^{-1}(y)$的图形是重合的.

6. 如何确定数列是否收敛

(1) 收敛数列是有界数列. 因此,无界数列是发散数列.

(2) 单调且有界的数列是收敛数列.

(3) 夹挤原理:若自某项后 $a_n\leqslant x_n\leqslant b_n$,且$\lim\limits_{n\to\infty}a_n=\lim\limits_{n\to\infty}b_n=c$,则有$\lim\limits_{n\to\infty}x_n=c$.

7. 如何计算极限

总体原则：在基本极限的基础上，借助极限的四则运算法则、等式变形、等价替换、夹挤法则等对变量进行化简后计算.

基本极限 1

$$\lim_{n\to\infty}\frac{1}{n}=0,\quad \lim_{n\to\infty}a^n=0\ (|a|<1),\quad \lim_{n\to\infty}\left(1+\frac{1}{n}\right)^n=\mathrm{e},$$

$$\lim_{n\to\infty}\sqrt[n]{a}=1\ (a>0),\quad \lim_{n\to\infty}\sqrt[n]{n}=1;$$

$$\lim_{x\to\infty}\left(1+\frac{1}{x}\right)^x=\mathrm{e},\quad \lim_{x\to 0}(1+x)^{1/x}=\mathrm{e},\quad \lim_{x\to 0}\frac{\sin x}{x}=1,\quad \lim_{x\to 0}\frac{1-\cos x}{x^2}=\frac{1}{2}$$

基本极限 2

初等函数在其定义区间内每一点的极限就是该点的函数值：$\lim\limits_{x\to a}f(x)=f(a)$.

例如：

$$\lim_{x\to 1}\frac{\sin x}{x}=\sin 1,\quad \lim_{x\to \mathrm{e}}\ln(\mathrm{e}+x)=\ln 2+1.$$

许多复杂的函数极限计算过程的最后一步归结到这一情况.

四则运算法则

以数列极限为例. 若 $\lim x_n=a$，$\lim y_n=b$，则

(1) $\lim(x_n\pm y_n)=\lim x_n\pm\lim y_n=a\pm b$；

(2) $\lim(x_n\cdot y_n)=\lim x_n\cdot\lim y_n=a\cdot b$；

(3) $\lim(x_n/y_n)=\lim x_n/\lim y_n=a/b\ (b\neq 0)$.

注　收敛数列与发散数列的和一定发散；两个发散数列的和有可能收敛.

分析法　根据函数的定义和变量的组成结构来计算极限. 例如，

$$\lim_{x\to 0^+}\ln x=-\infty\quad（结合对数函数的图形来分析），$$

$$\lim_{x\to\infty}\frac{\sin x}{x}=0\quad（有界量 \sin x 与无穷小量\frac{1}{x}的积还是无穷小量）.$$

不等式夹挤法　放大或缩小化简变量，依据夹挤原理得结果.

等式变形法　通过合并、因式分解、根式有理化等手段化简变量.

换元变形法　通过新的自变量的引进，化简函数形式. 例如，

$$\lim_{x\to 1}\frac{\sin\ln x}{\ln x}=\lim_{t\to 0}\frac{\sin t}{t}=1\quad（代换 t=\ln x）.$$

等价替换法　若 $\alpha(x)\sim u(x)$，$\beta(x)\sim v(x)$，则

(1) $\lim\alpha(x)\beta(x)=\lim u(x)v(x)$，

(2) $\lim\alpha(x)/\beta(x)=\lim u(x)/v(x)$.

8. 如何判定函数的连续性

依据定义判定在一点连续　设函数 $f(x)$ 在 x_0 的某个邻域有定义. 若 $\lim\limits_{x\to x_0}f(x)=$

$f(x_0)$,则称 $f(x)$在 x_0 连续.

依据定义判定在一点左连续,右连续 设函数 $f(x)$在 x_0 的某个左(右)邻域有定义.若 $\lim\limits_{x\to x_0^-} f(x)=f(x_0)$($\lim\limits_{x\to x_0^+} f(x)=f(x_0)$),则称 $f(x)$在点 x_0 左(右)连续.

根据函数的运算性质判定连续

(1) 若 $f(x),g(x)$在点 x_0 连续,则其四则运算 $f(x)\pm g(x)$,$f(x)g(x)$以及$f(x)/g(x)$(要求 $g(x_0)\neq 0$)也在点 x_0 连续.

(2) 若函数 $u=\varphi(x)$在点 x_0 连续,且 $u_0=\varphi(x_0)$,而 $f(u)$在点 u_0 连续,则复合函数 $f(\varphi(x))$在点 x_0 连续.

(3) 若函数 $y=f(x)$在区间(a,b)单调,于点 $x_0\in(a,b)$连续,则其反函数 $x=f^{-1}(y)$于 $y_0=f(x_0)$处连续.

初等函数的连续性 初等函数在其定义区间内连续.

第2章

1. 如何计算函数 $y=f(x)$在一点 x_0 处的导数

(1) 直接法 依据定义计算.若极限

$$l=\lim_{\Delta x\to 0}\frac{f(x_0+\Delta x)-f(x_0)}{\Delta x} \quad 或 \quad l=\lim_{x\to x_0}\frac{f(x)-f(x_0)}{x-x_0}$$

存在,则称其为函数 $y=f(x)$在点 x_0 处的导数,记作 $f'(x_0)$.若极限 l 不存在,则说函数 $y=f(x)$在点 x_0 处不可导.

上述极限换作左(或右)极限,便是函数在点 x_0 处的左(或右)导数.

(2) 间接法 先计算可导函数在任意一点的导函数 $f'(x)$,然后赋值,即

$$f'(x_0)=f'(x)\big|_{x=x_0}.$$

2. 如何计算函数在任意一点处的导数

依据以下求导规则和求导公式.

四则运算求导规则 设 $u=u(x)$,$v=v(x)$是定义在同一区间上的可导函数,α,β是常数,则有

(1) 线性规则 $(\alpha u+\beta v)'=\alpha u'+\beta v'$;

(2) 积规则 $(uv)'=u'v+uv'$;

(3) 商规则 $(u/v)'=(u'v-uv')/v^2(v\neq 0)$.

复合函数求导 设函数 $y=f(u)$和 $u=g(x)$都是可导函数,且复合函数 $y=f(g(x))$有意义,则有**链导法则**:

$$[f(g(x))]'=f'(g(x))\cdot g'(x) \quad 或 \quad \frac{\mathrm{d}y}{\mathrm{d}x}=\frac{\mathrm{d}y}{\mathrm{d}u}\cdot\frac{\mathrm{d}u}{\mathrm{d}x}.$$

反函数求导 设函数 $y=f(x)$在区间 I 上有反函数 $x=f^{-1}(y)$,$f'(x)\neq 0$.则在可导条件下有反函数的求导公式:

$$\frac{dx}{dy}=x'(y)=\frac{1}{y'(x)}=\frac{1}{dy/dx}.$$

对数求导法　在进行幂指函数或连乘连除函数的导数计算时，使用以下求导公式（由于导数运算是对函数的对数进行的，故称为**对数求导法**）：

$$y'=y(\ln y)'.$$

例如，(1) 对 $y=u^v$ 有 $y'=u^v(v\ln u)'$.

(2) 对 $y=uv/w$ 有 $y'=y(\ln u+\ln v-\ln w)'$.

隐函数求导法　设方程 $F(x,y)=0$ 确定了一元函数 $y=y(x)$，则视 y 为 x 的函数，在等式两边同时对 x 求导，便产生一个新的方程，从中可以解出导数 y'.

参数式函数求导公式　设方程组 $\begin{cases}x=x(t),\\ y=y(t)\end{cases}$ 确定了一元函数 $y=y(x)$，则其一阶导数和二阶导数的计算可以直接使用以下公式：

$$\frac{dy}{dx}=\frac{y'(t)}{x'(t)},\quad \frac{d^2y}{dx^2}=\frac{x'(t)y''(t)-x''(t)y'(t)}{x'(t)^3}.$$

3. 导数的性质和几何意义

可导与连续的关系　若 $f(x)$ 在点 x 处可导，则 $f(x)$ 在点 x 处连续.

奇偶性与导函数　设 $f(x)$ 是可导函数，则：

(1) 若 $f(x)$ 是奇函数，则 $f'(x)$ 是偶函数；

(2) 若 $f(x)$ 是偶函数，则 $f'(x)$ 是奇函数.

周期性与导函数　设 $f(x)$ 是以 T 为周期的可导函数，则其导函数也是以 T 为周期的函数.

平面曲线的切线与法线　曲线 $y=y(x)$ 在其上一点 (x_0,y_0) 处的切线方程为

$$y-y_0=y'(x_0)(x-x_0);$$

与切线垂直的，过点 (x_0,y_0) 的直线称作曲线的法线，其方程为

$$y-y_0=-\frac{1}{y'(x_0)}(x-x_0)\quad (y'(x_0)\neq 0).$$

4. 微分的计算

(1) 运用微分规则计算. 微分规则类似于求导规则.

(2) 求出导数 $f'(x)$ 之后与自变量微分 dx 相乘：$df(x)=f'(x)dx$.

注意，函数在一点可导与函数在该点可微是等价的.

5. 如何使用洛必达法则计算极限

记号 $\frac{0}{0}$ 和 $\frac{\infty}{\infty}$ 表示在某个极限过程中分子和分母同时趋于0和同时趋于无穷大的分式变量. 借助导数，此类极限有一种有效的化简方法，称为洛必达法则：

$\lim\frac{u(x)}{v(x)}=\lim\frac{u'(x)}{v'(x)}$（当右边的极限存在或者为无穷大时，等式成立）

注 考虑到有些函数的导函数也比较复杂,因此在应用洛必达法则过程中,应当尽可能结合等价代换、初等变形等方法来化简极限.

6. 如何计算函数的极值

必要条件 极值点 x_0 或者是驻点,或者是不可导点.

充分条件 对连续点 x_0,当 $f'(x)$在其两侧变号时,$f(x_0)$是极值.具体规则是,导数左正右负时 $f(x_0)$为极大值,导数左负右正时 $f(x_0)$为极小值.

7. 如何计算函数的最值

函数的最值 称函数值 $f(x_0)$是函数 $f(x)$在区间 I 上的一个最大值(或者最小值),若对所有的 $x\in I, f(x)\leqslant f(x_0)$(或者 $f(x)\geqslant f(x_0)$).

最值的存在性

(1) 闭区间$[a,b]$上连续函数一定有最大值和最小值.

(2) 开区间(a,b)上连续函数可能会没有最值.例如,$f(x)=x^2$ 在$(-1,1)$上只有最小值 $f(0)$,$f(x)=x^3$ 在$(-1,1)$上既没有最大值也没有最小值.

(3) 应用问题可以结合其实际含义来断定最大值或最小值的存在性.

确定最值的方法 (1) 对闭区间$[a,b]$上连续函数,首先求出内部的驻点和不可导点,然后计算这些点的函数值,将它们连同左、右端点的函数值一起比较大小,其中最大者(最小者)便是函数的最大值(最小值).

(2) 对其他区间上函数的最值问题,较直观的方法是结合单调性绘制函数的草图,然后确定是否存在最值并计算出来.

8. 如何确定单调性

借用导数的符号来判定:

(1) 若 $f'(x)\geqslant 0(f'(x)\leqslant 0)(a<x<b)$,则 $f(x)$在区间(a,b)上单调增(减);

(2) 若 $f'(x)\geqslant 0(f'(x)\leqslant 0)(a<x<b)$,且驻点的个数有限,则 $f(x)$在区间(a,b)上严格单调增(减).

9. 如何确定函数的凸性与拐点

凸性的判别 若 $f''(x)>0(f''(x)<0)(a<x<b)$,则 $f(x)$是下凸(上凸)函数.

拐点 设函数 $f(x)$在连续点 x_0 的两侧的凸性相反,则称点 x_0 是函数 $f(x)$的拐点,等价地,称点$(x_0,f(x_0))$是曲线 $y=f(x)$的拐点.

第3章

1. 不定积分的概念问题

原函数的定义 若在区间 I 上,$F'(x)=f(x)$,则称 $F(x)$为 $f(x)$的一个原函数.等价说法是:$f(x)$是 $F(x)$的导函数.

不定积分 若 $F(x)$是 $f(x)$的一个原函数,则 $F(x)+C$(C 为任意常数)包含了原函数的全体,称之为 $f(x)$的不定积分,记作$\int f(x)\mathrm{d}x$.

积分与微分的互逆性质

$$\int f'(x)\mathrm{d}x = \int \mathrm{d}f(x) = f(x) + C;\quad \left[\int f(x)\mathrm{d}x\right]' = f(x).$$

2. 如何计算不定积分

借助以下变形和化简方法，将积分归结到基本的积分公式而计算出来.

分项积分法　设 α,β 是不全为零的常数，则有

$$\int(\alpha f(x) + \beta g(x))\mathrm{d}x = \alpha\int f(x)\mathrm{d}x + \beta\int g(x)\mathrm{d}x.$$

凑微分积分法　当被积函数形为 $f(\varphi(x))\varphi'(x)$ 时，可考虑将积分凑成以 $u=\varphi(x)$ 为新的积分变量的积分 $\int f(u)\mathrm{d}u$，然后进行积分. 例如：

$\int f(x^n)x^{n-1}\mathrm{d}x$,	$u = x^n$
$\int f(\sin x)\cos x\mathrm{d}x$,	$u = \sin x$
$\int f(\ln x)\frac{1}{x}\mathrm{d}x$,	$u = \ln x$
$\int f(\arctan x)\frac{1}{1+x^2}\mathrm{d}x$,	$u = \arctan x$
$\int f(\mathrm{e}^x)\mathrm{e}^x\mathrm{d}x$,	$u = \mathrm{e}^x$

换元积分法　主要对含根式的不定积分采用变量代换 $x=\varphi(t)$：

$$\int f(x)\mathrm{d}x = \int f(\varphi(t)\varphi'(t))\mathrm{d}t \quad (x = \varphi(t),\varphi'(t))\text{ 连续且非零}).$$

分部积分法　若 $u'(x)$ 较 $u(x)$ 简单，$v'(x)$ 不比 $v(x)$ 复杂，则以下转换积分的公式可以简化计算：

$$\int u(x)\mathrm{d}v(x) = u(x)v(x) - \int v(x)u'(x)\mathrm{d}x.$$

基本积分表

$\int k\mathrm{d}x = kx + C$	$\int x^\alpha\mathrm{d}x = \frac{x^{\alpha+1}}{\alpha+1} + C\ (\alpha \neq -1)$
$\int \mathrm{e}^x\mathrm{d}x = \mathrm{e}^x + C$	$\int a^x\mathrm{d}x = \frac{a^x}{\ln a} + C\ (0 < a \neq 1)$
$\int \frac{1}{x}\mathrm{d}x = \ln\lvert x\rvert + C$	$\int \ln x\mathrm{d}x = x\ln x - x + C$
$\int \cos x\mathrm{d}x = \sin x + C$	$\int \sin x\mathrm{d}x = -\cos x + C$
$\int \frac{1}{\cos^2 x}\mathrm{d}x = \tan x + C$	$\int \frac{1}{\sin^2 x}\mathrm{d}x = -\cot x + C$
$\int \frac{\mathrm{d}x}{1+x^2} = \arctan x + C$	$\int \frac{\mathrm{d}x}{\sqrt{1-x^2}} = \arcsin x + C$

3. 定积分的主要性质

定积分的大小取决于被积函数和积分区间,化简和变形规则如下

常数因子提出来	$\int_a^b \alpha f(x)\mathrm{d}x = \alpha\int_a^b f(x)\mathrm{d}x$
分项积分规则	$\int_a^b (f(x)+g(x))\mathrm{d}x = \int_a^b f(x)\mathrm{d}x + \int_a^b g(x)\mathrm{d}x$
分段积分规则	$\int_a^b f(x)\mathrm{d}x = \int_a^c f(x)\mathrm{d}x + \int_c^b f(x)\mathrm{d}x$
大小比较定理	$f(x)\leqslant g(x) \Rightarrow \int_a^b f(x)\mathrm{d}x \leqslant \int_a^b g(x)\mathrm{d}x\ (a<b)$
积分估界定理	设 $m\leqslant f(x)\leqslant M\ (a\leqslant x\leqslant b)$,则 $m(b-a)\leqslant\int_a^b f(x)\mathrm{d}x\leqslant M(b-a)$
积分中值定理	设 $f(x)$ 在积分区间上连续,则 $\int_a^b f(x)\mathrm{d}x = f(\xi)(b-a)\ (a\leqslant\xi\leqslant b)$

4. 如何计算定积分

牛顿-莱布尼茨公式　设 $F(x)$是连续函数 $f(x)(a\leqslant x\leqslant b)$的一个原函数,则有定积分计算公式:

$$\int_a^b f(x)\mathrm{d}x = F(b)-F(a)$$

注　若 $f(x)$是分段连续函数(在分段点为第一类间断),则可以首先使用分段积分公式将积分分为每一段上的定积分,再使用以上公式计算积分值.

定积分的换元积分法　为了化简函数或者积分区间,令 $x=\varphi(t)$($\varphi'(t)$连续且非零),则有

$$\int_a^b f(x)\mathrm{d}x = \int_\alpha^\beta f(\varphi(t))\varphi'(t)\mathrm{d}t\ (\text{其中 } a=\varphi(\alpha),b=\varphi(\beta)).$$

定积分的分部积分公式　适应的范围与不定积分一样.

$$\int_a^b u(x)\mathrm{d}v(x) = u(x)v(x)\Big|_a^b - \int_a^b v(x)u'(x)\mathrm{d}x.$$

奇(偶)函数的定积分　若连续函数 $f(x)$是区间$[-a,a]$上的奇(偶)函数,则

$$\int_{-a}^a f(x)\mathrm{d}x = 0\quad\left(\int_{-a}^a f(x)\mathrm{d}x = 2\int_0^a f(x)\mathrm{d}x\right).$$

周期函数的定积分　若连续函数 $f(x)$是区间$(-\infty,+\infty)$上的周期为 T 的函数,则对任意实数 a,有

$$\int_0^T f(x)\mathrm{d}x = \int_a^{a+T} f(x)\mathrm{d}x.$$

5. 广义积分的计算

无穷区间$[a,+\infty)$上的广义积分的敛散性和计算可通过以下极限进行:

$$\int_a^{+\infty} f(x)\mathrm{d}x = F(+\infty) - F(a) \xlongequal{\text{记作}} F(x)\Big|_a^{+\infty}.$$

区间$[a,b]$上无界函数的广义积分的敛散性和计算可通过以下极限进行：

$$\int_a^b f(x)\mathrm{d}x = F(b-0) - F(a) \xlongequal{\text{记作}} F(x)\Big|_a^{b^-}. \quad \text{（设端点 } b \text{ 是积分的瑕点）}$$

6. 三类典型的定积分应用问题

平面区域 D 的面积 σ 如附1图1所示.

设 D 为 x-型区域：$\begin{cases} y_1(x) \leqslant y \leqslant y_2(x), \\ a \leqslant x \leqslant b, \end{cases}$ 则 $\sigma = \int_a^b (y_2(x) - y_1(x))\mathrm{d}x$；

设 D 为 y-型区域：$\begin{cases} x_1(y) \leqslant x \leqslant y_2(y), \\ a \leqslant y \leqslant b, \end{cases}$ 则 $\sigma = \int_a^b (x_2(y) - x_1(y))\mathrm{d}y$.

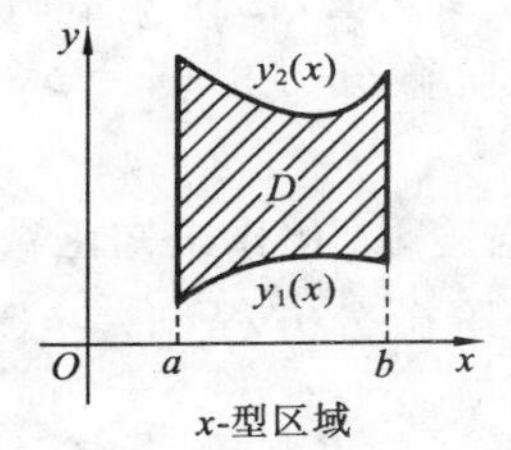

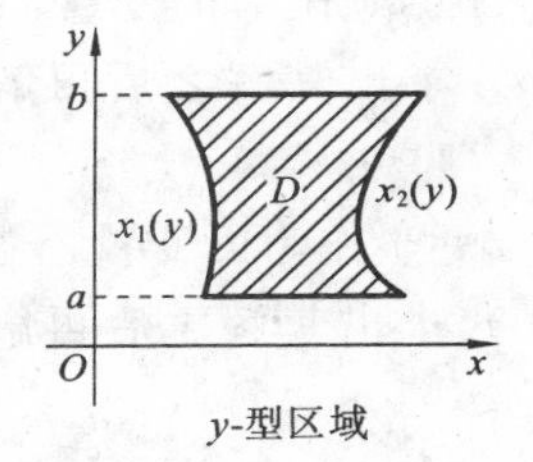

附1图1

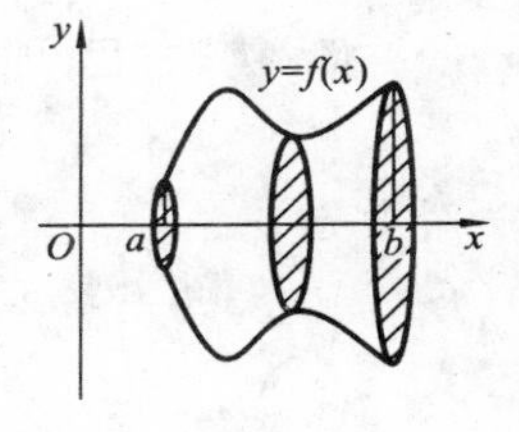

附1图2

绕 x 轴的旋转体 V 的体积 如附1图2所示.

设 V 由 D：$\begin{cases} 0 \leqslant y \leqslant y(x), \\ a \leqslant x \leqslant b \end{cases}$ 绕 x 轴转得，则

$$V = \int_a^b \pi y^2(x)\mathrm{d}x.$$

第4章

1. 微分方程的基本概念

称含有未知函数 $y(x)$ 的一阶导函数，在某个区间上成立的等式为一阶微分方程. 例如

$$y' = f(x,y), \quad a(x,y)\mathrm{d}x + b(x,y)\mathrm{d}y = 0.$$

称满足微分方程的函数为该微分方程的解函数.

称包含有一个任意常数 C 的解函数为一阶微分方程的通解. 例如，$y = x^2$ 是 $y' = 2x$ 的解，而 $y = x^2 + C$ 则是 $y' = 2x$ 的通解.

称根据条件 $y(x_0) = y_0$ 从通解中确定出任意常数而得到的解函数为定解.

类似定义二阶微分方程及其通解和定解.

2. 如何求解可分离变量型方程

称方程 $$a(x)\mathrm{d}x=b(y)\mathrm{d}y \quad 或 \quad y'=a(x)b(y)$$
为可分离变量方程. 于方程两边作不定积分便得到方程的通解
$$\int a(x)\mathrm{d}x=\int b(y)\mathrm{d}y.$$

3. 如何求解一阶线性微分方程

称方程 $$y'+a(x)y=b(x)$$
为一阶线性微分方程. 设 $A'(x)=a(x)$，其通解为
$$y(x)=\mathrm{e}^{-A(x)}\left[\int b(x)\mathrm{e}^{A(x)}\mathrm{d}x+C\right].$$

4. 如何求解可降阶的二阶微分方程

(1) 对微分方程 $y''=f(x,y')$，令 $p=y'$ 作为因变量，x 为自变量，化作未知函数 $p=p(x)$ 的一阶微分方程 $p'=f(x,p)$. 求出其解之后再解一阶微分方程 $y'=p(x)$ 便可.

(2) 对微分方程 $y''=f(y,y')$，令 $p=y'$ 作为因变量，y 为自变量. 化作未知函数 $p=p(y)$ 的一阶微分方程 $pp'=f(y,p)$. 求出其解之后再解一阶微分方程 $y'=p(x)$ 便可.

5. 如何求二阶齐次常系数线性微分方程的通解

称方程 $$y''+ay'+by=0$$
为二阶齐次常系数线性微分方程. 其特征方程为
$$\lambda^2+a\lambda+b=0,$$
求出特征方程的根，然后依据下表，写出齐次方程的基本解.

特征根情况	基　本　解
两个不同的实根 $\lambda_1\neq\lambda_2$	$y_1=\mathrm{e}^{\lambda_1 x},y_2=\mathrm{e}^{\lambda_2 x}$
两个相同的实根 $\lambda_1=\lambda_2=\lambda$，即二重根	$y_1=\mathrm{e}^{\lambda x},y_2=x\mathrm{e}^{\lambda x}$
一对共轭的虚根 $\lambda=\alpha\pm\beta\mathrm{i}$	$y_1=\mathrm{e}^{\alpha x}\cos\beta x,y_2=\mathrm{e}^{\alpha x}\sin\beta x$

最后，通解便是两个基本解 y_1,y_2 的线性组合：$y=C_1y_1+C_2y_2$，其中 C_1,C_2 是任意常数.

6. 如何求二阶非齐次常系数线性微分方程的通解

称方程 $$y''+ay'+by=f(x)\quad (f(x)\neq 0)$$
为二阶非齐次常系数线性微分方程. 通解是相应的齐次方程 $y''+ay'+by=0$ 的通解与非齐次方程的任何一个解函数 y^* 的组合：
$$y_{非齐}=C_1y_1+C_2y_2+y^*,$$
其中特解 y^* 的确定比较复杂. 可依据以下规则(其中 $g(x)$ 为与 $f(x)$ 同次幂的待定多

项式，$P(x)$为多项式)

(1) $f(x)$为多项式且无特征根 0，则 $y^*=g(x)$；

(2) $f(x)$为多项式且有特征根 0，则 $y^*=xg(x)$；

(3) $f(x)=P(x)e^{rx}$且 r 不是特征根，则 $y^*=g(x)e^{rx}$；

(4) $f(x)=P(x)e^{rx}$且 r 是特征根，则 $y^*=xg(x)e^{rx}$；

写出有待定系数的 y^*，代回到非齐次方程中求出系数即可确定其表示式.

第5章

1. 如何计算行列式

二阶行列式和三阶行列式均可以按照对角线法则计算. 但三阶及以上的行列式应该首先进行初等变换，使得某行或某列有较多的 0，然后按照该行或该列展开，归结到低阶行列式来计算.

行列式的基本性质 在化简行列式时主要用到以下性质.

(1) 某一行(列)的元素公因子 k 可以提出来，例如，

$$\begin{vmatrix} a_{11} & a_{12} & a_{13} \\ ka_{21} & ka_{22} & ka_{23} \\ a_{31} & a_{32} & a_{33} \end{vmatrix} = k\begin{vmatrix} a_{11} & a_{12} & a_{13} \\ a_{21} & a_{22} & a_{23} \\ a_{31} & a_{32} & a_{33} \end{vmatrix}.$$

(2) 互换一次行列式中的任意两行(列)，该行列式仅改变符号. 特别，如果行列式中两行(列)对应位置的元素相同，则行列式为零.

(3) 将行列式中的某一行(列)的每个元素同乘以常数 k，然后加到另一行(列)对应的元素上，行列式的值不变. 称这样的变换为初等变换.

按行(列)展开公式 如对于三阶行列式 $D=\begin{vmatrix} a_{11} & a_{12} & a_{13} \\ a_{21} & a_{22} & a_{23} \\ a_{31} & a_{32} & a_{33} \end{vmatrix}$，有

$$D=\sum_{j=1}^{3} a_{ij}A_{ij}\,(i=1,2,3), \quad 或 \quad D=\sum_{i=1}^{3} a_{ij}A_{ij}\,(j=1,2,3).$$

其中 A_{ij} 为元素 a_{ij} 的代数余子式.

2. 如何用克莱姆法则求解线性方程组

适合于系数行列式不为零的线性方程组. 该法则将方程组的解直接用系数表达出来. 例如，对以下三元一次方程组

$$\begin{cases} a_{11}x_1+a_{12}x_2+a_{13}x_3=b_1, \\ a_{21}x_1+a_{22}x_2+a_{23}x_3=b_2, \\ a_{31}x_1+a_{32}x_2+a_{33}x_3=b_3 \end{cases} \quad \left(设\ D=\begin{vmatrix} a_{11} & a_{12} & a_{13} \\ a_{21} & a_{22} & a_{23} \\ a_{31} & a_{32} & a_{33} \end{vmatrix}\neq 0\right)$$

有唯一解：

$$x_1=\frac{D_1}{D}, \quad x_2=\frac{D_2}{D}, \quad x_3=\frac{D_3}{D}.$$

其中 $D_1=\begin{vmatrix} b_1 & a_{12} & a_{13} \\ b_2 & a_{22} & a_{23} \\ b_3 & a_{32} & a_{33} \end{vmatrix}$，$D_2=\begin{vmatrix} a_{11} & b_1 & a_{13} \\ a_{21} & b_2 & a_{23} \\ a_{31} & b_3 & a_{33} \end{vmatrix}$，$D_3=\begin{vmatrix} a_{11} & a_{12} & b_1 \\ a_{21} & a_{22} & b_2 \\ a_{31} & a_{32} & b_3 \end{vmatrix}$.

3. 如何用行初等变换求解线性方程组

用行初等变换将线性方程组的增广矩阵化作行阶梯矩阵,然后恢复为方程组的记法求解.关键概念如下.

线性方程组的系数矩阵和增广矩阵　对于三元(其它类似)线性方程组

$$\begin{cases} a_{11}x_1+a_{12}x_2+a_{13}x_3=b_1, \\ a_{21}x_1+a_{22}x_2+a_{23}x_3=b_2, \\ a_{31}x_1+a_{32}x_2+a_{33}x_3=b_3 \end{cases} \quad (\text{也记作 } \boldsymbol{AX}=\boldsymbol{B})$$

其系数矩阵和增广矩阵分别为

$$A=\begin{bmatrix} a_{11} & a_{12} & a_{13} \\ a_{21} & a_{22} & a_{23} \\ a_{31} & a_{32} & a_{33} \end{bmatrix},\quad \widetilde{A}=\left[\begin{array}{ccc:c} a_{11} & a_{12} & a_{13} & b_1 \\ a_{21} & a_{22} & a_{23} & b_2 \\ a_{31} & a_{32} & a_{33} & b_3 \end{array}\right]$$

增广矩阵的初等行变换　指下列三种操作:

(1) 用一个非零实数乘某一行的每个元素;

(2) 把某行的每个元素同乘以 λ,再加到另一行;

(3) 互换两个行的位置.

4. 如何判断线性方程组的解的存在性和唯一性

当线性方程组中出现彼此矛盾的方程时,称其为无解;唯一解和无穷多组解的涵义自明.设方程中的变量个数为 n,则可借助矩阵的秩进行判定.

(1) 当且仅当 $r(\boldsymbol{A})=r(\widetilde{\boldsymbol{A}})$ 时,$\boldsymbol{AX}=\boldsymbol{B}$ 有解;

(2) 当 $r(\boldsymbol{A})=r(\widetilde{\boldsymbol{A}})=n$ 时线性方程组有唯一解;

(3) 当 $r(\boldsymbol{A})=r(\widetilde{\boldsymbol{A}})<n$ 时线性方程组有无穷组解.

5. 如何进行矩阵的运算

(1) 加法:两个同型矩阵 $\boldsymbol{A}$ 和 $\boldsymbol{B}$ 的对应元素相加,所得到的新矩阵称为 $\boldsymbol{A}$ 与 $\boldsymbol{B}$ 的和,记为 $\boldsymbol{A}+\boldsymbol{B}$. 例如,对

$$\boldsymbol{A}=\begin{bmatrix} a_{11} & a_{12} & a_{13} \\ a_{21} & a_{22} & a_{23} \\ a_{31} & a_{32} & a_{33} \end{bmatrix},\quad \boldsymbol{B}=\begin{bmatrix} b_{11} & b_{12} & b_{13} \\ b_{21} & b_{22} & b_{23} \\ b_{31} & b_{32} & b_{33} \end{bmatrix},$$

有
$$\boldsymbol{A}+\boldsymbol{B}=\begin{bmatrix} a_{11}+b_{11} & a_{12}+b_{12} & a_{13}+b_{13} \\ a_{21}+b_{21} & a_{22}+b_{22} & a_{23}+b_{23} \\ a_{31}+b_{31} & a_{32}+b_{32} & a_{33}+b_{33} \end{bmatrix}.$$

(2) 数乘:用一个实数 k 乘以矩阵 $\boldsymbol{A}$ 中的每一个元素,所得矩阵称为数 k 与矩阵 $\boldsymbol{A}$

的乘积.例如,对

$$A=\begin{bmatrix}a_{11}&a_{12}&a_{13}\\a_{21}&a_{22}&a_{23}\\a_{31}&a_{32}&a_{33}\end{bmatrix},\quad 有\ kA=\begin{bmatrix}ka_{11}&ka_{12}&ka_{13}\\ka_{21}&ka_{22}&ka_{23}\\ka_{31}&ka_{32}&ka_{33}\end{bmatrix}.$$

由矩阵的加法和数乘运算可定义两个同型矩阵 $\boldsymbol{A}$ 与 $\boldsymbol{B}$ 的减法:

$$\boldsymbol{A}-\boldsymbol{B}=\boldsymbol{A}+(-\boldsymbol{B})=\begin{bmatrix}a_{11}-b_{11}&a_{12}-b_{12}&a_{13}-b_{13}\\a_{21}-b_{21}&a_{22}-b_{22}&a_{23}-b_{23}\\a_{31}-b_{31}&a_{32}-b_{32}&a_{33}-b_{33}\end{bmatrix}.$$

(3) 矩阵乘法:设 $\boldsymbol{A}$ 是 $m\times k$ 矩阵,$\boldsymbol{B}$ 是 $k\times n$ 矩阵,即

$$\boldsymbol{A}=\begin{bmatrix}a_{11}&a_{12}&\cdots&a_{1k}\\a_{21}&a_{22}&\cdots&a_{2k}\\\vdots&\vdots&&\vdots\\a_{m1}&a_{m2}&\cdots&a_{mk}\end{bmatrix},\quad \boldsymbol{B}=\begin{bmatrix}b_{11}&b_{12}&\cdots&b_{1n}\\b_{21}&b_{22}&\cdots&b_{2n}\\\vdots&\vdots&&\vdots\\b_{k1}&b_{k2}&\cdots&b_{kn}\end{bmatrix},$$

则 $\boldsymbol{A}$ 与 $\boldsymbol{B}$ 的乘积定义为 $m\times n$ 矩阵 $\boldsymbol{C}$:

$$\boldsymbol{C}=\boldsymbol{AB}=\begin{bmatrix}c_{11}&c_{12}&\cdots&c_{1n}\\c_{21}&c_{22}&\cdots&c_{2n}\\\vdots&\vdots&&\vdots\\c_{m1}&c_{m2}&\cdots&c_{mn}\end{bmatrix},$$

其中 $c_{ij}=a_{i1}b_{1j}+a_{i2}b_{2j}+\cdots+a_{ik}b_{kj}=\sum_{t=1}^{k}a_{it}b_{tj}$,即乘积矩阵 $\boldsymbol{C}$ 的第 i 行第 j 列的元素等于矩阵 $\boldsymbol{A}$ 的第 i 行元素与矩阵 $\boldsymbol{B}$ 的第 j 列对应元素乘积之和.

注　只有左边的矩阵 $\boldsymbol{A}$ 的列数等于右边的矩阵 $\boldsymbol{B}$ 的行数时,两矩阵乘法才有意义.

6. 如何计算逆矩阵

可逆矩阵　可逆矩阵也称为非奇异矩阵.方阵 $\boldsymbol{A}$ 可逆的充要条件是其行列式不为零.或者按照定义,存在同样尺寸的方阵 $\boldsymbol{P}$,使得 $\boldsymbol{PA}=\boldsymbol{I}$.

求逆矩阵的方法

(1) 二阶矩阵,直接使用公式 $\begin{bmatrix}a&b\\c&d\end{bmatrix}^{-1}=\dfrac{1}{ad-bc}\begin{bmatrix}d&-b\\-c&a\end{bmatrix}$;

(2) 三阶以上的矩阵,通过伴随矩阵来计算:$\boldsymbol{A}^{-1}=\boldsymbol{A}^{*}/|\boldsymbol{A}|$;

(3) 对角矩阵的逆矩阵公式 $\begin{bmatrix}a&0&0\\0&b&0\\0&0&c\end{bmatrix}^{-1}=\begin{bmatrix}1/a&0&0\\0&1/b&0\\0&0&1/c\end{bmatrix}$.

附录 2　部分习题解答要点

习题 1.1

6. 设高为 h，半径为 R，则面积为 $S=2\pi R^2+2\pi Rh$，因 $\pi R^2 h=V$，即 $h=\dfrac{V}{\pi R^2}$，故 $S=2\pi R^2+\dfrac{2V}{R}$.

习题 1.2

5. 将三点坐标分别代入，得$\begin{cases}c=1,\\4a+2b+c=7,\\4a-2b+c=10,\end{cases}$ 解出 a,b,c 即可.

6. 由 f 的定义域推出$\begin{cases}0\leqslant x+\dfrac{1}{3}\leqslant 1,\\0\leqslant x-\dfrac{1}{3}\leqslant 1,\end{cases}$ 即$\begin{cases}-\dfrac{1}{3}\leqslant x\leqslant\dfrac{2}{3},\\\dfrac{1}{3}\leqslant x\leqslant\dfrac{4}{3},\end{cases}$ 故公共解是$\dfrac{1}{3}\leqslant x\leqslant\dfrac{2}{3}$.

习题 1.3

2. (1) $\lim\limits_{n\to\infty}\dfrac{2n+3}{5n+4}=\lim\limits_{n\to\infty}\dfrac{2+\dfrac{3}{n}}{5+\dfrac{4}{n}}=\dfrac{2}{5}$.

(2) $\lim\limits_{n\to\infty}\left(1+\dfrac{1}{n}\right)^2=\lim\limits_{n\to\infty}\left(1+\dfrac{1}{n^2}+\dfrac{2}{n}\right)=1$.

(3) $\lim\limits_{n\to\infty}(\sqrt{n+1}-\sqrt{n})=\lim\limits_{n\to\infty}\dfrac{1}{\sqrt{n+1}+\sqrt{n}}=0$.

(4) $\lim\limits_{n\to\infty}\dfrac{1+2+\cdots+n}{n^2}=\lim\limits_{n\to\infty}\dfrac{n(n+1)}{2n^2}=\lim\limits_{n\to\infty}\dfrac{1+\dfrac{1}{n}}{2}=\dfrac{1}{2}$.

(5) $\lim\limits_{n\to\infty}\left(1+\dfrac{1}{2}+\cdots+\dfrac{1}{2^n}\right)=\lim\limits_{n\to\infty}\dfrac{1-\dfrac{1}{2^{n+1}}}{1-\dfrac{1}{2}}=\lim\limits_{n\to\infty}2-\dfrac{1}{2^n}=2$.

(6) 因为$\dfrac{1}{n^n}<\dfrac{n!}{n^n}<\dfrac{1}{n}$，故$\lim\limits_{n\to\infty}\dfrac{1}{n^n}\leqslant\lim\limits_{n\to\infty}\dfrac{n!}{n^n}\leqslant\lim\limits_{n\to\infty}\dfrac{1}{n}$，由于两端的极限为 0，故由夹挤原理

得$\lim\limits_{n\to\infty}\dfrac{n!}{n^n}=0$.

3. (2) 因为 $l=\lim\limits_{n\to\infty}\dfrac{a^n}{1+a^n}=\lim\limits_{n\to\infty}\left(1-\dfrac{1}{1+a^n}\right)=1-\lim\limits_{n\to\infty}\dfrac{1}{1+a^n}=1-\dfrac{1}{1+\lim\limits_{n\to\infty}a^n}$,

再借助3.(1)的结果,便可分情况求出极限.

习题 1.4

1. (1) 没有定义的点 $x=1$ 是间断点;

(2) $\lim\limits_{x\to 0^+}f(x)=\lim\limits_{x\to 0^+}(2x+3)=3$,但是 $f(0)=1$,故 $x=0$ 是间断点;

(3) $\lim\limits_{x\to 0^+}f(x)=\lim\limits_{x\to 0^+}(2x+1)=1=f(0)$, $\lim\limits_{x\to 0^-}f(x)=\lim\limits_{x\to 0^-}(x+1)=1=f(0)$,故 $x=0$ 是连续点;

(4) 没有定义的点 $x=0$ 是间断点.

2. 在分段点处左右极限相等是连续的必要条件.

(1) $\lim\limits_{x\to 2^+}f(x)=\lim\limits_{x\to 2^+}(2x-1)=3$, $\lim\limits_{x\to 2^-}f(x)=\lim\limits_{x\to 2^-}ax^2=4a$. 于是 $4a=3,a=\dfrac{3}{4}$.

(2) $\lim\limits_{x\to 0^+}f(x)=\lim\limits_{x\to 0^+}\dfrac{\ln(1+ax)}{ax}a=a$, $f(0)=1$,故 $a=1$.

3. 记 $f(x)=e^x-x-2$,则 $f(0)=-1<0$, $f(2)=e^2-4>0$,故由零点存在定理,在区间 $(0,2)$ 内方程 $e^x-x=2$ 有根.

4. 记 $f(x)=x2^x-1$,则 $f(0)=-1<0$, $f(1)=1>0$,故由零点存在定理,在区间 $(0,1)$ 内方程 $x2^x-1=0$ 有根.

习题 2.1

1. (1) $y'(x)=\lim\limits_{\Delta x\to 0}\dfrac{y(x+\Delta x)-y(x)}{\Delta x}=\lim\limits_{\Delta x\to 0}\dfrac{C-C}{\Delta x}=0$.

(2) $y'(x)=\lim\limits_{\Delta x\to 0}\dfrac{y(x+\Delta x)-y(x)}{\Delta x}=\lim\limits_{\Delta x\to 0}\dfrac{3(x+\Delta x)-3x}{\Delta x}=3$.

(3) $y'(x)=\lim\limits_{\Delta x\to 0}\dfrac{(x+\Delta x)^2+2(x+\Delta x)-x^2-2x}{\Delta x}=\lim\limits_{\Delta x\to 0}(2x+\Delta x+2)=2x+2$.

2. $y'=2x$, $k=y'(1)=2$,过点 $(1,1)$ 的切线为 $y=2(x-1)+1$,即 $y=2x-1$.

4. 因为$\lim\limits_{\Delta x\to 0}\dfrac{y(\Delta x)-y(0)}{\Delta x}=\lim\limits_{\Delta x\to 0}\dfrac{\sqrt[3]{\Delta x}}{\Delta x}=\lim\limits_{\Delta x\to 0}\Delta x^{-\frac{2}{3}}=+\infty$. 不可导.

5. $\lim\limits_{x\to 1^+}f(x)=\lim\limits_{x\to 1^+}(3x-1)=2$, $\lim\limits_{x\to 1^-}f(x)=\lim\limits_{x\to 1^-}(x+1)=2$,左右极限均等于函数值,故 $f(x)$ 在 $x=1$ 处连续;又 $f'_-(1)=1$, $f'_+(1)=3$,故 $f(x)$ 在 $x=1$ 处不可导.

习题 2.2

1. (1) $y'=x'\ln x+x(\ln x)'=\ln x+1$.

(2) $y'=\dfrac{1}{4^x}+x\cdot\dfrac{1}{4^x}\ln\dfrac{1}{4}=\dfrac{1-x\ln 4}{4^x}$.

(3) $y'=(x^{-\frac{1}{2}}-x^{\frac{5}{2}})'=-\frac{1}{2}x^{-\frac{3}{2}}-\frac{5}{2}x^{\frac{3}{2}}=-\frac{1}{2}(x^{-\frac{3}{2}}+5x^{\frac{3}{2}})$.

(4) $y'=e^x+0=e^x$.

2. (1) $y'=\cos\ln x\cdot(\ln x)'=\frac{1}{x}\cos\ln x$.

(2) $y'=2(1+\cos x)\cdot(-\sin x)=-2\sin x(1+\cos x)$.

(3) $y'=2\sin x\cdot(\sin x)'=2\sin x\cos x=\sin 2x$.

(4) $y'=\frac{1}{2}\cdot\frac{1}{\sqrt{1+e^x}}\cdot(1+e^x)'=\frac{e^x}{2\sqrt{1+e^x}}$.

(5) $y'=\frac{1}{1+(2^x)^2}\cdot(2^x)'=\frac{2^x\ln 2}{1+2^{2x}}$.

(6) $y'=\frac{1}{\sqrt{1-x^4}}\cdot(x^2)'=\frac{2x}{\sqrt{1-x^4}}$.

(7) $y=x^x=e^{x\ln x}$, $y'=e^{x\ln x}(\ln x+1)=x^x(\ln x+1)$.

(8) $y'=y\cdot(\ln y)'=y\cdot\left[\frac{1}{3}(\ln x-\ln e^{2x})\right]'=\frac{1}{3}y\cdot\left(\frac{1}{x}-2\right)=\frac{1}{3}\left(\frac{1}{x}-2\right)\sqrt[3]{\frac{x}{e^{2x}}}$.

3. (1) $y'=2x+2$, $y''=2$.

(2) $y'=-\sin x$, $y''=-\cos x$.

(3) $y'=e^x+xe^x$, $y''=2e^x+xe^x$.

(4) $y'=\frac{\cos x}{\sin x}$, $y''=\frac{-\sin^2 x-\cos^2 x}{\sin^2 x}=-\frac{1}{\sin^2 x}$.

(5) $y'=\cos x\cdot f'(\sin x)$, $y''=-\sin x\cdot f'(\sin x)+\cos^2 x\cdot f''(\sin x)$.

4. (1) 方程两边对 x 求导:$\frac{2x}{a^2}-\frac{2yy'}{b^2}=0$,故 $y'=\frac{b^2x}{a^2y}$.

(2) 方程两边关于 x 求导:$\frac{\frac{y'}{x}-\frac{y}{x^2}}{1+\frac{y^2}{x^2}}=\frac{\frac{2x+2yy'}{2\sqrt{x^2+y^2}}}{\sqrt{x^2+y^2}}=\frac{x+yy'}{x^2+y^2}$,即 $xy'-y=x+yy'$,故

$y'=\frac{x+y}{x-y}$.

(3) 方程两边对 x 求导:$\ln y+\frac{x}{y}\cdot y'-y'\ln x+\frac{y}{x}=0$,$y'=\frac{y^2+xy\ln y}{xy\ln x-x^2}$,当 $x=1$ 时,

$\ln y=1$,$y=e$. 故 $y'(1)=\frac{e^2+e}{-1}=-e^2-e$.

(4) $\frac{dy}{dx}=\frac{y'(t)}{x'(t)}=\frac{3bt^2}{2at}=\frac{3b}{2a}t$.

(5) $\frac{dy}{dx}=\frac{(1-\cos t)'}{(t-\sin t)'}=\frac{\sin t}{1-\cos t}$,当 $t=\frac{\pi}{2}$ 时,$\left.\frac{dy}{dx}\right|_{\frac{\pi}{2}}=\frac{1}{1-0}=1$.

习题 2.3

1. (1) $\mathrm{d}y=(x^2-2x+1)'\mathrm{d}x=(2x-2)\mathrm{d}x$.

(3) $\mathrm{d}y=(\mathrm{e}^{\sin x})'\mathrm{d}x=\cos x\cdot\mathrm{e}^{\sin x}\mathrm{d}x$.

习题 2.4

1. 因 $f(1)=f(2)$，由罗尔中值定理即有 $\xi\in(1,2)$ 使得 $f'(\xi)=0$. 类似，由 $f(2)=f(3)$，推出有 $\eta\in(2,3)$ 使得 $f'(\eta)=0$. 于是，导函数至少有两个零点.

2. 记 $g(x)=f(x)-x$，$g'(x)=f'(x)-1$. 因为

$$g(1)=f(1)-1=-1<0,\quad g\left(\frac{1}{2}\right)=f\left(\frac{1}{2}\right)-\frac{1}{2}=\frac{1}{2}>0,$$

故由连续函数的零点存在定理，存在 $\eta\in\left(\frac{1}{2},1\right)$ 使 $g(\eta)=0$. 再结合 $g(0)=0$，由罗尔中值定理即有 $\xi\in(0,\eta)$ 使 $g'(\xi)=0$. 于是存在 $\xi\in(0,1)$，使 $f'(\xi)=1$.

3. 由拉格朗日公式得，$\arctan x-\arctan y=\frac{1}{1+\xi^2}(x-y)$，故

$$|\arctan x-\arctan y|=\frac{1}{1+\xi^2}|x-y|\leqslant|x-y|.$$

4. 令 $f(x)=\frac{\mathrm{e}^x}{x}$，有 $f'(x)=\frac{x\mathrm{e}^x-\mathrm{e}^x}{x^2}=\frac{\mathrm{e}^x(x-1)}{x^2}>0$ 在 $(1,+\infty)$ 上成立，故 $f(x)$ 在区间 $(1,+\infty)$ 上严格单调增，在端点 $x=1$ 连续，故 $f(x)>f(1)=\mathrm{e}$，即 $\mathrm{e}^x>x\mathrm{e}$.

5. 令 $f(x)=\frac{\ln x}{x}$，有 $f'(x)=\frac{1-\ln x}{x^2}$，当 $x>\mathrm{e}$ 时 $f'(x)<0$ 成立，故 $f(x)$ 在区间 $(\mathrm{e},+\infty)$ 上严格单调减，在端点 $x=\mathrm{e}$ 连续，故 $f(\pi)<f(\mathrm{e})$，亦即 $\frac{\ln\pi}{\pi}<\frac{\ln\mathrm{e}}{\mathrm{e}}$，$\ln\pi^{\mathrm{e}}<\ln\mathrm{e}^{\pi}$，$\pi^{\mathrm{e}}<\mathrm{e}^{\pi}$.

6. (1) $\lim\limits_{x\to0}\frac{1-\cos2x}{1-\cos3x}=\lim\limits_{x\to0}\frac{2\sin2x}{3\sin3x}=\frac{4}{9}$.

(2) $\lim\limits_{x\to a}\frac{\sin x-\sin a}{x-a}=\lim\limits_{x\to a}\frac{\cos x}{1}=\cos a$.

(3) $\lim\limits_{x\to0}(1+3x)^{\frac{1}{\sin x}}=\lim\limits_{x\to0}(1+3x)^{\frac{1}{3x}\cdot\frac{3x}{\sin x}}=\mathrm{e}^{\lim\limits_{x\to0}\frac{3x}{\sin x}}=\mathrm{e}^3$.

(4) $\lim\limits_{x\to1}\frac{\ln x}{x-1}=\lim\limits_{x\to1}\frac{(\ln x)'}{(x-1)'}=\lim\limits_{x\to1}\frac{1}{x}=1$.

7. 令 $f(x)=\sin x-x$，则 $f(0)=0$，故 $x=0$ 是其一解；又 $f'(x)=\cos x-1\leqslant0$，即 $f(x)$ 严格单调减，故方程只有此一个解.

8. (1) 定义域为 $x>-1$，$y'=\frac{x}{x+1}$，令 $y'>0$，得 $x>0$，故增区间为 $(0,+\infty)$，减区间为 $(-1,0)$，$x=0$ 为极小值点.

(2) $y'=\mathrm{e}^{-x}-x\mathrm{e}^{-x}=\mathrm{e}^{-x}(1-x)$，令 $y'>0$，得 $x<1$，故增区间为 $(-\infty,1)$，减区间为

$(1,+\infty)$，极大值点为 $x=1$.

9. (1) $y'=12x^3-12x^2$，$y''=36x^2-24x=24x\left(\frac{3}{2}x-1\right)$，因 $y''<0$ 等价于 $x\in\left(0,\frac{2}{3}\right)$，故上凸区间为 $\left(0,\frac{2}{3}\right)$，下凸区间为 $(-\infty,0)$ 及 $\left(\frac{2}{3},+\infty\right)$，拐点为 $(0,1)$ 和 $\left(\frac{2}{3},\frac{11}{27}\right)$.

(2) $y'=\frac{2x}{x^2+1}$，$y''=\frac{2x^2+2-4x^2}{(x^2+1)^2}=\frac{-2x^2+2}{(x^2+1)^2}$，因 $y''>0$ 等价于 $x\in(-1,1)$，故下凸区间为 $(-1,1)$，上凸区间为 $(-\infty,-1)$ 及 $(1,+\infty)$，拐点为 $(1,\ln2)$ 和 $(-1,\ln2)$.

10. (1) $y'=6x^2-6x$，因 $y'>0$ 等价于 $x\in(-\infty,0)\cup(1,+\infty)$，故函数在区间 $(-\infty,0)$，$(0,1)$，$(1,+\infty)$ 上依次增、减、增，于是极大值 $y(0)=0$，极小值 $y(1)=-1$.

(2) $y'=6x^2-12x-18$，因 $y'>0$ 等价于 $x\in(-\infty,-1)$ 和 $(3,+\infty)$，故函数在区间 $(-\infty,-1)$，$(-1,3)$，$(3,+\infty)$ 上依次增、减、增，于是极大值 $y(-1)=17$，极小值 $y(3)=-47$.

11. 由 $y'=3x^2+2ax+b$ 在 $x_1=1$，$x_2=2$ 为零，得

$$\begin{cases}3+2a+b=0,\\12+4a+b=0,\end{cases}\quad 即 \quad \begin{cases}a=-\frac{9}{2},\\b=6.\end{cases}$$

12. 设圆锥体高为 h，底半径为 r(附 2 图 1)，则 $r=\sqrt{R^2-(h-R)^2}$，

$$V=\frac{1}{3}\pi r^2\cdot h=\frac{\pi}{3}(2Rh-h^2)h=\frac{\pi}{3}(2Rh^2-h^3),$$

由 $V'=\frac{\pi}{3}(4Rh-3h^2)=0$ 得驻点 $h=0$(舍去)和 $h=\frac{4}{3}R$，由实际意义知所求最值存在，数学讨论略去(下同). 故当 h 为 $\frac{4}{3}R$ 时圆锥体积最大.

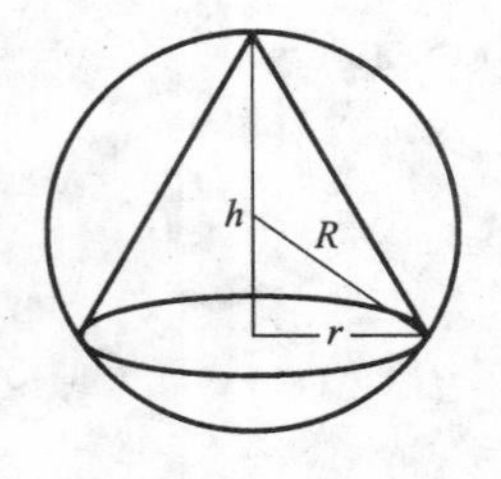

附 2 图 1

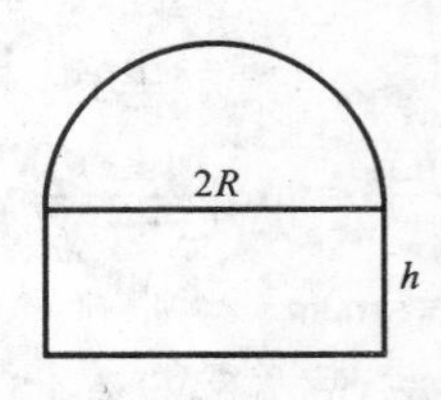

附 2 图 2

13. 记窗户的周长为 C，半径为 R，面积为 S(附 2 图 2)，则矩形高为

$$h=\frac{C-\pi R-2R}{2},$$

$$S=\frac{1}{2}\pi R^2+2R\times\frac{C-\pi R-2R}{2}=RC-\left(\frac{\pi}{2}+2\right)R^2,$$

由 $S'=C-(\pi+4)R=0$，得驻点 $R=\frac{C}{\pi+4}$，此时 $h=\frac{C-\pi R-2R}{2}=\frac{C}{\pi+4}$. 故 $R=h$ 时 S 最大，即光线最充足.

14. 设矩形高为 x（附 2 图 3），则宽为 $2\sqrt{R^2-x^2}$，面积为 $S=2\sqrt{R^2-x^2}\cdot x$，由

$$S'=2\sqrt{R^2-x^2}+2x\cdot\frac{-2x}{2\sqrt{R^2-x^2}}=\frac{2R^2-4x^2}{\sqrt{R^2-x^2}}=0,$$

得 $x=\frac{\sqrt{2}}{2}R$，此时宽为 $\sqrt{2}R$，所求矩形面积最大.

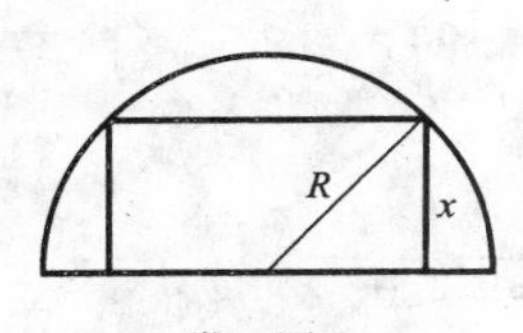

附 2 图 3

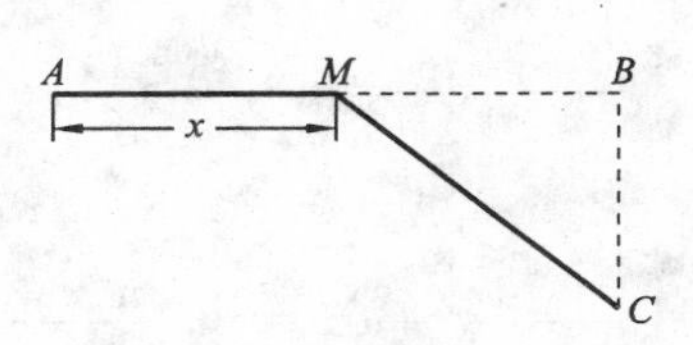

附 2 图 4

15. 设在 M（附 2 图 4）处转向岩石层，则总费用为

$$W=5x+13\sqrt{(600-x)^2+200^2},$$

$$W'=5+13\cdot\frac{2(x-600)}{2\sqrt{(x-600)+200^2}},$$

由 $W'=0$ 得 $x=\frac{1550}{3}$. 故费用最小的方案是：沿 AB 方向掘进 $\frac{1550}{3}$ m，然后沿直线向 C，最小费用为 5400 元.

习题 3.2

4. (1) $\int_{-1}^{1}f(x)\mathrm{d}x=\int_{-1}^{0}f(x)\mathrm{d}x+\int_{0}^{1}f(x)\mathrm{d}x=\int_{-1}^{0}2\mathrm{e}^x\mathrm{d}x+\int_{0}^{1}(x+1)\mathrm{d}x$

$$=2\mathrm{e}^x\Big|_{-1}^{0}+\left[\frac{1}{2}x^2+x\right]_0^1=2-2\mathrm{e}^{-1}+\left(\frac{1}{2}+1\right)-0=\frac{7}{2}-\frac{2}{\mathrm{e}}.$$

(2) $\int_0^{\pi}\sqrt{1-\sin^2x}\mathrm{d}x=\int_0^{\pi}\sqrt{\cos^2x}\mathrm{d}x=\int_0^{\pi}|\cos x|\mathrm{d}x$

$$=\int_0^{\frac{\pi}{2}}|\cos x|\mathrm{d}x+\int_{\frac{\pi}{2}}^{\pi}|\cos x|\mathrm{d}x=\int_0^{\frac{\pi}{2}}\cos x\mathrm{d}x-\int_{\frac{\pi}{2}}^{\pi}\cos x\mathrm{d}x$$

$$=\sin x\Big|_0^{\frac{\pi}{2}}-\sin x\Big|_{\frac{\pi}{2}}^{\pi}=1-0-(0-1)=2.$$

习题 3.3

4. (1) $\int(x^2-2x+3)\mathrm{d}x=\int x^2\mathrm{d}x-2\int x\mathrm{d}x+3\int\mathrm{d}x=\frac{1}{3}x^3-x^2+3x+C.$

(2) $\int\sqrt[3]{x^2}\mathrm{d}x=\int x^{\frac{2}{3}}\mathrm{d}x=\frac{3}{5}x^{\frac{5}{3}}+C.$

(3) $\int x^{-3}\mathrm{d}x=-\frac{1}{2}x^{-2}+C.$

(4) $\int(2^x-3^x)^2\mathrm{d}x=\int(4^x-2\cdot 6^x+9^x)\mathrm{d}x=\int 4^x\mathrm{d}x-2\int 6^x\mathrm{d}x+\int 9^x\mathrm{d}x$

$$=\frac{4^x}{\ln 4}-2\cdot\frac{6^x}{\ln 6}+\frac{9^x}{\ln 9}+C.$$

(5) $\int\left(\sqrt{2}x^3-\mathrm{e}^x+3\sin x-\frac{5}{x}\right)\mathrm{d}x=\sqrt{2}\int x^3\mathrm{d}x-\int\mathrm{e}^x\mathrm{d}x+3\int\sin x\mathrm{d}x-5\int\frac{1}{x}\mathrm{d}x$

$$=\frac{\sqrt{2}}{4}x^4-\mathrm{e}^x-3\cos x-5\ln|x|+C.$$

(6) $\int\frac{x^2-1}{x^2+1}\mathrm{d}x=\int\frac{(x^2+1)-2}{x^2+1}\mathrm{d}x=\int\left(1-\frac{2}{x^2+1}\right)\mathrm{d}x=\int\mathrm{d}x-2\int\frac{1}{x^2+1}\mathrm{d}x$

$$=x-2\arctan x+C.$$

(7) $\int\frac{1}{\sin^2 x\cos^2 x}\mathrm{d}x=\int\frac{\sin^2 x+\cos^2 x}{\sin^2 x\cos^2 x}\mathrm{d}x=\int\left(\frac{1}{\cos^2 x}+\frac{1}{\sin^2 x}\right)\mathrm{d}x$

$$=\int\sec^2 x\mathrm{d}x+\int\csc^2 x\mathrm{d}x=\tan x-\cot x+C.$$

(8) $\int\frac{\sqrt{1-x^2}-x}{x\sqrt{1-x^2}}\mathrm{d}x=\int\left(\frac{1}{x}-\frac{1}{\sqrt{1-x^2}}\right)\mathrm{d}x=\int\frac{1}{x}\mathrm{d}x-\int\frac{1}{\sqrt{1-x^2}}\mathrm{d}x$

$$=\ln|x|-\arcsin x+C.$$

5. 设所求点为(x,y)，由题意知 $y'=kx$（k 为常数），由此可知

$$y=\int y'\mathrm{d}x=\int kx\mathrm{d}x=\frac{1}{2}kx^2+C;$$

又该曲线过 $A(1,3)$，在 A 处 $y'=1$，故$\begin{cases}3=\frac{1}{2}k+C,\\1=k,\end{cases}$ 解得$\begin{cases}k=1,\\C=\frac{5}{2},\end{cases}$ 因此该曲线方程为 $y=\frac{1}{2}x^2+\frac{5}{2}.$

7. (1) $\int\mathrm{e}^{2x}\mathrm{d}x=\frac{1}{2}\int\mathrm{e}^{2x}\mathrm{d}(2x)=\frac{1}{2}\mathrm{e}^{2x}+C.$

(2) $\int 2x\sin x^2\mathrm{d}x=\int\sin x^2\mathrm{d}(x^2)=-\cos x^2+C.$

(3) $\int\sqrt{3x}\mathrm{d}x=\frac{1}{3}\int(3x)^{\frac{1}{2}}\mathrm{d}(3x)=\frac{2}{9}(3x)^{\frac{3}{2}}+C.$

(4) $\int\sqrt{3x+2}\mathrm{d}x=\frac{1}{3}\int\sqrt{3x+2}\mathrm{d}(3x+2)=\frac{2}{9}(3x+2)^{\frac{3}{2}}+C.$

(5) $\int(1-x)^2\mathrm{d}x=-\int(1-x)^2\mathrm{d}(1-x)=-\frac{1}{3}(1-x)^3+C.$

(6) $\int x(1+2x^2)^2\mathrm{d}x=\frac{1}{2}\int(1+2x^2)^2\mathrm{d}(x^2)=\frac{1}{4}\int(1+2x^2)^2\mathrm{d}(2x^2+1)$

$$=\frac{1}{12}(1+2x^2)^3+C.$$

(7) $\int\frac{1}{2x-1}\mathrm{d}x=\frac{1}{2}\int\frac{1}{2x-1}\mathrm{d}(2x-1)=\frac{1}{2}\ln|2x-1|+C.$

(8) $\int\frac{1}{\sqrt{4-x^2}}\mathrm{d}x=\frac{1}{2}\int\frac{1}{\sqrt{1-\left(\frac{x}{2}\right)^2}}\mathrm{d}x=\int\frac{1}{\sqrt{1-\left(\frac{x}{2}\right)^2}}\mathrm{d}\left(\frac{x}{2}\right)=\arcsin\frac{x}{2}+C.$

(9) $\int\frac{\mathrm{e}^x}{1+\mathrm{e}^x}\mathrm{d}x=\int\frac{1}{1+\mathrm{e}^x}\mathrm{d}(\mathrm{e}^x+1)=\ln|1+\mathrm{e}^x|+C.$

(10) $\int\cos(3x+1)\mathrm{d}x=\frac{1}{3}\int\cos(3x+1)\mathrm{d}(3x+1)=\frac{1}{3}\sin(3x+1)+C.$

(11) $\int\cot x\mathrm{d}x=\int\frac{\cos x}{\sin x}\mathrm{d}x=\int\frac{1}{\sin x}\mathrm{d}\sin x=\ln|\sin x|+C.$

(12) $\int\frac{\sin x}{(1+\cos x)^3}\mathrm{d}x=-\int\frac{1}{(1+\cos x)^3}\mathrm{d}(\cos x+1)=\frac{1}{2}(1+\cos x)^{-2}+C.$

(13) $\int\frac{1}{x\ln x}\mathrm{d}x=\int\frac{1}{\ln x}\mathrm{d}\ln x=\ln|\ln x|+C.$

(14) $\int\frac{1}{3^x}\mathrm{d}x=-\int 3^{-x}\mathrm{d}(-x)=-\frac{3^{-x}}{\ln 3}+C.$

8. (1) $\int\frac{1}{\sqrt{x}}\mathrm{e}^{3\sqrt{x}}\mathrm{d}x=2\int\mathrm{e}^{3\sqrt{x}}\mathrm{d}\sqrt{x}=\frac{2}{3}\int\mathrm{e}^{3\sqrt{x}}\mathrm{d}3\sqrt{x}=\frac{2}{3}\mathrm{e}^{3\sqrt{x}}+C.$

(2) 令 $\sqrt{1-x}=t$，有 $x=1-t^2$，

$$\int(1-t^2)t\mathrm{d}(1-t^2)=-\int(1-t^2)2t^2\mathrm{d}t=2\int t^4\mathrm{d}t-2\int t^2\mathrm{d}t=\frac{2}{5}t^5-\frac{2}{3}t^3+C$$

$$=\frac{2}{5}(\sqrt{1-x})^5-\frac{2}{3}(\sqrt{1-x})^3+C$$

$$=\frac{2}{5}(1-x)^{\frac{5}{2}}-\frac{2}{3}(1-x)^{\frac{3}{2}}+C.$$

(3) 令 $t=\sqrt{2x}$，有 $x=\frac{t^2}{2}$，

$$\int\frac{\mathrm{d}x}{1+\sqrt{2x}}=\int\frac{\mathrm{d}\left(\frac{t^2}{2}\right)}{1+t}=\int\frac{t}{1+t}\mathrm{d}t=\int\frac{(1+t)-1}{1+t}\mathrm{d}t=\int\mathrm{d}t-\int\frac{1}{1+t}\mathrm{d}(1+t)$$

$$=t-\ln|1+t|+C=\sqrt{2x}-\ln|1+\sqrt{2x}|+C.$$

(4) 令 $x=\sin\theta,\theta\in\left(-\frac{\pi}{2},\frac{\pi}{2}\right)$，$\cos\theta>0$，则

$$\int \sqrt{1-x^2}\mathrm{d}x = \int |\cos\theta| \mathrm{d}\sin\theta = \int \cos^2\theta \mathrm{d}\theta = \int \frac{\cos 2\theta + 1}{2}\mathrm{d}\theta$$

$$= \frac{1}{4}\sin 2\theta + \frac{1}{2}\theta + C = \frac{1}{2}\arcsin x + \frac{1}{2}x\sqrt{1-x^2} + C.$$

9. (1) $\int x\sin x\mathrm{d}x = \int x\mathrm{d}(-\cos x) = -x\cos x + \sin x + C.$

(3) $\int x^2\ln x\mathrm{d}x = \frac{1}{3}x^3\ln x - \frac{1}{3}\int x^2\mathrm{d}x = \frac{1}{3}x^3\ln x - \frac{1}{9}x^3 + C.$

习题 3.4

1. (1) 令 $t=-3x, t\in\left[-\frac{\pi}{2},0\right]$,则

$$2\int_0^{\frac{\pi}{6}}\sin(-3x)\mathrm{d}x = 2\int_0^{-\frac{\pi}{2}}\sin t\mathrm{d}\left(-\frac{t}{3}\right) = -\frac{2}{3}\int_{-\frac{\pi}{2}}^0 \sin t\mathrm{d}t = -\frac{2}{3}\cos t\Big|_{-\frac{\pi}{2}}^0$$

$$= -\frac{2}{3}(1-0) = -\frac{2}{3}.$$

(2) 令 $t=\sqrt{3x+1}, t\in[2,5]$,则

$$\int_1^8 \sqrt{3x+1}\mathrm{d}x = \int_2^5 t\mathrm{d}\frac{t^2-1}{3} = \frac{2}{3}\int_2^5 t^2\mathrm{d}t = \frac{2}{9}t^3\Big|_2^5 = \frac{2}{9}(125-8) = 26.$$

(3) 令 $t=\sqrt{4-3x}, t\in[1,2], x\in\frac{4-t^2}{3}$,则

$$\int_0^1 x\sqrt{4-3x}\mathrm{d}x = \int_2^1 \frac{4-t^2}{3}t\mathrm{d}\frac{4-t^2}{3} = \frac{2}{9}\int_2^1 (t^4-4t^2)\mathrm{d}t = \frac{2}{9}\left[\frac{1}{5}t^5 - \frac{4}{3}t^3\right]_2^1 = \frac{94}{135}.$$

(4) 令 $x=\sin\theta, \theta\in\left[0,\frac{\pi}{2}\right]$,则

$$\int_0^1 \sqrt{1-x^2}\mathrm{d}x = \int_0^{\frac{\pi}{2}}\cos\theta\mathrm{d}\sin\theta = \int_0^{\frac{\pi}{2}}\cos^2\theta\mathrm{d}\theta = \int_0^{\frac{\pi}{2}}\frac{\cos 2\theta+1}{2}\mathrm{d}\theta$$

$$= \frac{1}{2}\int_0^{\frac{\pi}{2}}\cos 2\theta\mathrm{d}\theta + \frac{1}{2}\int_0^{\frac{\pi}{2}}\mathrm{d}\theta = \frac{1}{4}\sin 2\theta\Big|_0^{\frac{\pi}{2}} + \frac{1}{2}\theta\Big|_0^{\frac{\pi}{2}} = \frac{\pi}{4}.$$

2. $\int_0^{nT} f(x)\mathrm{d}x = \int_0^T f(x)\mathrm{d}x + \int_T^{2T} f(x)\mathrm{d}x + \cdots + \int_{(n-1)T}^{nT} f(x)\mathrm{d}x,$

令 $x-T=t$ 得

$$\int_T^{2T} f(x)\mathrm{d}x = \int_0^T f(t+T)\mathrm{d}t = \int_0^T f(t)\mathrm{d}t,$$

类似地推得 $\int_{2T}^{3T} f(x)\mathrm{d}x = \int_0^T f(x)\mathrm{d}x$ 等.

3. (1) $\int_0^{\frac{\pi}{4}} x\sin x\mathrm{d}x = \int_0^{\frac{\pi}{4}} x\mathrm{d}(-\cos x) = -x\cos x\Big|_0^{\frac{\pi}{4}} + \int_0^{\frac{\pi}{4}}\cos x\mathrm{d}x = -x\cos x\Big|_0^{\frac{\pi}{4}} + \sin x\Big|_0^{\frac{\pi}{4}}$

$$= \frac{\sqrt{2}}{2}\left(1-\frac{\pi}{4}\right).$$

(2) $\int_1^e x\ln x\mathrm{d}x=\int_1^e \ln x\mathrm{d}\frac{x^2}{2}=\frac{x^2}{2}\ln x\Big|_1^e-\int_1^e\frac{x^2}{2}\cdot\frac{1}{x}\mathrm{d}x=\frac{1}{2}\mathrm{e}^2-\frac{1}{4}(\mathrm{e}^2-1)$

$=\frac{1}{4}(\mathrm{e}^2+1).$

习题 3.5

4. (1) $\int_1^{+\infty}\frac{1}{x^4}\mathrm{d}x=-\frac{x^{-3}}{3}\Big|_1^{+\infty}=\frac{1}{3}$,收敛.

(2) $\int_1^{+\infty}\frac{1}{\sqrt{x}}\mathrm{d}x=2\sqrt{x}\Big|_1^{+\infty}=+\infty$,发散.

(3) $\int_0^1\frac{x}{\sqrt{1-x^2}}\mathrm{d}x=-\frac{1}{2}\int_0^1\frac{1}{\sqrt{1-x^2}}\mathrm{d}(1-x^2)=-\sqrt{1-x^2}\Big|_0^1=1$,收敛.

(4) 因为$\int_0^1\frac{1}{(1-x)^2}\mathrm{d}x=-\int_0^1\frac{1}{(1-x)^2}\mathrm{d}(1-x)=\frac{1}{1-x}\Big|_0^1=\infty$,故$\int_0^2\frac{1}{(1-x)^2}\mathrm{d}x$

$=\int_0^1\frac{1}{(1-x)^2}\mathrm{d}x+\int_1^2\frac{1}{(1-x)^2}\mathrm{d}x$ 也发散.

习题 3.6

1. $S=\int_0^{\frac{\pi}{4}}(\cos x-\sin x)\mathrm{d}x=[\sin x+\cos x]_0^{\frac{\pi}{4}}=\sqrt{2}-1$.(附 2 图 5)

2. $S=\int_0^{\pi}(\sqrt{x}+\sin x)\mathrm{d}x=\frac{2}{3}x^{\frac{3}{2}}\Big|_0^{\pi}-\cos x\Big|_0^{\pi}=\frac{2}{3}\pi^{\frac{3}{2}}+2$.(附 2 图 6)

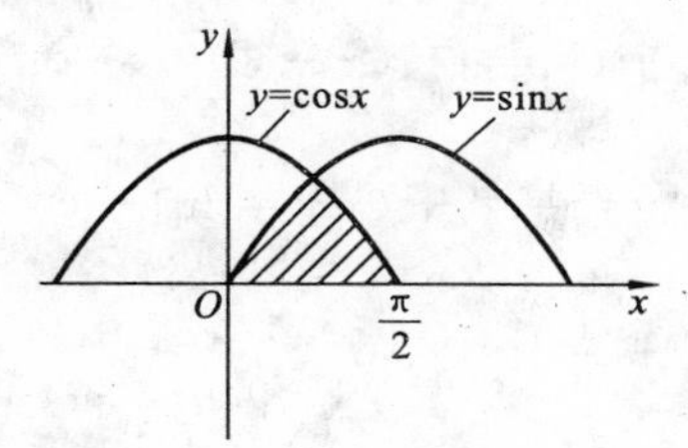

附 2 图 5

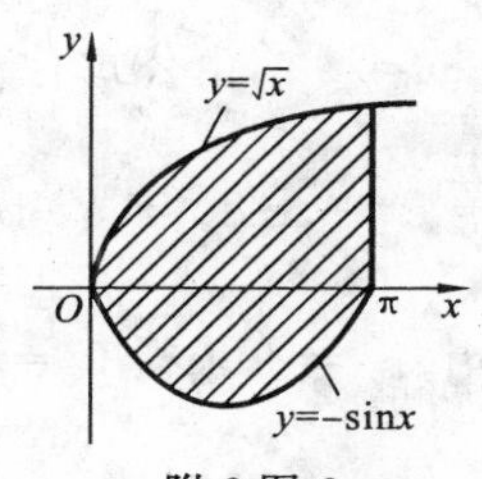

附 2 图 6

3. $S=\int_{-1}^{2}(y+2-y^2)\mathrm{d}y=-\frac{1}{3}y^3\Big|_{-1}^{2}+\frac{1}{2}y^2\Big|_{-1}^{2}+2y\Big|_{-1}^{2}=\frac{9}{2}$.(附 2 图 7)

4. $V=\int_0^2\pi(x^3)^2\mathrm{d}x=\frac{\pi}{7}\cdot 2^7=\frac{128\pi}{7}$.(附 2 图 8)

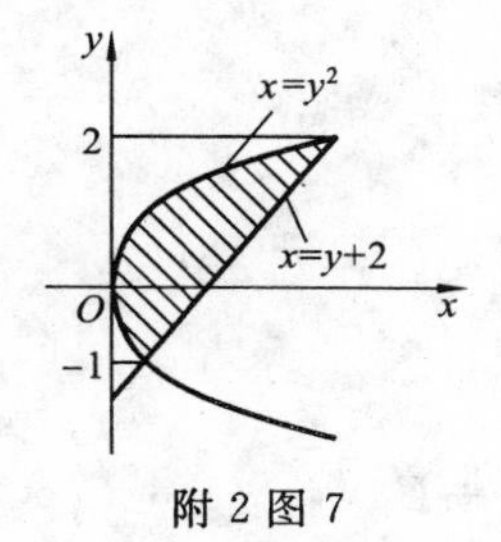

附 2 图 7

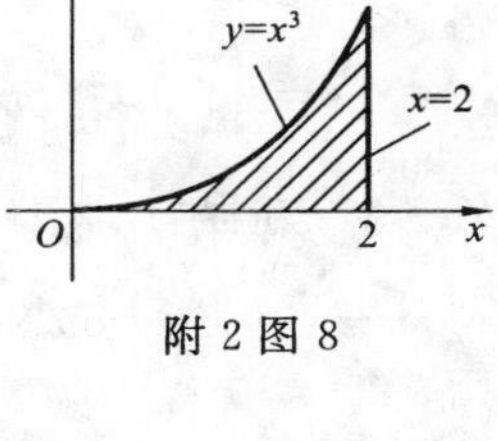

附 2 图 8

习题 4.1

4. 由题意得曲线 $y=y(x)$ 的方程为 $xy'=1$，即 $\mathrm{d}y=\frac{1}{x}\mathrm{d}x$，由 $\int \mathrm{d}y=\int \frac{1}{x}\mathrm{d}x$ 得 $y=\ln x+C$. 由于过点 $(\mathrm{e},0)$，求得 $0=1+C$，即 $C=-1$. 因此曲线方程为 $y=\ln x-1$.

习题 4.2

5. (1) $\frac{\mathrm{d}y}{\mathrm{d}x}=2xy$，$\frac{\mathrm{d}y}{y}=2x\mathrm{d}x$，$\int \frac{\mathrm{d}y}{y}=\int 2x\mathrm{d}x$，$\ln|y|=x^2+C_1$，$|y|=\mathrm{e}^{x^2+C_1}$，$y=\pm\mathrm{e}^{x^2+C_1}=C\mathrm{e}^{x^2}$.

(2) $\sqrt{1-y^2}=3x^2y\frac{\mathrm{d}y}{\mathrm{d}x}$，$\frac{1}{3x^2}\mathrm{d}x=\frac{y}{\sqrt{1-y^2}}\mathrm{d}y$，由 $\int \frac{1}{3x^2}\mathrm{d}x=\int \frac{y}{\sqrt{1-y^2}}\mathrm{d}y$，得

$$-\frac{1}{3}\cdot\frac{1}{x}=-\sqrt{1-y^2}+C_1,\quad y=\pm\sqrt{1-\left(C_1+\frac{1}{3x}\right)^2}.$$

(3) $y'-\frac{2}{1+x}y=(1+x)^{\frac{5}{2}}$ 为一阶线性微分方程. 由于 $\int \frac{-2}{1+x}=-2\ln(1+x)+C$，由通解公式得

$$y=\mathrm{e}^{2\ln(1+x)}\left[\int (1+x)^{\frac{5}{2}}\mathrm{e}^{-2\ln(1+x)}\mathrm{d}x+C\right]=(1+x)^2\left[\int (1+x)^{\frac{1}{2}}\mathrm{d}x+C\right]$$
$$=(1+x)^2\left[\frac{2}{3}(1+x)^{\frac{3}{2}}+C\right]=\frac{2}{3}(1+x)^{\frac{7}{2}}+C(1+x)^2.$$

(4) $y'+y=\mathrm{e}^{-x}$，由公式有 $y=\mathrm{e}^{-x}\left[\int \mathrm{e}^{-x}\cdot\mathrm{e}^{x}\mathrm{d}x+C\right]=\mathrm{e}^{-x}(x+C)$.

6. (1) $\frac{\mathrm{d}y}{\mathrm{d}x}=\mathrm{e}^{2x-y}$，$\mathrm{e}^y\mathrm{d}y=\mathrm{e}^{2x}\mathrm{d}x$，$\int \mathrm{e}^y\mathrm{d}y=\int \mathrm{e}^{2x}\mathrm{d}x$，$\mathrm{e}^y=\frac{1}{2}\mathrm{e}^{2x}+C$，$y=\ln\left(\frac{1}{2}\mathrm{e}^{2x}+C\right)$，由 $y|_{x=0}=0$ 求得 $C=\frac{1}{2}$. 故 $y=\ln\left(\frac{1}{2}\mathrm{e}^{2x}+\frac{1}{2}\right)$.

(2) $y'+\frac{1}{x}y=\frac{\sin x}{x}$，

$$y=\mathrm{e}^{-\ln x}\left(\int \mathrm{e}^{\ln x}\cdot\frac{\sin x}{x}\mathrm{d}x+C\right)=\frac{1}{x}\left(\int \sin x\mathrm{d}x+C\right)=\frac{1}{x}(C-\cos x),$$

由 $y|_{x=\pi}=1$，求得 $C=\pi-1$，$y=\frac{1}{x}(\pi-1-\cos x)$.

7. (1) $y''=x+\cos x$，积分得 $y'=\int (x+\cos x)\mathrm{d}x=\frac{1}{2}x^2+\sin x+C_1$，再积分得

$$y=\int\left(\frac{1}{2}x^2+\sin x+C_1\right)\mathrm{d}x=\frac{1}{6}x^3-\cos x+C_1x+C_2.$$

(2) 令 $p=y'$，方程为 $p'-p=x$. 由公式得

$$p=\mathrm{e}^x\left(\int x\mathrm{e}^{-x}\mathrm{d}x+C_1\right)=\mathrm{e}^x(-x\mathrm{e}^{-x}-\mathrm{e}^{-x}+C_1)=-x+C_1\mathrm{e}^x-1,$$

即 $y' = -x + C_1 e^x - 1$，故 $y = -\frac{1}{2}x^2 + C_1 e^x - x + C_2$.

8. (1) 由条件知 $y(0) = 1, y'(0) = \frac{1}{2}$. 由 $y'' = x$ 得 $y' = \int x \mathrm{d}x = \frac{1}{2}x^2 + C_1$，由 $y(0) = \frac{1}{2}$ 求得 $C_1 = \frac{1}{2}$. 再积分得 $y = \int\left(\frac{1}{2}x^2 + \frac{1}{2}\right)\mathrm{d}x = \frac{1}{6}x^3 + \frac{1}{2}x + C_2$. 由 $y(0) = 1$ 求得 $C_2 = 1$，因此所求函数为 $y = \frac{1}{6}x^3 + \frac{1}{2}x + 1$.

习题 4.3

1. (1) 特征方程为 $\lambda^2 + \lambda - 2 = 0$，解得 $\lambda = -2$ 或 1，由公式得 $y = C_1 e^{-2x} + C_2 e^x$.

(2) 特征方程为 $\lambda^2 - 4\lambda = 0$，解得 $\lambda = 4$ 或 0，由公式得 $y = C_1 e^{4x} + C_2$.

(3) 特征方程为 $\lambda^2 + 1 = 0$，解得 $\lambda = \pm i$，由公式得 $y = C_1 \sin x + C_2 \cos x$.

(4) 特征方程为 $\lambda^2 + 6\lambda + 13 = 0$，解得 $\lambda = -3 \pm 2i$，由公式得

$$y = C_1 e^{-3x} \sin 2x + C_2 e^{-3x} \cos 2x.$$

(5) 特征方程为 $\lambda^2 - 4\lambda + 4 = 0$，解得重根 $\lambda = 2$，由公式得 $y = C_1 e^{2x} + C_2 x e^{2x}$.

2. 特征方程为 $\lambda^2 - 4\lambda + 3 = 0$，解得 $\lambda = 3$ 或 1. 由公式得 $y = C_1 e^{3x} + C_2 e^x$. 由 $y(0) = 6$，$y'(0) = 10$ 和 $y' = 3C_1 e^{3x} + C_2 e^x$，求得 $C_1 = 2, C_2 = 4$，故 $y = 2e^{3x} + 4e^x$.

3. 特征方程为 $\lambda^2 - 3\lambda + 2 = 0$，解得 $\lambda = 2$ 或 1. 设 $y^* = Ax + B$，代入原方程，求得 $A = 0$，$B = \frac{5}{2}$. 因此通解为 $y = C_1 e^{2x} + C_2 e^x + \frac{5}{2}$，结合 $y' = 2C_1 e^{2x} + C_2 e^x$ 以及 $y(0) = 1$，$y'(0) = 2$，可以求得 $C_1 = \frac{7}{2}, C_2 = -5$. 故 $y = \frac{7}{2}e^{2x} - 5e^x + \frac{5}{2}$.

习题 5.1

4. (4) 按第一行展开，$\begin{vmatrix} 0 & 3 & 0 \\ -1 & 4 & 7 \\ 2 & -2 & 1 \end{vmatrix} = -3\begin{vmatrix} -1 & 7 \\ 2 & 1 \end{vmatrix} = -3(-1-14) = 45$.

(6) 按第二行展开，$\begin{vmatrix} 3 & 4 & -1 & 2 \\ 0 & 1 & 0 & 0 \\ 5 & 0 & -3 & 1 \\ -2 & 1 & 2 & 1 \end{vmatrix} = \begin{vmatrix} 3 & -1 & 2 \\ 5 & -3 & 1 \\ -2 & 2 & 1 \end{vmatrix} = \begin{vmatrix} 3 & -1 & 2 \\ 5 & -3 & 1 \\ 3 & -1 & 2 \end{vmatrix} = 0$.

5. (1) 由克莱姆法则得

$$x_1 = \frac{D_1}{D} = \frac{\begin{vmatrix} 13 & -5 \\ 81 & 7 \end{vmatrix}}{\begin{vmatrix} 3 & -5 \\ 2 & 7 \end{vmatrix}} = \frac{496}{31} = 16, \quad x_2 = \frac{D_2}{D} = \frac{\begin{vmatrix} 3 & 13 \\ 2 & 81 \end{vmatrix}}{\begin{vmatrix} 3 & -5 \\ 2 & 7 \end{vmatrix}} = \frac{217}{31} = 7.$$

(3) $D_1=\begin{vmatrix}0&-1&-1\\14&2&3\\16&3&2\end{vmatrix}=-30$, $D_2=\begin{vmatrix}5&0&-1\\1&14&3\\4&16&2\end{vmatrix}=-60$,

$D_3=\begin{vmatrix}5&-1&0\\1&2&14\\4&3&16\end{vmatrix}=-90$, $D=\begin{vmatrix}5&-1&-1\\1&2&3\\4&3&2\end{vmatrix}=-30$.

由克莱姆法则得 $x_1=\frac{D_1}{D}=1, x_2=\frac{D_2}{D}=2, x_3=\frac{D_3}{D}=3$.

6. (1) 连续按第一列展开,原式$=a_{11}\begin{vmatrix}a_{22}&a_{23}&a_{24}\\0&a_{33}&a_{34}\\0&0&a_{44}\end{vmatrix}=a_{11}a_{22}\begin{vmatrix}a_{33}&a_{34}\\0&a_{44}\end{vmatrix}=a_{11}a_{22}a_{33}a_{44}$.

(2) 按第一列展开,左式$=a_{11}\begin{vmatrix}a_{22}&0&0\\0&a_{33}&a_{34}\\0&a_{43}&a_{44}\end{vmatrix}-a_{21}\begin{vmatrix}a_{12}&0&0\\0&a_{33}&a_{34}\\0&a_{43}&a_{44}\end{vmatrix}$

$$=a_{11}a_{22}\begin{vmatrix}a_{33}&a_{34}\\a_{43}&a_{44}\end{vmatrix}-a_{21}a_{12}\begin{vmatrix}a_{33}&a_{34}\\a_{43}&a_{44}\end{vmatrix}=\text{右式}.$$

(3) $\begin{vmatrix}0&1&0&\cdots&0\\0&0&2&\cdots&0\\\vdots&\vdots&\vdots&&\vdots\\0&0&0&\cdots&n-1\\n&0&0&\cdots&0\end{vmatrix}=(-1)^{n+1}\cdot n\begin{vmatrix}1&0&\cdots&0\\0&2&\cdots&0\\\vdots&\vdots&&\vdots\\0&0&\cdots&n-1\end{vmatrix}=(-1)^{n+1}n!.$

习题 5.2

8. 由 $\boldsymbol{A}=\boldsymbol{B}$ 知对应位置的元素应相等,故$\begin{cases}2-2y=3,\\x+y=0,\end{cases}$得 $x=\frac{1}{2}, y=-\frac{1}{2}$.

12. (1) $|\boldsymbol{A}|=5$,套逆矩阵公式,有 $\boldsymbol{A}^{-1}=\frac{1}{|\boldsymbol{A}|}\begin{bmatrix}3&-2\\1&1\end{bmatrix}=\begin{bmatrix}\frac{3}{5}&-\frac{2}{5}\\\frac{1}{5}&\frac{1}{5}\end{bmatrix}$.

(2) $|\boldsymbol{B}|=\begin{vmatrix}2&1&0\\-1&1&3\\3&-1&5\end{vmatrix}=30$,依代数余子式方法可求出

$$\boldsymbol{B}^{-1}=\frac{1}{|\boldsymbol{B}|}\begin{bmatrix}8&-5&3\\14&10&-6\\-2&5&3\end{bmatrix}=\begin{bmatrix}\frac{4}{15}&-\frac{1}{6}&\frac{1}{10}\\\frac{7}{15}&\frac{1}{3}&-\frac{1}{5}\\-\frac{1}{15}&\frac{1}{6}&\frac{1}{10}\end{bmatrix}.$$

习题 5.3

1. (1) $$\begin{bmatrix}2&1&0&0\\4&1&4&0\\1&0&2&0\end{bmatrix}\xrightarrow[\text{换至第1行}]{\text{交换行使得第3行}}\begin{bmatrix}1&0&2&0\\2&1&0&0\\4&1&4&0\end{bmatrix}\xrightarrow[\text{第1行乘}-4\text{加至第3行}]{\text{第1行乘}-2\text{加至第2行}}\begin{bmatrix}1&0&2&0\\0&1&-4&0\\0&1&-4&0\end{bmatrix}$$

$$\longrightarrow\begin{bmatrix}1&0&2&0\\0&1&-4&0\\0&0&0&0\end{bmatrix},$$

其中$\begin{vmatrix}1&0\\0&1\end{vmatrix}\neq 0$，而所有三阶行列式为零，故 $r(\boldsymbol{A})=2$.

(2) $$\begin{bmatrix}1&2&3&4\\3&5&4&1\\2&1&3&4\\-1&6&1&-3\end{bmatrix}\longrightarrow\begin{bmatrix}1&2&3&4\\0&-1&-5&-11\\0&-3&-3&-4\\0&8&4&1\end{bmatrix}\longrightarrow\begin{bmatrix}1&2&3&4\\0&1&5&11\\0&3&3&4\\0&8&4&1\end{bmatrix}$$

$$\longrightarrow\begin{bmatrix}1&0&-7&-18\\0&1&5&11\\0&0&-12&-29\\0&0&-36&-87\end{bmatrix}\longrightarrow\begin{bmatrix}1&0&-7&-18\\0&1&5&11\\0&0&1&\frac{29}{12}\\0&0&0&0\end{bmatrix},$$

故 $r(\boldsymbol{A})=3$.

2. (1) $$\left[\begin{array}{ccc:c}1&-1&1&1\\0&1&1&0\\2&1&12&0\end{array}\right]\longrightarrow\left[\begin{array}{ccc:c}1&-1&1&1\\0&1&1&0\\0&3&10&-2\end{array}\right]\longrightarrow\left[\begin{array}{ccc:c}1&0&2&1\\0&1&1&0\\0&0&7&-2\end{array}\right],$$

可见 $r(\boldsymbol{A})=r(\widetilde{\boldsymbol{A}})=3$，因而存在唯一解.

(2) $$\left[\begin{array}{cccc:c}2&-1&1&-2&1\\-1&1&2&1&0\\1&-1&-2&-2&-\frac{1}{2}\end{array}\right]\longrightarrow\left[\begin{array}{cccc:c}1&-1&-2&-2&-\frac{1}{2}\\0&0&0&-1&-\frac{1}{2}\\0&1&5&2&2\end{array}\right]$$

$$\longrightarrow\left[\begin{array}{cccc:c}1&0&3&0&\frac{3}{2}\\0&1&5&2&2\\0&0&0&1&\frac{1}{2}\end{array}\right].$$

可见 $r(\boldsymbol{A})=r(\widetilde{\boldsymbol{A}})=3<4$. 故存在无穷组解.

(3) $$\left[\begin{array}{ccc:c}3&1&2&0\\0&-1&1&0\\3&0&3&3\end{array}\right]\xrightarrow[\text{加到第3行}]{-1\text{乘第1行}}\left[\begin{array}{ccc:c}3&1&2&0\\0&-1&1&0\\0&-1&1&3\end{array}\right]\xrightarrow{\text{第2行减第3行}}\left[\begin{array}{ccc:c}3&1&2&0\\0&-1&1&0\\0&0&0&3\end{array}\right],$$

可见 $r(\boldsymbol{A})=2, r(\widetilde{\boldsymbol{A}})=3$,无解.

3. (1) $\left[\begin{array}{ccc:c}3 & -2 & 1 & 13\\ 2 & 3 & 1 & 1\\ 2 & 1 & 3 & 11\end{array}\right] \longrightarrow \left[\begin{array}{ccc:c}1 & -3 & -2 & 2\\ 2 & 3 & 1 & 1\\ 2 & 1 & 3 & 11\end{array}\right] \longrightarrow \left[\begin{array}{ccc:c}1 & -3 & -2 & 2\\ 0 & 9 & 5 & -3\\ 0 & 7 & 7 & 7\end{array}\right]$

$\longrightarrow \left[\begin{array}{ccc:c}1 & 0 & 1 & 5\\ 0 & 0 & -4 & -12\\ 0 & 1 & 1 & 1\end{array}\right] \longrightarrow \left[\begin{array}{ccc:c}1 & 0 & 1 & 5\\ 0 & 1 & 1 & 1\\ 0 & 0 & 1 & 3\end{array}\right]$

$\longrightarrow \left[\begin{array}{ccc:c}1 & 0 & 0 & 2\\ 0 & 1 & 0 & -2\\ 0 & 0 & 1 & 3\end{array}\right]$,

故有唯一解 $x_1=2, x_2=-2, x_3=3$.

(2) 因 $\begin{bmatrix}1 & 1 & 1 & 1\\ 1 & 2 & 3 & 4\\ 1 & 3 & 6 & 10\\ 1 & 4 & 10 & 20\end{bmatrix} \longrightarrow \begin{bmatrix}1 & 1 & 1 & 1\\ 0 & 1 & 2 & 3\\ 0 & 2 & 5 & 9\\ 0 & 3 & 9 & 19\end{bmatrix} \longrightarrow \begin{bmatrix}1 & 1 & 1 & 1\\ 0 & 1 & 2 & 3\\ 0 & 0 & 1 & 3\\ 0 & 0 & 3 & 10\end{bmatrix}$,

故系数行列式 $=\begin{vmatrix}1 & 1\\ 0 & 1\end{vmatrix}\begin{vmatrix}1 & 3\\ 3 & 10\end{vmatrix} \neq 0$,此齐次方程组便只有零解.

(3) $\left[\begin{array}{cccc:c}1 & 1 & -1 & 2 & 3\\ 2 & 1 & 0 & -3 & 1\\ -4 & -2 & 0 & 6 & -2\end{array}\right] \longrightarrow \left[\begin{array}{cccc:c}1 & 1 & -1 & 2 & 3\\ 0 & -1 & 2 & -7 & -5\\ 0 & 2 & -4 & 14 & 10\end{array}\right]$

$\longrightarrow \left[\begin{array}{cccc:c}1 & 1 & -1 & 2 & 3\\ 0 & 1 & -2 & 7 & 5\\ 0 & 2 & -4 & 14 & 10\end{array}\right] \longrightarrow \left[\begin{array}{cccc:c}1 & 0 & 1 & -5 & -2\\ 0 & 1 & -2 & 7 & 5\\ 0 & 0 & 0 & 0 & 0\end{array}\right]$,

于是,原方程与 $\begin{cases}x_1+x_3-5x_4=-2,\\ x_2-2x_3+7x_4=5\end{cases}$ 同解. 求得通解 $\begin{cases}x_1=-2-x_3+5x_4,\\ x_2=5+2x_3-7x_4,\\ x_3=x_3,\\ x_4=x_4.\end{cases}$

4. 齐次方程组有非零解的必要条件是 $\begin{vmatrix}\lambda & 1 & 1\\ 1 & \lambda & 1\\ 3 & -1 & 1\end{vmatrix}=0$,故 $\lambda^2-1+3-3\lambda+\lambda-1=0$,即 $\lambda^2-2\lambda+1=0$,得 $\lambda=1$.

参考文献

[1] 张顺燕. 数学的源与流[M]. 北京:高等教育出版社,2000.

[2] 李文林. 数学史教程[M]. 北京:高等教育出版社,2002.

[3] 李心灿. 微积分的创立者及其先驱[M]. 北京:航空工业出版社,1991.

[4] 鲁又文. 数学古今谈[M]. 天津:天津科技出版社,1984.

[5] 梁宗巨. 世界数学史简编[M]. 沈阳:辽宁人民出版社,1981.

[6] 傅钟鹏. 数学的魅力[M]. 福州:福建科技出版社,1985.

[7] 曾晓新. 数学的魅力[M]. 重庆:科技文献出版社重庆分社,1990.

[8] 王建吾. 数学思维方法引论[M]. 合肥:安徽教育出版社,1985.

[9] 周述岐. 微积分思想简史[M]. 北京:中国人民大学出版社,1987.

[10] 华中科技大学数学与统计学院. 微积分学[M]. 第三版. 北京:高等教育出版社,2008.

[11] 华中科技大学数学与统计学院. 微积分[M]. 武汉:华中科技大学出版社,2007.